网络空间安全学科系列教材

面向安全思维的程序设计基础（C语言版）

罗敏 滕冲 王张宜 傅建明 编著

清華大學出版社
北京

内 容 简 介

本书共由 9 章组成，包括 C 程序设计简介、数据类型与运算、基本程序设计、程序流程控制、函数、数组、指针、复合数据类型和多文件项目。

本书在系统介绍 C 语言程序设计方法的基础上，以培养 C 程序设计中的安全思维为出发点，将 C 语言程序设计中需要注意的安全问题贯穿全书每个章节，每章均设置了单独的小节介绍该章内容需要注意的安全缺陷，在全书的内容描述中也穿插了程序设计中需要关注的安全问题。另外本书贴近实际应用，以解决实际工程问题出发，设计了相关案例，并以一个大整数运算库为例，详细介绍了实际工程应用中所需的多文件项目工程的设计、编译、链接和测试方法。

本书可作为高校各专业的程序设计课程的教材，也可作为从事计算机相关工作的人员和业余自学人员参考用书。

图书在版编目(CIP)数据

面向安全思维的程序设计基础 : C 语言版 / 罗敏等编著 . -- 北京 : 清华大学出版社 , 2025.2. -- (网络空间安全学科系列教材). -- ISBN 978-7-302-68305-6

Ⅰ. TP312.8

中国国家版本馆 CIP 数据核字第 2025E714M3 号

责任编辑：张 民
封面设计：刘 键
责任校对：刘惠林
责任印制：杨 艳

出版发行：清华大学出版社

网 址：https://www.tup.com.cn，https://www.wqxuetang.com
地 址：北京清华大学学研大厦 A 座 **邮 编：**100084
社 总 机：010-83470000 **邮 购：**010-62786544
投稿与读者服务：010-62776969，c-service@tup.tsinghua.edu.cn
质 量 反 馈：010-62772015，zhiliang@tup.tsinghua.edu.cn
课 件 下 载：https://www.tup.com.cn，010-83470236

印 装 者：三河市铭诚印务有限公司
经 销：全国新华书店
开 本：185mm×260mm **印 张：**16.75 **字 数：**390 千字
版 次：2025 年 4 月第 1 版 **印 次：**2025 年 4 月第 1 次印刷
定 价：49.90 元

产品编号：093982-01

网络空间安全学科系列教材

编委会

出版说明

21世纪是信息时代，信息已成为社会发展的重要战略资源，社会的信息化已成为当今世界发展的潮流和核心，而信息安全在信息社会中将扮演极为重要的角色，它会直接关系到国家安全、企业经营和人们的日常生活。随着信息安全产业的快速发展，全球对信息安全人才的需求量不断增加，但我国目前信息安全人才极度匮乏，远远不能满足金融、商业、公安、军事和政府等部门的需求。要解决供需矛盾，必须加快信息安全人才的培养，以满足社会对信息安全人才的需求。为此，教育部继2001年批准在武汉大学开设信息安全本科专业之后，又批准了多所高等院校设立信息安全本科专业，而且许多高校和科研院所已设立了信息安全方向的具有硕士和博士学位授予权的学科点。

信息安全是计算机、通信、物理、数学等领域的交叉学科，对于这一新兴学科的培养模式和课程设置，各高校普遍缺乏经验，因此中国计算机学会教育专业委员会和清华大学出版社联合主办了“信息安全专业教育教学研讨会”等一系列研讨活动，并成立了“高等院校信息安全专业系列教材”编委会，由我国信息安全领域著名专家肖国镇教授担任编委会主任，指导“高等院校信息安全专业系列教材”的编写工作。编委会本着研究先行的指导原则，认真研讨国内外高等院校信息安全专业的教学体系和课程设置，进行了大量具有前瞻性的研究工作，而且这种研究工作将随着我国信息安全专业的发展不断深入。系列教材的作者都是既在本专业领域有深厚的学术造诣，又在教学第一线有丰富的教学经验的学者、专家。

该系列教材是我国第一套专门针对信息安全专业的教材，其特点是:

① 体系完整、结构合理、内容先进。

② 适应面广。能够满足信息安全、计算机、通信工程等相关专业对信息安全领域课程的教材要求。

③ 立体配套。除主教材外，还配有多媒体电子教案、习题与实验指导等。

④ 版本更新及时，紧跟科学技术的新发展。

在全力做好本版教材，满足学生用书的基础上，还经由专家的推荐和审定，遴选了一批国外信息安全领域优秀的教材加入系列教材中，以进一步满足大家对外版书的需求。“高等院校信息安全专业系列教材”已于2006年年初正式列入普通高等教育“十一五”国家级教材规划。

2007年6月，教育部高等学校信息安全类专业教学指导委员会成立大会暨第一次会议在北京胜利召开。本次会议由教育部高等学校信息安全类专业教学指导委员会主任单位北京工业大学和北京电子科技学院主办，清华大学出版社协办。教育部高等学校信息安全类专业教学指导委员会的成立对我国信息安全专业的发展起到重要的指导和推动作用。2006年，教育部给武汉大学下达了“信息安全专业指导性专业规范研制”的教学科研项目。2007年起，该项目由教育部高等学校信息安全类专业教学指导委员会组织实施。在高教司和教指委的指导下，项目组团结一致，努力工作，克服困难，历时5年，制定出我国第一个信息安全专业指导性专业规范，于2012年年底通过经教育部高等教育司理工科教育处授权组织的专家组评审，并且已经得到武汉大学等许多高校的实际使用。2013年，新一届教育部高等学校信息安全专业教学指导委员会成立。经组织审查和研究决定，2014年，以教育部高等学校信息安全专业教学指导委员会的名义正式发布《高等学校信息安全专业指导性专业规范》（由清华大学出版社正式出版）。

2015年6月，国务院学位委员会、教育部出台增设“网络空间安全”为一级学科的决定，将高校培养网络空间安全人才提到新的高度。2016年6月，中央网络安全和信息化领导小组办公室（下文简称“中央网信办”）、国家发展和改革委员会、教育部、科学技术部、工业和信息化部及人力资源和社会保障部六大部门联合发布《关于加强网络安全学科建设和人才培养的意见》（中网办发文〔2016〕4号）。2019年6月，教育部高等学校网络空间安全专业教学指导委员会召开成立大会。为贯彻落实《关于加强网络安全学科建设和人才培养的意见》，进一步深化高等教育教学改革，促进网络安全学科专业建设和人才培养，促进网络空间安全相关核心课程和教材建设，在教育部高等学校网络空间安全专业教学指导委员会和中央网信办组织的“网络空间安全教材体系建设研究”课题组的指导下，启动了“网络空间安全学科系列教材”的工作，由教育部高等学校网络空间安全专业教学指导委员会秘书长封化民教授担任编委会主任。本丛书基于“高等院校信息安全专业系列教材”坚实的工作基础和成果、阵容强大的编委会和优秀的作者队伍，目前已有多部图书获得中央网信办和教育部指导评选的“网络安全优秀教材奖”，以及“普通高等教育本科国家级规划教材”“普通高等教育精品教材”“中国大学出版社图书奖”等多个奖项。

“网络空间安全学科系列教材”将根据《高等学校信息安全专业指导性专业规范》（及后续版本）和相关教材建设课题组的研究成果不断更新和扩展，进一步体现科学性、系统性和新颖性，及时反映教学改革和课程建设的新成果，并随着我国网络空间安全学科的发展不断完善，力争为我国网络空间安全相关学科专业的本科和研究生教材建设、学术出版与人才培养做出更大的贡献。

我们的E-mail地址是zhangm@tup.tsinghua.edu.cn，联系人:张民。

“网络空间安全学科系列教材”编委会

前言

语法是程序设计语言的基础，掌握必要的语法规则是编程的基本要求。但是，学习程序设计最重要的并不是语法，而是计算思维。编者一直认为对于大多数学生来说只要掌握了计算思维和程序设计的基本方法，学好了任何一门编程语言，那么在学习其他编程语言的时候，只需要大概了解一下语法，就完全能够快速上手。学习编程，切忌贪多，切忌只看书不动手，程序设计是一个实践性非常强的课程，一定要多动手实际编写和调试程序代码，遇到的问题多了，解决的问题多了，自己的编码能力自然就提高了。因此本书章节的安排不是以C语言基本语法知识为主线，而是面向实际工程需求，在引导学生解决实际问题的基础上自然掌握语言的细节。

根据TIOBE编程社区指数，C语言自1989年以来一直处于编程语言排行榜的前列，是一种备受推崇的编程语言，具有广泛的应用场景。同时，C语言的语法简单、功能强大、可移植性高等优点也使其成为许多程序员的首选语言。但是，C语言带来的安全性问题不可忽视，深入了解这些安全问题对于编写安全的C代码至关重要。因此本书在系统介绍C语言程序设计方法的基础上，以培养C程序设计中的安全思维为出发点，将C语言程序设计中需要注意的安全问题贯穿全书每个章节，每章均设置了单独的小节介绍该章内容需要注意的安全缺陷，在全书的内容描述中也穿插了程序设计中需要关注的安全问题。

另外本书贴近实际应用，以解决实际工程问题出发，设计了相关案例，并以一个大整数运算库为例，详细介绍了实际工程应用中所需的多文件项目工程的设计、编译、链接和测试方法。对于学生来说，如果能够自己从头到尾完整地实现这个大整数运算库的工程，那么就能够具备一定的使用C语言来解决实际工作中具体工程问题的能力，而不是学完课程以后只会用C语言完成一些简单的功能。

本书可作为高等学校各专业程序设计课程的教材，尤其适合作为计算机类网络空间安全相关专业的教材，面向对象是没有学过计算机程序设计的学生。因此本书的主要目的是帮助学生学习和掌握计算思维以及程序设计方法，使得学生在初步学会使用C语言解决实际问题的同时能够关注语言本身可能带来的安全问题，并在编写代码的时候能够避免这些安全隐患。本书代码均按照C 99标准介绍，书中所有程序使用的编译器为GNU

Compiler Collection（GCC），版本为gcc version 8.1.0（i686-posix-dwarf-rev0，Built by MinGW-W64 project），程序调试器为GNU symbolic debugger（GDB），版本为GNU gdb（GDB）8.1。

本书由罗敏等编著，第1、2、9章由罗敏执笔，第3、8章由王张宜执笔，第4、6章由滕冲执笔，第5、7章由傅建明执笔。邹菁琳、白野、刘洋、胡芯忆、陈纪成、黄俊、曾庆贤、包嘉斌、朱鑫杰、刘云连、郑航城、史述云、叶焘、王若男、朱郭诚、赵天可、雷斗威、杜帮瑶等参与了本书的书稿校对工作。武汉大学的王先兵老师在百忙之中审阅了初稿并给出了宝贵的意见。在此对他们的辛勤工作表示衷心的感谢。

由于时间仓促，加之编者水平有限，书中尚有许多不足之处和各种错误，欢迎广大读者多对本书提出宝贵意见和建议。

作者

2024年7月于武汉

目 录

第1章 C程序设计简介

1.1 计算机系统结构概述

美籍匈牙利科学家冯·诺依曼最先提出“程序存储”的思想，并成功将其运用在计算机的设计之中，根据这一原理制造的计算机被称为冯·诺依曼结构计算机。由于他对现代计算机技术的突出贡献，因此冯·诺依曼又被称为“现代计算机之父”。现代计算机主要由控制器、运算器、存储器、输入设备、输出设备 5 部分组成，如图 1-1 所示。

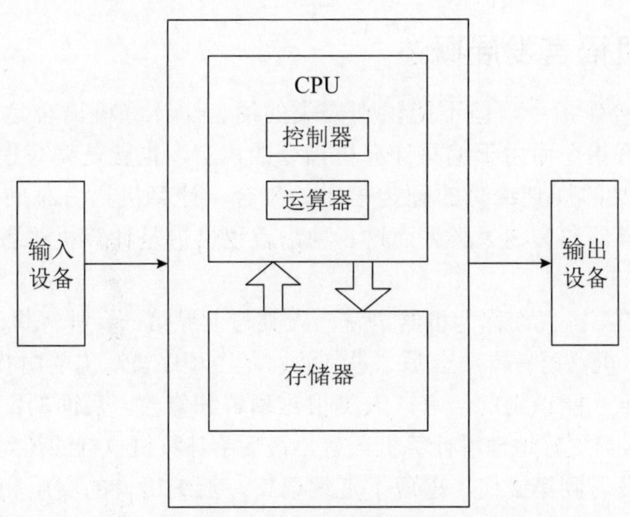

图 1-1　计算机体系结构

存储器分为内存和外存，用来存放数据和程序。内存又叫主存储器，俗称计算机中的内存条，一般采用半导体存储单元，包括随机存储器（RAM）和只读存储器（ROM），特点是存取速度快，但是容量小，价格贵；外存又叫辅存储器，常见的外存储器有硬盘、软盘、光盘、U 盘等，这类存储器一般断电后仍然能保存数据，特点是容量大，价格低，但存取速度慢。

运算器主要运行算术运算和逻辑运算，并将中间结果暂存到运算器中；控制器主要用来控制和指挥程序与数据的输入运行，以及处理运算结果；在冯・诺依曼结构中，一般将运算器和控制器集成到一个芯片上，共同组成中央处理器（CPU），CPU是计算机的核心。它主要有以下4个功能。

（1）处理指令：程序中各条指令是有严格顺序的，必须严格按程序规定的顺序执行，才能保证计算机正确工作。

（2）执行操作：一条指令的功能通常需要计算机中的部件协调完成。CPU根据指令的功能，产生对各个部件的控制信号，从而控制部件完成指令要求的动作。

（3）控制时间：指令的执行分为不同的指令周期，每个周期所做的操作受到CPU的严格控制，这样计算机才能有条不紊地工作。

（4）处理数据：主要由CPU中的运算器执行操作，其功能主要是解释指令和对二进制数据进行算术运算或逻辑运算。

输入设备用来将程序和数据转换为机器能够识别的信息形式输入计算机里，常见的有键盘和鼠标等；输出设备可以将机器运算结果转换为人们能接受的形式或者其他系统要求的信息形式输出，如打印机输出、显示器输出等。

计算机中的指令和数据均采用二进制码表示；指令和数据以同等地位存放于存储器中；指令在存储器中按顺序存放，通常指令是按顺序执行的，特定条件下，可以根据运算结果或者设定的条件改变执行顺序；机器以运算器为中心，输入输出设备和存储器的数据传送通过运算器。

1.1.1 计算机语言发展概述

计算机擅长接受指令，但不能识别人类的语言。计算机语言是人类为了让计算机可以准确地执行指令而用于编写计算机指令的语言，也就是编写程序的语言，其本质是根据事先定义的规则编写的预定语句的集合。计算机语言总的来说分为机器语言、汇编语言和高级语言3大类。而这3种语言也恰恰是计算机语言发展历史的3个阶段。

计算机语言的第1代，称为机器语言。人类与世界第一台计算机ENIAC交流的语言就是机器语言。机器语言本质上是二进制码，是由程序员写出的由0和1组成的指令序列，是计算机唯一能识别的语言，人类很难理解和修改。后面的汇编语言和高级语言，都是为了让人类更好地理解计算机语言，最后给计算机执行的还是机器语言。

计算机语言发展到第2代，出现了汇编语言。汇编语言的实质和机器语言是相同的，都是直接对硬件操作，只不过用助记符代替了操作码，用地址符号代替地址码，例如，用ADD代表加法，MOV代表数据传递等。然而计算机是不认识这些符号的，这就需要一个专门的程序，专门负责将这些符号翻译成二进制数的机器语言，这种翻译程序称为汇编程序。

计算机语言发展到第3代时，就进入了“面向人类”的高级语言。高级语言是一种接近人们使用习惯的程序设计语言。允许用英文写计算程序，符号和表达式也与日常的数学公式差不多。高级语言发展于20世纪50—70年代。计算机语言的发展历程如图1-2所示。

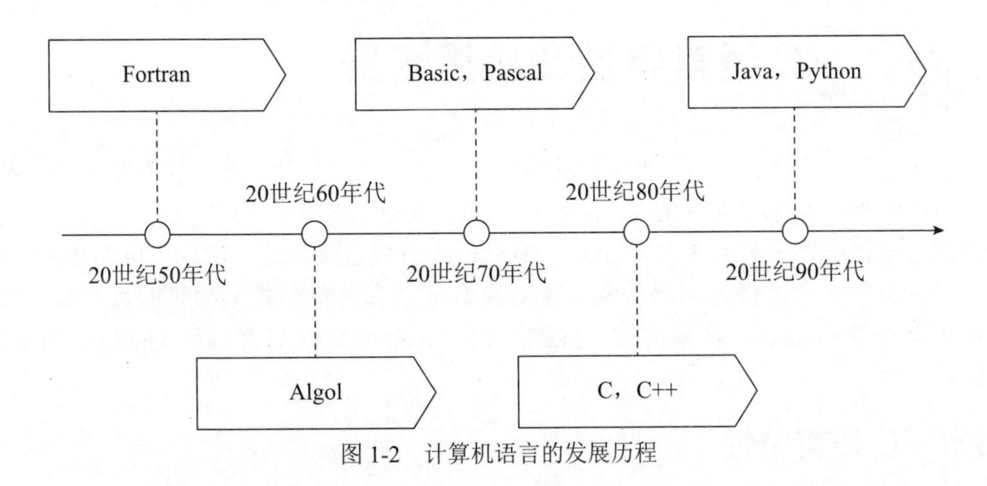

图 1-2　计算机语言的发展历程

1.1.2　C 语言起源和发展历程

20 世纪 60 年代，贝尔实验室的肯·汤普逊（Ken Thompson）闲来无事，想玩一个他自己编的、模拟在太阳系航行的电子游戏——*Space Travel*，他找了台空闲的机器 PDP-7，但是这台机器没有操作系统，于是肯·汤普逊开始用 B 语言为它开发操作系统。后来，这个操作系统被命名为 UNIX。B 语言是肯·汤普逊在 BCPL 语言的基础上，设计的一种更加高级的程序设计语言。1971 年，同样酷爱 *Space Travel* 的丹尼斯·里奇（Dennis Ritch）为了早日玩上游戏，加入了肯·汤普逊的开发项目，他们一起在 B 语言的基础上设计出了 C 语言。1973 年，C 语言已经足够稳定，丹尼斯·里奇和肯·汤普逊开始用 C 语言重新编写 UNIX 系统。

20 世纪 70 年代，C 语言持续发展。1977—1979 年，出现了第一本有关 C 语言的书，由丹尼斯·里奇和布莱恩·凯尼汉（Brian W. Kernighan）合作编写的 *The C Programming Language*。这本书在当时被程序员认为是 C 语言编程的标准，被称作“K&R”。

20 世纪 80 年代，C 语言已经不仅局限于 UNIX 领域。运行在不同操作系统下的多种类型的计算机都开始使用 C 语言编译器。随着 C 语言的不断发展和变化，“K&R”难以作为通用的 C 语言编写标准，影响了 C 语言的可移植性。因此，C 语言需要一个更全面更准确的统一描述。

1989 年，美国国家标准协会（ANSI）完成并通过了本国的 C 语言标准 X3.159-1989，简称 C 89 标准，有些人也把该标准称为 ANSI C。1990 年，国际标准化组织（ISO）和国际电工委员会（IEC）通过了此项标准，将其作为 ISO/IEC 9899：1990 国际标准，简称 C 90 标准。1999 年，ISO 和 IEC 通过了 ISO/IEC 9899：1999，简称 C 99 标准。2011 年，ISO 和 IEC 通过了 ISO/IEC 9899：2011，简称 C 11 标准。2018 年，ISO 和 IEC 通过了 ISO/IEC 9899：2018，简称 C 17 标准。目前最新的 C 语言标准是 C 23。

1.2 C 语言特性和应用场景

C 语言作为目前最重要、最流行的编程语言之一，对现代编程语言有很大的影响，许多现代编程语言都借鉴了 C 语言的特性。在 TIOBE 指数近 20 年的历史上，C 语言一直稳居编程语言排名前 3 名。TIOBE 编程社区指数是编程语言流行程度的指标。该指数每月更新一次，根据网络搜索引擎对含有该语言名称的查询结果的数量来计算，涵盖了网民在 Google、谷歌博客、MSN、雅虎、百度、维基百科和 YouTube 的搜索结果。

1.2.1 C 语言特性

C 语言主要有以下一些特性。

1）可移植性

C 语言的代码可移植性强，可以在不同平台上编译和运行，使得它在跨平台开发方面具备优势。这是由于 C 语言没有分裂出不兼容的多种分支，同时 C 语言的编译器规模小且容易编写。

2）高效性

C 语言提供了对硬件的直接访问能力，能进行位（bit）操作、直接内存访问等，能够实现汇编语言的大部分功能，可以直接对硬件进行操作，而且生成目标代码质量高，程序执行效率高。

3）语言简洁且功能强大

C 语言运算类型极其丰富，表达式类型多样化，支持整型、浮点型、双精度浮点型、字符型、数组类型、指针类型、结构体类型和共用体类型等各种数据类型，尤其是指针类型数据，使用十分灵活和多样化，能用来实现各种复杂的数据结构（如链表、树、栈等）的运算。

4）灵活性

C 语言可以编写从嵌入式系统到数据处理等各种应用程序，甚至可以用于制作电影的动画特效。同时，C 语言使用限制非常少，在其他语言中认定为非法的操作在 C 语言中往往是允许的。但是同时 C 语言的灵活性往往也会导致程序中的错误难以察觉。

5）代码量小

C 语言比其他许多高级语言简练，源程序短，因此输入程序时工作量少。如果要完成相同的一个功能，使用 C 语言编写的程序文件比使用其他语言编写的程序文件小很多。

6）结构化

C 语言是面向过程的程序设计语言，是完全模块化和结构化的语言。程序主要用于描述完成这个任务涉及的数据对象和具体操作规则，即设计数据结构和算法。面向过程的程序设计方法的主要思想是自顶而下规划、结构化编程和模块化设计。当需要完成一个复杂的任务时，将任务按功能分为若干基本模块，每个模块之间相对独立，对每个模块分别进行设计，每个模块的功能实现了，整个复杂的任务就也得到了解决。面向过程的程序设计采用的流水线式的设计方法和大多数人的思维方式比较接近。模块化的编程方法，可以很好地解决一些复杂的问题，使得程序结构清晰。但是同时也存在扩展性差，代码维护困难等一些问题。

1.2.2　C 语言应用场景

C 语言的应用场景有两方面，一是系统软件开发，二是应用软件开发。而由于高效性、可移植性和灵活性等优点，C 语言主要用于系统软件的开发，如常见的三大操作系统、驱动程序（主板驱动、显卡驱动、摄像头驱动等）和数据库（SQL Server、Oracle、MySQL）等。编写应用软件虽然不是 C 语言的强项，但其依然在办公软件（WPS 等）、数学软件（MATLAB 等）、图形图像多媒体（Media Player 等）、嵌入式软件（智能手环等）和游戏开发（CS 游戏引擎等）等领域有所应用。

1.3　C 语言安全编程思考

C 语言是一种非常简单的编程语言，最初，因为 C 语言执行效率高，生成的程序几乎和汇编语言生成的程序一样快速，所以主要被用于系统性开发工作，准确地说，就是编写操作系统（如 Windows、Linux 等）和底层组件（如驱动、网络协议等）。

C 语言有非常突出的优点，当然也有一些缺点。首先，C 语言的错误往往难以察觉，这是由于 C 语言的灵活性，在其他语言中可能被发现的错误，C 编译器无法检查出来，如涉及指针的问题。

其次，C 程序可能难以理解。C 语言紧凑简洁，它的特性可以以多种方式结合起来，因此可以写出让人难以理解的代码。

最后，C 语言被认为是“不安全”的编程语言。C 语言允许使用直接内存地址进行任意指针运算，而且不进行边界检查，因此被认为是一种既缺乏与内存安全相关的特征，但又在关键系统中大量使用的编程语言。2024 年 2 月，美国白宫国家网络主任办公室（ONCD）在一份主题为“回到基础构件：通往安全软件之路”的 19 页 PDF 报告中强烈呼吁停止使用 C\C++，希望开发者抓紧使用“内存安全编程语言”。

总体来说，C 语言的优点非常多，这也是 C 语言成为最重要、最流行的编程语言之一的原因，但是同时也有难以检查错误和难以理解的问题。本书旨在引导学生在程序设计的过程中思考安全的问题，以及如何防止使用错误带来的安全隐患，规避 C 语言的缺陷。

1.3.1　安全思考

C 语言作为一种历史悠久、应用广泛的编程语言，在软件开发领域扮演着举足轻重的角色。然而，随之而来的安全性问题也是不可忽视的。C 语言的安全隐患是广泛且深刻的，深入了解这些问题对于编写安全的 C 代码至关重要。

1）内存泄漏与溢出问题

内存泄漏和溢出是C语言中最常见的安全隐患之一。内存泄漏指的是程序在动态分配内存后未正确释放该内存，导致程序运行时占用的内存不断增加，最终耗尽系统资源。缓冲区溢出是指在程序中的某个缓冲区内写入了超出其预留空间的数据，导致数据覆盖了相邻内存区域的现象。这种情况可能会造成严重的安全漏洞，甚至使得攻击者能够利用漏洞来执行恶意代码，威胁系统的安全性。

2）指针的不当使用

指针是C语言的最强大的一个工具，但也是安全隐患的来源之一。指针的不当使用可能导致指针指向未知内存区域，从而引发不可预测的行为。此外，空指针引用也是常见的错误，如果程序在引用空指针时未做适当检查，可能会导致程序崩溃。

3）语言编程上的漏洞

编程，不仅是从功能角度进行实现，还需要对编程语言的使用规则有一定理解。当对功能进行编程实现时，功能源代码会受到计算机系统本身的存储特点以及编程语言的使用规则的影响，所以实际源代码不止包括功能逻辑实现的部分，还包括更多的限制条件。例如，实现计算 (a + b + c) / d 的函数时，如果仅考虑计算逻辑的实现，那么源代码的主要部分可能如下：

```
1. int func(int result, int a, int b, int c, int d)
2. {
3.     result = (a + b + c) / d;
4. }
```

实际上这样的实现无法达到预期的目的。因为在函数被调用时，函数里的参数才会被分配空间，且在函数调用结束时，被分配的空间又会被释放，即函数中result的值无法被“带出”函数。除此之外，如果a、b、c、d分别为外部输入，当d值被恶意地输入为零时，程序会报出零为除数的非法错误；当d值被恶意地输入为极小值时，程序会大概率由于数据溢出而得不到正确结果。这些都是编程中的常见漏洞。所以编程不仅要考虑实现功能逻辑的实现，还应该考虑编程语言的规则、程序运行环境的特点，这样才能尽可能减少程序出现的问题。

1.3.2 安全实现

在考虑程序的安全实现时，主要从程序设计、程序实现和程序测试3方面去考虑。

1. 程序设计阶段须遵循的4个原则

（1）程序只实现指定的功能。

实现的程序越复杂，可能出现的漏洞和错误就越多。在程序设计阶段应该只考虑程序须实现的功能。

（2）最小权限原则。

最小权限原则是指系统的每个程序或者用户应该使用完成工作所需的最小权限工作。遵循此原则的程序在被恶意攻击者攻击时，攻击者也无法获得更多的权限做出恶意的行为。

（3）不能信任用户任何的输入。

恶意用户可以通过向程序输入恶意参数达到执行恶意行为的目的。在设计程序时，必须假设所有用户的输入不可信，来进行相应的过滤和处理，过滤恶意的输入。

（4）采用白名单机制。

很多软件都应用了黑白名单规则，被列入黑名单的用户不能通过。但是和采用黑名单机制将已知的非法操作禁止相比较，程序设计时更应该采用白名单机制，也就是只有在白名单中的用户才能通过已知的操作。

2. 程序实现阶段须考虑的两方面

（1）使用安全函数 / 安全的第三方开源工具或库函数。

在程序实现时，通常会调用现有的第三方开源工具或库函数辅助编程，减少一些固定的、可复用的功能的重复开发，但这些工具可能没有考虑安全实现，或在早期的版本存在一些漏洞。因此在实现时应该使用安全和最新的函数与工具。

（2）对代码进行静态安全检查。

代码静态分析可以由相关工具辅助完成，也须人工检阅代码。静态分析能够不断地改进代码，并更为强调程序设计时的安全思想，能够在这个步骤进一步落实对安全设计的重视。

3. 程序测试阶段的两项工作

（1）对设计的分析和评审。

在程序测试阶段需要对安全设计进行分析和评审，考虑可能出现的问题并编写测试用例。根据测试用例对程序进行测试，根据结果判断程序是否可以安全执行。

（2）安全测试。

使用常规的安全测试方法和工具等，对目标程序进行安全扫描和攻防渗透测试，寻找程序是否存在未解决的安全问题。

除了以上工作外，在安全软件开发的整个流程都有需要考虑的问题。微软提出了SDL（Security Development Lifecycle，安全开发生命周期）这一软件安全开发流程管理模式，能够更好地保证产品的安全性。

ISO 26262，DO-178B/C，FDA 等安全标准表明，编码标准可以提高程序的安全性。通过使用编码标准遵循一组规则，能够减少反复的测试和修改，降低引入错误的可能性，使代码高效且有保障地完成。常见的安全编码标准有 CWE（Common Weakness Enumeration 常见缺陷列表）、OWASP（Open Web Application Security Project 开放式 Web 应用程序安全项目）和 CERT（Computer Emergency Response Team for the Software Engineering Institute（SEI）软件工程研究所的计算机应急响应小组发布的安全编码规范）。

1.4　简单实例

1.4.1　编写一个计算机程序的过程

编写一个计算机程序的过程可以总体划分为 5 步：①问题抽象；②模块框架；③具

体实现；④程序测试；⑤调试。

第 1 步：问题抽象。在正式编写程序之前，首先需要分析待解决的问题，明确需要获取哪些信息、进行怎样的运算和判断、根据信息能够得到什么样的结果。根据分析的结果，将问题抽象成能够用流程和逻辑来表示的方案或算法。

第 2 步：模块框架。将问题抽象完成后，整理整体的框架，将相对独立的部分作为单独的一个模块实现。模块化可以对模块单独进行设计、调试和升级，容易实现模块间的互换和灵活组合，避免在同一个程序中多次重复实现同一功能模块，并且能够使得模块满足更大数量的不同问题的需要，有利于实现不同问题之间模块的通用。

第 3 步：具体实现。划分好框架和模块后，根据设计编写程序，实现目标模块和功能。在实现的过程中需要注意参数命名、代码注释和可能出现的安全问题，后面的章节将会介绍这些内容。

第 4 步：程序测试。完成编写后，需要对程序编译和执行测试。编译即将语言程序翻译成计算机能够理解的机器语言指令集，这项过程由编译器完成。编译器会在编译的过程中检查程序是否有效，如果发现错误就会报错，编译无法执行成功。需要根据提示将错误内容改正，并重新编译。编译成功后需要执行程序，测试检查程序是否按照设计的功能输出了正确的结果。如果没有得到期待的结果则说明计算机程序中存在一些错误，也就是 bug。测试的过程就是找 bug 的过程。

第 5 步：调试。在测试过程中发现 bug 后，需要查找原因和具体位置，并修复 bug，这一过程即为调试。这是保证软件正确性的必不可少的步骤。调试时可以使用模拟数据去试运行，并把输出结果与手动计算的目标结果相比较。如果存在差异，则说明存在逻辑错误。可以通过检查代码逻辑的方式修改，也可以将计算机设置成单步执行的方式，一步步跟踪程序的运行，查找出现问题的地方。找到问题后，修改程序并重新编译执行，直至程序能够正确地达到预期功能为止。

1.4.2 实例

根据 1.4.1 节的步骤，使用计算机计算两个数的和的程序步骤如下：

①问题抽象，需要使用计算机计算 10 + 109 的值，并输出结果；②模块框架，直接使用加法计算两个数的和，令它的结果等于变量 a；③具体实现，使用 C 语言实现这个功能，具体代码见下文；④程序测试，编译运行，如果编译不通过则根据提示修改代码，编译通过后则运行检查结果是否等于 119；⑤调试，如果结果不符则检查是否有逻辑错误，没有错误则不用调试。

【例 1-1】使用计算机计算 10 + 109 的值，并输出结果。

思路分析：需要两个变量存放 10 和 109，再通过加法计算，最后输出结果。

程序源代码：1-1.c

```
1. #include <stdio.h>
2. int main()
3. {
4.     /* 我的第一个 C 程序 */
5.     int a = 10;
```

```
6.     int b = 109;
7.     int c = a + b;
8.     printf("c = %d ",c);
9.     return 0;
10. }
```

该程序编译执行的结果如下：

```
c = 119
```

1.4.3　程序结构介绍

1.4.2 节中【例 1-1】是一个简单的 C 语言程序实例。一个完整的 C 语言程序由一个且只能有一个 main 函数（又称主函数，必须有）和若干其他函数结合而成（可选）。main 函数是 C 语言程序的入口，程序是从 main 函数开始执行。C 语言的函数是一段可以重复使用的代码，用来独立地完成某个功能。本节将从该实例程序出发，逐行分析程序中的代码，并介绍该实例程序的结构。

1. 编译预处理命令 #include

```
#include <stdio.h>
```

#include 是一个编译预处理命令，是在程序编译之前要处理的内容。编译预处理命令都以“#”开头，并且不用分号结尾，是 C 语言的程序语句。#include 是文件包含命令，是一个来自 C 语言的宏命令，作用是把它后面所写的那个文件的内容，完完整整地、一字不改地包含到当前的文件中来。

stdio.h 是 C 语言标准库的一个头文件。所谓头文件，其实其内容与 .c 文件中的内容是一样的，都是 C 的源代码，但头文件不用被编译。通常会把函数声明、类型和宏定义都放进头文件中，当某个 .c 源文件需要它们时，它们就可以通过一个宏命令 #include 包含进这个 .c 文件中，从而把它们的内容合并到 .c 文件中。当 .c 文件被编译时，这些被包含进去的 .h 文件的作用便发挥了。头文件 stdio.h 中定义的输入和输出函数、类型以及宏的数目几乎占整个标准库的三分之一，包含该头文件后就可以使用该文件中定义的标准输入、输出等函数了。

2. main 函数

```
int main()
```

main 函数，又称主函数，是程序执行的起点。int 指的是 main 函数的返回值的类型是整数。main 为函数名，其后的 () 括号内的内容可以为空，也可以是参数。对于有参数的 main 函数形式来说，调用这个程序的时候就需要向其传递参数。“{ }”内是代码块，一个代码块内部可以有一条或者多条语句，每条可执行代码都是以“;”英文分号结尾。

3. 注释

```
/* 我的第一个 C 程序 */
```

C 语言中的注释分为两种，行注释和块注释，它们的标识符不同，注释范围和使用方式不同。注释的内容编译器是忽略的，注释主要的作用是在代码中加一些说明和解释，这样有利于代码的阅读。

带有“//”的叫行注释，它能够注释掉所在行的位于“//”符号后面的所有内容。

“/* */”叫块注释，它能够注释掉位于“/*”和“*/”之间的所有内容。块注释是 C 语言标准的注释方法。

4. 代码内容

（1）声明和赋值。

```
int a = 10;
int b = 109;
```

int a = 10 这行代码中的 int 是 C 语言的一个关键字。关键字是程序设计语言保留下来并被赋予特定语法含义的单词或单词缩写，用来说明某一固定含义的语法概念，程序中只能使用关键字的规定作用（类似自然语言中具有特定含义的动、名词）。例如，int 在 C 语言中指的是 C 语言数据类型中的整数类型。

a 是一个标识符，所谓标识符，就是用来标识变量名、符号常量名、函数名、类型名、文件名等的有效字符序列（类似自然语言中各种事物的名字）。

该语句的功能是同时进行了声明和赋值。也就是声明在当前的代码块中有一个类型是 int、名字是 a 的变量，并给这个变量赋值为 10。本质的含义是在内存中分配一个 4 字节大小的空间，设置该内存空间的别名为 a，并把数字 10 按照整数的方式写入该内存中。

这行代码与“int a; a = 10”这两条代码等价。“=”是 C 语言的运算符号之一，表示简单赋值。

（2）运算符号。

```
int c = a + b;
```

C 语言中的符号分为 10 类：算术运算符、关系运算符、逻辑运算符、位操作运算符、赋值运算符、条件运算符、逗号运算符、指针运算符、求字节数运算符和特殊运算符。此处，“=”是赋值运算符，“+”是算术运算符，表示的是加法。“int c = a + b; ”表示将 a + b 的值赋值给变量 c。

（3）printf 函数。

```
printf("c = %d ",c);
```

printf 是 C 语言库函数，“( )”内为 main 函数传递给 printf 函数的参数，该函数的功能是向标准输出设备按规定格式输出字符串。printf() 函数的调用格式为

```
printf("<格式化字符串>", <参量表>);
```

其中，格式化字符串包括两部分内容：一部分是正常字符，这些字符可直接输出，另一部分是格式化规定字符，以“%”开始，后跟一个或几个规定字符用来确定输出内容格式。参量表是需要输出的一系列参数，其个数需要与格式化字符串中所规定的

输出参数个数一样多，各参数之间用“,”分开，且顺序一一对应，否则将会出现错误。“printf("c = %d ",c);”这行代码的意思即为按照"c = %d "格式输出内容，“%d”表示此处有一个十进制有符号整数，对应的是参数 c 的值。因此最终会输出“c = 119 ”。

5. return 语句

```
return 0;
```

return 代表函数执行完毕，并返回一个数据，这个数据的数据类型为函数定义的数据类型。如果 main 定义的时候前面是 int，那么 return 后面就需要写一个整数。

1.5 编译机制

1.5.1 编译与链接

在学习计算机还没有入门时，我们平时所说的程序，是指双击（或者在命令行窗口输入命令）后可以直接运行的程序。这样的程序在编程的角度来说，被称为可执行程序。在 Windows 操作系统下，通常以 .exe 为后缀。可执行程序内部是一系列二进制指令和数据的集合，CPU 可以直接识别，但是对于大多数程序员来说，却无法记忆和使用。

可执行程序生成过程如图 1-3 所示。

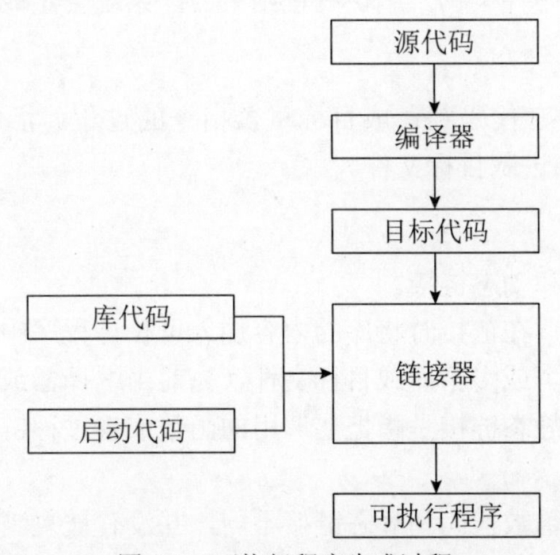

图 1-3　可执行程序生成过程

其中，源代码经过编译器编译形成目标代码，然后目标代码经过链接器与所需要的库代码和启动代码链接形成可执行程序。

编译可以理解为“翻译”，类似将中文翻译成英文的过程。编译过程可以分为 3 个阶段：预处理阶段、编译阶段、汇编阶段，如图 1-4 所示。

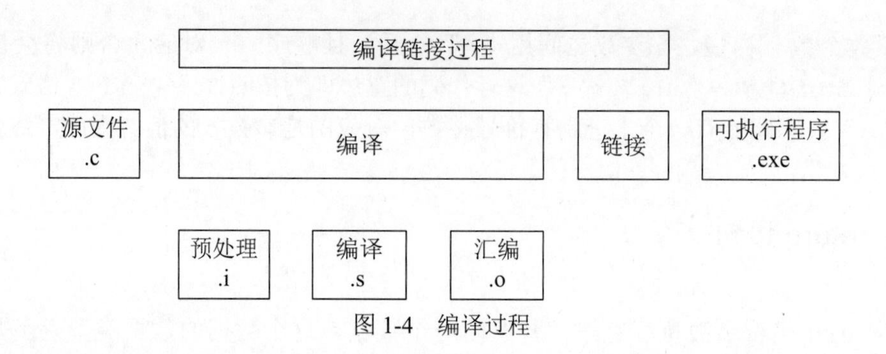

图 1-4　编译过程

1. 预处理阶段

该阶段预处理器会将 C 程序源代码文件以及相关的头文件预编译成一个 .i 文件。预处理阶段主要处理那些源代码文件中以“#”开头的预编译指令，如“#include”“#define”等，主要处理规则如下：

（1）处理“#include”预处理指令，直接将被包含的文件插入该预编译指令的位置。

（2）宏定义“#define”直接展开，并将“#define”删除。

（3）保留所有的“#pragma”编译器指令。

（4）对于注释的标记“//”“/**/”，编译器会直接忽视它们，将它们直接删除。

2. 编译阶段

编译器能够识别代码中的词汇、句子、语法，以及各种特定的格式，并将它们转换成计算机能够识别的二进制形式，这个过程称为编译。编译是一个十分复杂的过程，大致包括词法分析、语法分析、语义分析、代码优化和生成可执行文件 5 个步骤，中间涉及复杂的算法和计算机硬件架构。编译过程结束后，系统会生成一个 .s 文件。

3. 汇编阶段

汇编是指把汇编语言代码翻译成目标机器指令的过程。汇编结束后，编译所生成的 .s 文件将转换成 .o 二进制目标文件。

4. 链接阶段

链接分为静态链接和动态链接。

静态链接是由链接器在链接时将库的内容加入可执行程序中的做法。链接器是一个独立程序，功能是将一个或多个库或目标文件（先前由编译器或汇编器生成）链接到一起，生成可执行程序。静态链接是指把要调用的函数或者过程链接到可执行文件中，成为可执行文件的一部分。

动态链接所调用的函数代码和静态链接不同，并没有被复制到应用程序的可执行文件中，而是仅在其中加入了所调用函数的描述信息（往往是一些重定位信息）。仅当应用程序被装入内存开始运行时，在操作系统的管理下，才在应用程序与相应的模块之间建立链接关系。当要执行所调用模块中的函数时，根据链接产生的重定位信息，操作系统才转去执行其中相应的函数代码。

简言之，静态链接就是目标文件直接进入可执行文件。动态链接就是在程序启动后才动态加载目标文件。静态库和应用程序编译在一起，在任何情况下都能运行。而动态库是动态链接，文件生效时才会调用。

很多代码虽然编译通过，但是链接失败就极有可能是在静态库和动态库出现了问题。缺少相关文件，就会链接报错，这个时候就要检查一下本地的链接库是不是缺损。

在 Linux 使用的 GCC 编译器把上述的预处理、编译、汇编和链接 4 个过程进行捆绑，可以只使用一次命令，就可以完成编译工作。GCC 执行过程如图 1-5 所示。

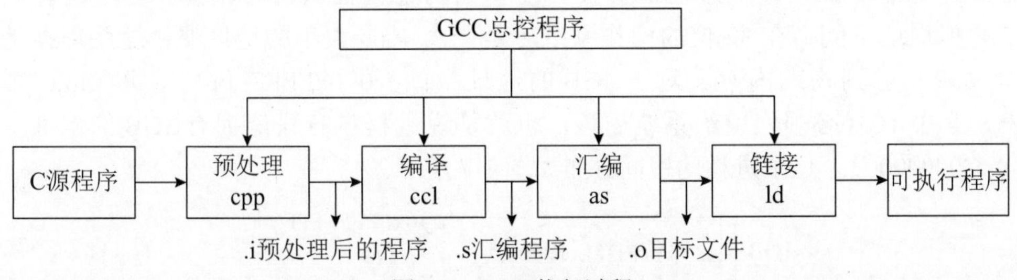

图 1-5　GCC 执行过程

GCC 命令也可以分开使用。

（1）预编译：将 .c 文件转换成 .i 文件，GCC 命令是：gcc -E。

（2）编译：将 .c 文件转换成 .s 文件，GCC 命令是：gcc -S。

（3）汇编：将 .s 文件转换成 .s 文件，GCC 命令是：gcc -c。

（4）链接：将 .o 文件转换成可执行程序，GCC 命令是：gcc -o。

对于 1.4.2 节中的【例 1-1】，我们用 GCC 如下命令对其编译：

```
gcc -S ch01_1.i -o ch01_1.s
```

得到的结果如图 1-6 所示。

```
main:
.LFB0:
        .cfi_startproc
        pushq   %rbp
        .cfi_def_cfa_offset 16
        .cfi_offset 6, -16
        movq    %rsp, %rbp
        .cfi_def_cfa_register 6
        subq    $16, %rsp
        movl    $10, -12(%rbp)
        movl    $109, -8(%rbp)
        movl    -12(%rbp), %edx
        movl    -8(%rbp), %eax
        addl    %edx, %eax
        movl    %eax, -4(%rbp)
        movl    -4(%rbp), %eax
        movl    %eax, %esi
        movl    $.LC0, %edi
        movl    $0, %eax
        call    printf
        movl    $0, %eax
        leave
        .cfi_def_cfa 7, 8
        ret
        .cfi_endproc
```

图 1-6　.s文件内容

1.5.2 进程在内存中的布局

我们平时写的C代码往往会包含指针。如果把这个指针打印出来，我们会说这个指针指向某某内存地址。而这些地址在计算机的世界中并不是真实的物理地址，而是虚拟内存地址。

当一个C程序调入内存开始执行后，操作系统就会为这个执行的程序创建一个进程，并分配资源。每个进程都会被分配一个属于自己的内存空间，这个内存空间就是虚拟地址空间。在32位的操作系统下是一个4GB大小的地址块，这些虚拟地址通过页表映射到物理内存。对于4GB的地址空间（0~0xFFFFFFFF），以Linux平台为例，其中1GB必须保留给系统内核，也就是说进程自身只能拥有3GB的地址空间（0~0xC0000000）。这个进程的空间分布如图1-7所示。

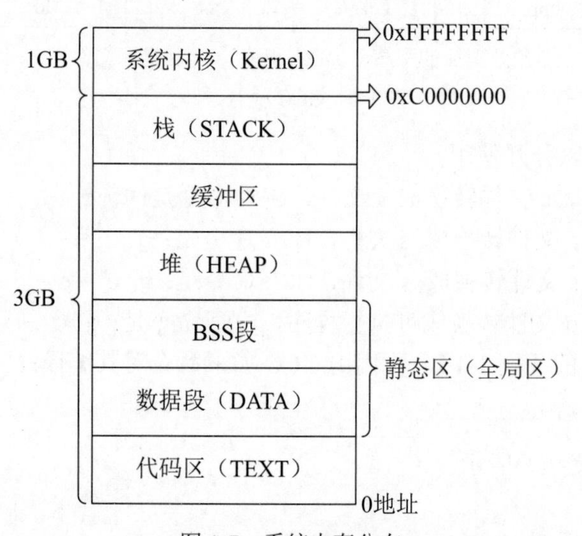

图1-7　系统内存分布

代码区：程序（函数）代码所在，C语言程序编译后得到的二进制代码被载入此。代码区是只读的，不允许写和其他操作，有执行权限。

数据段：用于存放程序中已初始化的全局变量和静态变量，可读可写。

BSS（Block Started by Symbol）段：通常是指用来存放程序中未初始化的全局变量和静态变量的一块内存区域。可读可写，在程序执行之前BSS段会自动清0。所以，未初始化的全局变量在执行之前已经成0了。数据段和BSS段合称为静态区。

堆：自由存储区，堆区的内存分配和释放由程序员控制。在C语言中通常用malloc函数申请存储空间，用free函数释放所申请的空间。堆由低地址向高地址分配存储空间。

栈：由系统自动分配和释放，存储局部变量。一般情况下，人们口头上所说的堆栈，其实是指栈。栈由高地址向低地址分配存储空间。

下面给出一段代码和具体的运行结果来演示进程的空间分布。

【例1-2】测试程序用于测试计算机上的堆栈区，并输出结果。

思路分析：定义不同的变量，依次用 printf 语句输出并查看其内存分布位置。

程序源代码：1-2.c

```
1.  #include <stdio.h>
2.  #include <stdlib.h>
3.  int i1 = 10; //静态全局区(data段)
4.  int i2; //静态全局区(bss段)
5.  static int i3 = 30; //静态全局区(data段)
6.  const int i4 = 40;  //代码区!!!
7.  void func(int i5) //栈区
8.  {
9.      int i6 = 60; //栈区
10.     static int i7 = 70; //静态全局区(data段)
11.     const int i8 = 80; //栈区!!!
12.     char* str1 = "ABCDE"; //代码区(字符串常量)
13.     char str2[] = "ABCDE"; //栈区(字符数组)
14.     int* pi = (int*)malloc(sizeof(4)); //堆区
15.     printf("&i5=%p,这里是栈区\n", &i5);
16.     printf("&i6=%p,这里是栈区\n", &i6);
17.     printf("&i7=%p,这是静态全局区data\n", &i7);
18.     printf("&i8=%p,这里是栈区\n", &i8);
19.     printf("str1=%p,这里是代码区\n", str1);
20.     printf("str2=%p,这里是栈区\n", str2);
21.     printf("pi=%p\,这里是堆区\n", pi);
22.     free(pi);
23. }
24. int main(void)
25. {
26.     printf("&i1=%p,这是静态全局区data\n", &i1);
27.     printf("&i2=%p,这是静态全局区bss\n", &i2);
28.     printf("&i3=%p,这是静态全局区data\n", &i3);
29.     printf("&i4=%p,代码区! \n", &i4);
30.     func(50);
31.     return 0;
32. }
```

该程序执行结果如图1-8所示。

```
&i1=00403008,这是静态全局区data
&i2=004063E4,这是静态全局区bss
&i3=0040300C,这是静态全局区data
&i4=00404044,代码区!
&i5=0061FEC0,这里是栈区
&i6=0061FEA4,这里是栈区
&i7=00403010,这是静态全局区data
&i8=0061FEA0,这里是栈区
str1=00404048,这里是代码区
str2=0061FE9A,这里是栈区
pi=00B50D40,这里是堆区
```

图1-8　实例程序执行结果

1.6　编程规范

在自然语言里，会有词法、语法和语义存在。我们阅读语句的时候不仅要理解句子

中每个词的含义，也要注意句子的结构，从而理解语句本身的含义。

在C语言编程中，一样有词法、语法和语义存在。自然语言中的理解逻辑放到C语言编程中，一样适用，即结合上下文才能理解准确。在编译过程中，存在一个负责源码词法的部分的“词法分析器”，它帮助机器对源码进行词法分析，将源码语句解析成若干有意义的token。同样地，也会存在语法分析器和语义分析器，前者会按照预定的语法规则把拆分的token组合成语句，后者会对语句的语义进行解释。

例如，下面的代码语句

```
*p = a * b;
```

通过进行词法分析，代码语句可能被解析为“*p”“=”“a”“*”“b”“;”这6个token。语法分析工作会根据预定的语法规则把这些token划分到一个语句中，而语义分析工作会解释语句的含义，例如，这个里面出现了两次“*”符号，但是它们的意义完全不同，第一个“*”表示解引用的意思，应该和“p”结合成“*p”才是本意。第2个“*”是乘法符号，表示变量“a”和“b”相乘。所以即便是相同的符号，放到不同的上下文中，也会有完全不同的含义。

上述代码语句“*p = a * b;”比较短，看懂语句的含义不难。如果遇到比较长的语句，那么语句的编程方式将会影响编程人员的理解，例如：

```
if
(
x
<
y
)
x
=
a
* b;
```

上述代码片段的书写不太符合一般阅读习惯，但这不会影响编译器对语句进行分析。从开发者的角度，虽然这些语句实现了预期的功能，但不太符合自然的阅读习惯，理解语句含义的难度较大。上面的语句可以改成如下形式，既保持预期的功能，又符合阅读习惯：

```
if (x < y) x = a * b;
```

这样的表达比原来的理解起来更轻松，但还有改进的空间。作为程序开发者，不仅要写出实现预期功能的语句、符合自然阅读习惯，更重要的是，将自己对语句的理解留一个提示给其他开发者，也就是让其他开发者理解该语句的逻辑思路。该语句想做的是判断x和y的大小，如果x比y小，那么将a * b的值赋予x。将这一逻辑思路化为提示，需要在语句中体现逻辑关系，该语句可以改进如下样子：

```
if (x < y)
    x = a * b;
```

这里，将语句拆分成两行，且第2行有缩进，一般而言，缩进在感官上有结构的内外区别，对应着“x = a * b;”该句属于在if逻辑语句内部。虽然如上语句体现了逻辑

关系，但在二次开发中很容易出现问题，例如，想在 if 语句中添加对 y 值的调整，那么写成

```
if (x < y)
    x = a * b;
    y = a + b;
```

看起来实现了预期功能，其实并不然，这段语句实际上等价于

```
if (x < y)
{
    x = a * b;
}
y = a + b;
```

也就是无论 if 内的语句有没有执行，“y = a + b;”一定会执行，这就和预期有出入。所以，在实际开发中，不管 if 内部的语句有多少，都应该加上括号，强调 if 语句的作用范围，避免不必要的 bug。

个人开发者当然可以按照自己的兴趣习惯，采用极具个人特色的编程方式，但是在团队开发中，每个人的这种特色编程，很可能成为团队开发的阻碍，例如，某个开发者的个人特色会影响其他开发者对合作程序源代码的理解。为此，在编程开发中，需要达成一些共识，例如，赋予一些变量名固定的含义、实现某类功能的函数的命名准则等。越是大规模的团队开发，这些共识越是能降低每个开发者的理解成本和接手难度。

良好的编程规范，不仅能降低理解难度，还能有效防止一些 bug 的出现，从而提高程序的安全性。如下的例子相信是绝大多数开发者的第一个 C 程序。

【例 1-3】使用计算机打印“hello world！”。

程序源代码：1-3.c

```
1. #include <stdio.h>
2.
3. int main()
4. {
5.     printf("hello world!");
6. }
```

这段代码虽然能够编译通过并运行成功，功能上也看不出错误，起码从计算机的角度看，它是正确的。实际上，它隐含了一个不易察觉的错误，即在函数中，没有给出返回值。如果函数没有显式声明返回值，则会根据函数返回类型，选择默认值返回。这是一个不好的习惯。大多数程序中，函数的返回值会被作为判断函数是否成功执行的信号，一般而言，返回 0 意味着成功，非 0 意味着执行失败。如果一个函数不显式返回开发者可控的返回值，那么编译器选择的默认返回值很可能产生意料之外的值，从而使得函数本身的执行结果无从知晓。所以，更好的写法更像是这样：

【例 1-4】使用计算机打印“hello world！”，声明返回值。

程序源代码：1-4.c

```
1. #include <stdio.h>
2.
3. int main()
```

```
4. {
5.     printf("hello world!");
6.     return 0;
7. }
```

程序编程规范在合作开发中相当重要。主流的应用程序需要经过不断的更新迭代，才能保持活力。团队也许会有人员的流动，但只要成员都遵守共同的编程规范，那么程序的开发、调试、维护都将顺利进行。

1.7 调试

调试（Debugging / Debug）又称排错，代码出现错误或者 bug，就可以用调试的方法去查找。调试的大致步骤如下：①发现程序错误的存在；②以隔离、消除等方式对错误进行定位；③确定错误产生的原因；④提出纠正错误的解决办法；⑤对程序错误予以改正，重新测试。

下述代码运行环境为 Windows 10，使用的编译器为 GNU Compiler Collection（GCC），版本为 GCC version 8.1.0（i686-posix-dwarf-rev0，Built by MinGW-W64 project），程序调试器为 GNU symbolic debugger（GDB），版本为 GNU gdb（GDB）8.1。

1.7.1 错误和警告

源代码在编译（预处理、编译、汇编）、链接、运行的各个阶段都可能会出现问题。编译器只能检查编译和链接阶段出现的问题，而可执行程序已经脱离了编译器，运行阶段出现问题编译器是无能为力的。如果代码在编译和链接阶段出现问题，编译器通常会提示有错误（error）或者警告（warning）。

错误表示程序不正确，不能正常编译、链接或运行，必须要纠正。

警告表示可能会发生错误（实际上未发生）或者代码不规范，但是程序能够正常运行，有的警告可以忽略，有的要引起注意。

错误通常分为以下 3 种。

1）编译型错误（最简单）

在编译阶段发生的错误，也称语法错误；如变量名字打错，漏掉分号等。

解决方法：直接看错误提示信息，解决问题。或者凭借经验就可以搞定。

2）链接型错误

在链接阶段，如忘记写头文件，会显示无法解析的外部符号；或者标识符写错或者不存在。

解决方法：加头文件；或者修改标识符。

3）运行时错误（最难）

在代码运行起来后的错误：如运行的结果跟预期结果不一样，发生死循环等。

解决方法：只能借助调试工具，一步一步查找。

下面将给出错误和警告的实例：

```
1. #include <stdio.h>
2.
3. int main()
4. {
5.     printf("hello world!")
6.     return 1;
7. }
```

显然，以上代码中缺少分号，这和C语言的语法不符合，GCC编译器编译时会给出错误提示，如图1-9所示。

```
PS E:\c> gcc -c 1.c -Wall
1.c: In function 'main':
1.c:5:27: error: expected ';' before 'return'
    printf("hello world!")
                          ^
                          ;
    return 1;
    ~~~~~~
```

图1-9 错误范例

必须在正确纠正后，代码才能正常编译、链接和运行。

```
1. #include <stdio.h>
2.
3. int main()
4. {
5.     int a[9];
6.     return 1;
7. }
```

上述这段代码在语法上符合C语言的规范，所以不会产生错误，但是却引发了警告，显示警告需要在命令行后加“-Wall”，警告如图1-10所示。

```
PS E:\c> gcc -c 1.c -Wall
1.c: In function 'main':
1.c:5:9: warning: unused variable 'a' [-Wunused-variable]
     int a[9];
         ^
```

图1-10 警告范例

警告是说明a未被使用到，提醒我们是否声明了多余的变量。

程序在有警告的情况下，依然能够通过编译。在某些情况下，也能够正常运行。例如上面的警告，在声明变量未被使用的情况下，程序依然能够正常运行，但可能会浪费内存。然而有些警告会使得程序运行出错误的结果，程序虽然在继续运行，但输出的结果与预期却相差甚远，随着编程经历的丰富，对此会有更深的理解。所以，面对警告，不能视而不见，而是要弄清楚其产生的原因，如果可以，尽量减少警告，降低警告的内容对程序正确性的影响。

今后在编写代码的过程中，还会遇到许许多多的错误和警告，在遇到具体的错误和警告的时候，及时上网查阅，或自己分析代码，才能更好地进步。

1.7.2 C语言GDB介绍

GNU symbolic debugger，简称GDB，是一款命令行调试工具，主要通过输入命令来调试程序，GDB 编译器通常以 gdb 命令的形式在终端（Shell）中使用，现在一些图形界面 IDE 的底层，也往往是 GDB 调试器。一般来说，GDB 主要帮助我们完成以下 4 方面的功能。

（1）启动你的程序，可以按照你的自定义的要求随心所欲的运行程序。

（2）在某个指定的地方或条件下暂停程序。

（3）当程序被停住时，可以检查此时你的程序中所发生的事。

（4）在程序执行过程中修改程序中的变量或条件，将一个 bug 产生的影响修正从而测试其他 bug。

要使用 GDB 调试某个程序，该程序编译时必须加上编译选项“ -g”，否则该程序不包含调试信息。退出 GDB 可以用命令 q（quit 的缩写）或者按 Ctrl + d 键。

常用的命令如表 1-1 所示。

表 1-1　GDB 常用命令

命令名称	命令缩写	命令说明
run	r	运行一个待调试的程序
continue	c	让暂停的程序继续运行
next	n	运行到下一行
step	s	单步执行，遇到函数会进入
until	u	运行到指定行停下来
finish	fi	结束当前调用函数，回到上一层调用函数处
return	return	结束当前调用函数并返回指定值，到上一层函数调用处
jump	j	将当前程序执行流跳转到指定行或地址
print	p	打印变量或寄存器值
backtrace	bt	查看当前线程的调用堆栈
frame	f	切换到当前调用线程的指定堆栈
thread	thread	切换到指定线程
break	b	添加断点
tbreak	tb	添加临时断点
delete	d	删除断点
enable	enable	启用某个断点
disable	disable	禁用某个断点
watch	watch	监视某个变量或内存地址的值是否发生变化
list	l	显示源码
info	i	查看断点 / 线程等信息
ptype	ptype	查看变量类型
disassemble	dis	查看汇编代码
set args	set args	设置程序启动命令行参数
show args	show args	查看设置的命令行参数

GDB 的使用对于初学者而言不够直观，有些困难，所以建议在图形 IDE 上熟悉调试的方式之后，在有需要或兴趣的情况下，自行学习 GDB 调试方式。

1.7.3　C 语言中的调试

在编写代码的过程中有时会遇到逻辑错误。逻辑错误是由于设计者逻辑考虑不周到，使得代码运行和自己所想产生偏差，从而使得最后运行的结果与设想相去甚远。一般来说，逻辑错误既不会产生错误（error），也不会发生警告（warning），却使得程序最终运行结果出错。因此，我们需要使用调试（debug）方法来解决这些逻辑错误。所谓调试，就是跟踪代码的运行过程，从而发现程序的逻辑错误。在调试的过程中，我们可以监控程序的每个细节，包括变量的值，函数的调用过程，内存中数据、线程的调度等，从而发现隐藏的错误。

下面将通过具体的实例来介绍使用 GDB 工具进行调试的过程。

```
1.  #include <stdio.h>
2.
3.  int main()
4.  {
5.      int a;
6.      int b;
7.      int c;
8.      b = 10;
9.      c = 15;
10.     a = b + c;
11. }
```

通过 GDB，可以使程序在需要的地方停止，并查看各个变量的值，从而检查变量变换是否符合要求。通过图 1-11 所示步骤，将代码进行编译并进入 GDB 调试。

```
PS E:\c> gcc  1.c -o 1.exe -g
PS E:\c> gdb 1.exe
GNU gdb (GDB) 8.1
Copyright (C) 2018 Free Software Foundation, Inc.
License GPLv3+: GNU GPL version 3 or later <http://gnu.org/licenses/gpl.html>
This is free software: you are free to change and redistribute it.
There is NO WARRANTY, to the extent permitted by law.  Type "show copying"
and "show warranty" for details.
This GDB was configured as "i686-w64-mingw32".
Type "show configuration" for configuration details.
For bug reporting instructions, please see:
<http://www.gnu.org/software/gdb/bugs/>.
Find the GDB manual and other documentation resources online at:
<http://www.gnu.org/software/gdb/documentation/>.
For help, type "help".
Type "apropos word" to search for commands related to "word"...
Reading symbols from 1.exe...done.
(gdb) █
```

图 1-11　进入 GDB 调试

通过命令 1，显示出调试中的代码，如图 1-12 所示。

通过命令 b+ 数字，可在需要的行位置打上断点，再通过命令 run 运行程序，使程序运行到断点就自动暂停运行，等待下一步指令，如图 1-13 所示。

此时，我们想要查看 a 变量的值，可以用 p 命令打印变量 a 的值，也可先得到变量 a 的地址，然后用 x 命令查询从此地址开始往后 4 字节上的值（int 型变量占用 4 字节），从而看到变量 a 在内存中存储的内容，如图 1-14 所示。

```
(gdb) l
1       #include<stdio.h>
2
3       int main()
4       {
5           int a;
6           int b;
7           int c;
8           b = 10;
9           c = 15;
10          a = b + c;
(gdb)
```

图 1-12　显示代码

```
(gdb) b 10
Breakpoint 1 at 0x4015de: file 1.c, line 10.
(gdb) run
Starting program: E:\c\1.exe
[New Thread 13856.0xacdc]
[New Thread 13856.0x36b0]

Thread 1 hit Breakpoint 1, main () at 1.c:10
10          a = b + c;
(gdb)
```

图 1-13　设置断点并运行

```
(gdb) p a
$6 = 0
(gdb) p &a
$7 = (int *) 0x61fec4
(gdb) x/4bx &a
0x61fec4:       0x00    0x00    0x00    0x00
(gdb)
```

图 1-14　查询变量值

此时，发现 a 的值为 0，并不是我们希望的 25，那是因为代码在断点处停止运行，还未运行第 10 行代码，可通过命令 n，使得代码运行下一行，再查看变量 a 的值，得到想要的结果，从而完成调试，具体如图 1-15 所示。

```
(gdb) n
11          return 1;
(gdb) p a
$8 = 25
(gdb)
```

图 1-15　再次查询变量值

对于大型程序，如果最后结果与预期不符，可以先通过分析代码逻辑来判断错误所在，如果多次检查依然无法发现问题，则需要通过运行测试数据，进入 GDB 开始调试，判断每一步的数据是否与预期相符，从而检查出程序的错误之处。

1.8 本章小结

本章对计算机系统进行概述，回顾了C语言的起源及其发展历程，明确C语言的特性和应用场景。作为目前最重要、最流行的编程语言之一，它对现代编程语言有很大的影响，许多现代编程语言都借鉴了C语言的特性。但是，在使用C语言时还需要考虑一些安全问题，在程序设计的过程中需要思考安全问题以及如何防止编码带来的安全隐患，规避C语言的缺陷。通过代码实例说明计算机程序结构，阐述从源代码到可执行程序的流程，并对编程规范以及代码如何调试进行说明。

习题

1. 冯·诺依曼结构计算机由哪些部件组成？各自的作用是什么？
2. C语言相较其他主流编程语言有哪些优点？
3. C语言与C++语言的区别是什么？
4. 使用C语言编写代码时需要考虑哪些安全问题？
5. 编译和链接的区别是什么？
6. 调试的作用是什么？
7. Linux平台下进程在内存中是如何布局的？

第2章 数据类型与运算

C 语言提供两大系列的多种数据类型。本章详细介绍两大数据类型：整数类型和浮点数类型，讲解这些数据类型是什么、如何声明它们、如何使用它们。除此之外，还将介绍常量和变量的区别以及相关的安全性问题。

2.1 变量和常量

C 语言中程序处理的数据有变量和常量两种形式。

2.1.1 关键字

关键字指在高级语言中已经定义过的字，使用者不能再将这些字作为变量名或过程名使用。每种程序设计语言都规定了自己的一套关键字，C 语言中一共有 32 个关键字，如表 2-1 所示。

表 2-1 常见关键字表

名 称	作 用
auto	指定变量的存储类型，是默认值
break	跳出循环或 switch 语句
case	定义 switch 中的 case 子句
char	定义字符型变量或指针
const	定义常量或参数
continue	在循环语句中，回到循环体的开始处重新执行循环
default	定义 switch 中的 default 子句
do	定义 do-while 语句
double	定义双精度浮点数变量
else	定义 if-else 语句
enum	定义枚举类型
extern	声明外部变量或函数
float	定义浮点型变量或指针
for	定义 for 语句

续表

名　称	作　用
goto	定义 goto 语句
if	定义 if 语句或 if-else 语句
int	定义整型变量或指针
long	定义长整型变量或指针
register	指定变量的存储类型是寄存器变量，Turbo C 中用自动变量代替
return	从函数返回
short	定义短整型变量或指针
signed	定义有符号的整型变量或指针
sizeof	获取某种类型的变量或数据所占内存的大小，是运算符
static	指定变量的存储类型是静态变量，或指定函数是静态函数
struct	定义结构体类型
switch	定义 switch 语句
typedef	为数据类型定义别名
union	定义无符号的整型或字符型变量或指针
unsigned	定义无符号的整型变量或数据
void	定义空类型变量或空类型指针，或指定函数没有返回值
volatile	变量的值可能在程序的外部被改变
while	定义 while 或 do-while 语句

2.1.2　变量

变量（variable）就是程序可操作的存储区的名称，用于存储在程序运行期间可能会改变或被赋值的数据对象。变量通过用户定义的**标识符（Identifier）**标识内存中的一个存储单元，在这个单元中存储的数据称为变量的值。变量的类型决定了数据在内存中存储占用的空间大小和如何解释存储的位模式。

在 C 语言中，变量在使用前必须先声明，声明需要放在该变量被使用之前。未初始化的变量的值是未定义的，可能包含任意的垃圾值。因此，为了避免不确定的行为和错误，建议在使用变量之前进行初始化。如果变量没有显式初始化，那么它的默认值将取决于该变量的类型和其所在的作用域。变量的声明用于描述变量的性质，它由一个类型名和若干变量名组成，如下所示：

```
type variable_list;
```

其中，type 必须为一个有效的 C 语言数据类型，包括基本数据类型（int，float，char 等）和其他数据类型（数组、指针等），在 2.2 和 2.3 节中会对这两大数据类型进行详细描述。variable_list 由一个或多个变量名组成，多个变量名之间用逗号分隔。下面列举几个变量声明的例子：

```
int count;
float area;
char letter, digit, special;
```

在这里 count，area，letter，digit，special 是变量，它们分别对应 int，float，char 的数据类型。

变量可以在声明的时候进行初始化，初始值为一个用等号连接的表达式，如下所示：

```
int count = 5;
char letter = 'e';
```

变量的声明有两种情况：第一种是需要建立存储空间的，上述我们列举的例子都属于第一种情况，这类声明也称为变量的定义；另一种变量声明则不需要建立存储空间，如下所示：

```
extern int sum;
```

这个语句说明了 sum 是一个外部整型变量，使用 extern 关键字，显式地说明了 sum 的存储空间是在程序的其他地方分配的。

标识符的命名存在一些限制，主要包含以下方面。

- 标识符可以由字母、数字和下画线组成，且必须以字母或下画线开头。但是，由于某些库函数会使用以下画线开头的名称，因此建议尽量不要将标识符的第一个字符设置为下画线。
- C 语言是大小写敏感的，例如，count 和 Count 就是不同的标识符。C 程序员习惯把全部由大写字母组成的名字作为符号常量。
- C 语言中的关键字不能用做变量名，因为它们已经被 C 语言赋予了特殊的意义。
- 标识符的长度与编译器相关，一般来说大多数情况不会达到最大长度限制。因此建议使用能表明该标识符意义的英文单词大小写混排的方式来命名标识符。

2.1.3 常量

常量（constant）就是在程序运行期间不能改变值的数据对象。常量是固定值，因此常量又称为字面量。常量可以是任何的基本数据类型，如整型常量、浮点常量、字符常量、字符串常量和枚举常量。

1. 整型常量

整数常量可以是十进制、八进制或十六进制的常量。前缀指定基数：0x 或 0X 表示十六进制，0 表示八进制，不带前缀则默认表示十进制。

整数常量也可以带一个后缀，后缀是 U 和 L 的组合，U 表示无符号整数（unsigned），L 表示长整数（long）。后缀可以是大写，也可以是小写，U 和 L 的顺序任意。以下是一些类型的整数常量的实例：

```
2024        /* 十进制 */
0123        /* 八进制 */
0xef        /* 十六进制 */
2024u       /* 无符号整数 */
2024L       /* 长整数 */
2024ul      /* 无符号长整数 */
```

2. 浮点常量

浮点常量由整数部分、小数点、小数部分和指数部分组成。可以使用小数形式或者指数形式表示浮点常量。

当使用小数形式表示时，必须包含整数部分、小数部分，或同时包含两者。当使用指数形式表示时，必须包含小数点、指数，或同时包含两者。带符号的指数是用 e 或 E 引入的。浮点数常量可以带有一个后缀表示数据类型，后缀用符号 F 或 L 进行修饰，F 表示该常量是 float 单精度类型，L 表示该常量为 long double 长双精度类型。如果不在后面加上后缀，那么默认状态下，实型类型常量为 double 双精度类型。以下是一些类型的浮点常量的实例：

```
3.14159         /* 合法的 */
314159E-5L      /* 合法的 */
float myFloat = 3.14f;
double myDouble = 3.14159;
```

3. 字符常量

字符常量被包括在单引号中，例如，'x' 可以存储在 char 类型的简单变量中。字符常量可以是一个普通的字符（如 'x'）、一个转义序列（如 '\t'），或一个通用的字符（如 '\u02C0'）。

在 C 语言中，有一些特定的字符，当它们前面有反斜杠时，它们就具有特殊的含义，如：被用来表示换行符（\n）或制表符（\t）等。附录 A 列出了一些这样的转义字符。

4. 字符串常量

字符串字面值或常量被包括在双引号 " " 中。一个字符串包含类似字符常量的字符：普通的字符、转义序列和通用的字符。

可以使用分隔符把一个很长的字符串常量进行分行。例如，下面这 3 种形式所显示的字符串是相同的。

```
"hello, dear"
"hello, \
dear"
"hello, " "d" "ear"
```

5. 枚举常量

枚举常量是常量整数值的列表，使用枚举常量的主要优点有：①枚举常量由编译程序自动生成，不需要手动对常量一一赋值；②枚举常量使程序更清晰易读。但是使用枚举常量比用 #define 指令说明常量要占用更多的内存，因为前者需要分配内存来存储常量。后面会在第 8 章中详细描述枚举类型。

常量可以直接在代码中使用，也可以通过定义常量来使用。常量就像是常规的变量，只不过常量的值在定义后不能进行修改。在 C 语言中，有两种定义常量的方式。

（1）使用 #define 预处理器。

#define 可以在程序中定义一个常量，它在编译时会被替换为其对应的值。例如：

```
#define LENGTH 10
```

（2）使用 const 关键字。

const 关键字声明指定类型的常量。例如：

```
const int LENGTH = 10;
```

2.1.4 作用域和生命周期

1. 作用域

作用域规定了程序可以访问该标识符的区域。当变量或函数在文件的某个位置被声明后，则只能在特定的区域内才能访问这些内容。这个区域就是由标识符的作用域决定的。

标识符的作用域就是在程序代码中，可以使用该标识符的区域。在 C 语言中，作用域可以分为以下几类：块作用域、文件作用域和程序作用域。标识符声明的位置决定它的作用域。

1）块作用域

C 语言中，块是由一对花括号括起来的代码区域，定义在块中的标识符具有块作用域，其可见范围是从定义处到包含该定义的块的末尾。例如，在函数内定义的变量是局部变量，它的作用域就是包含其定义的函数体。此外，函数的形式参数虽然声明在花括号之外，但它们仍属于函数这个块，因此也具有块作用域。例如，下面代码中的 count 和 price 变量都具有块作用域：

```
1. int BlockScope (int count)
2. {
3.     int price;
4.     ...
5.     return price;
6. }
```

在 C 99 标准之前，块作用域变量的声明必须在块的开头，后来这一限制被放宽，即在块中的任意位置都可以声明变量。此外，C 99 标准中也把块的概念扩展到 for、while、do while 循环和 if 语句，也就是说，即使这些代码中的变量没有包含在花括号中，它们仍然是块作用域变量。例如，下面代码的 for 循环头中也可以声明变量，且变量 i 和 temp 的作用域仅局限于 for 循环中。

```
1. int BlockScope (int count)
2. {
3.     int sum = 1;
4.     for (int i = 1; i <= 6; i++)
5.     {
6.         int temp = i * count;
7.         sum = sum * temp;
8.     }
9.     return sum;
10. }
```

2）文件作用域

在函数外部声明的标识符都具有文件作用域，表示该标识符从声明处开始到文件结尾结束都可被访问。在文件中定义的函数名也具有文件作用域，函数名本身不属于代码块。其他文件想要引用具有文件作用域的标识符有两种方法：extern 和声明在头文件中。例如，下面代码中的 sum 和 mid 变量都具有文件作用域，FileScope 函数也具有文件作用域：

```
1.  #include <stdio.h>
2.  int sum = 1;          /* 该变量具有文件作用域 */
3.  int FileScope (int count)
4.  {
5.  for (int i = 1; i < 5; i++)
6.  {
7.          int temp = i * count;
8.          sum = sum * temp;
9.      }
10.     return sum;
11. }
12. int mid = 3;          /* 该变量具有文件作用域 */
13. int main ()
14. {
15.     int res = FileScope(mid);
16.     printf ("result = %d\n", res);
17. }
```

在此例中，变量 sum 的作用域是从它的定义处到文件的末尾，FileScope( ) 和 main( ) 函数都可以使用它；而变量 mid 定义在 FileScope( ) 函数之后，因此只有 main( ) 函数才能使用它。

3）程序作用域

程序作用域用于多文件程序中的变量，其作用域是声明了该变量的文件中从声明处到文件末尾。在某个文件中定义了一个文件作用域变量后，若在其他文件中使用 extern 关键字声明了该变量，则该变量的作用域就由文件作用域变为程序作用域。因此程序作用域变量也称为外部变量，外部变量在后面的小节中会进行详细说明。

2. 生命周期

C 语言中变量的作用域描述了变量的可见性，而变量的生命周期则指变量从创建到销毁之间的时间段（即变量的存在时间）。在 C 语言中，变量的生命周期是由其作用域和定义位置决定的。正确地管理变量的生命周期对于程序的正确性和性能都至关重要，C 语言的程序员需要深入了解变量的生命周期，了解内存释放的时机，遵循正确的使用规则，确保程序的正确性和健壮性。

在程序执行期间，变量会经历以下 3 个阶段。

（1）定义阶段（定义变量）：在定义变量时，编译器会为该变量分配内存空间。此时变量的值是不确定的。

（2）使用阶段（赋值、读取变量）：在程序执行过程中，可以对变量进行赋值或读取操作。此时变量的值是确定的，并且会随着程序执行的进度而变化。

（3）销毁阶段（变量被销毁）：在变量的生命周期结束时，该变量就会被销毁，释放该变量所占用的内存空间。

根据变量的定义位置和作用域，C 语言中的变量可以分为以下两种类型。

（1）局部变量：定义在函数内部或代码块内部的变量称为局部变量。局部变量只能在其定义所在的函数或代码块内部使用，并且在函数或代码块结束时被销毁。局部变量的生命周期受限于其所处的函数或代码块的生命周期。

（2）全局变量：定义在函数外部或文件顶部的变量称为全局变量。全局变量可以在整个程序中使用，其生命周期从程序开始到程序结束。全局变量在程序运行期间一直存在，并且在程序结束时才被销毁。

除上述两种变量类型之外，C 语言还提供了另外一种特殊的变量类型——静态变量。静态变量定义在函数内部或代码块内部的时候，其生命周期与局部变量不同。它在函数或代码块结束时不会被销毁，而是继续存在于内存中，并保留其上一次赋值的值，直到下一次被修改。

表 2-2 显示了 C 语言中不同类型变量的作用域和生命周期。

表 2-2　不同类型变量的作用域和生命周期

变量类型	生存周期	作用域
局部变量	auto：自动变量，离开定义函数立即消失 register：寄存器变量，离开定义函数立即消失 static：静态变量，离开定义函数仍然存在	只作用于该函数内部
全局变量	在程序运行期间一直存在	static：静态变量，仅限于本文件内部调用 extern：外部存储变量，用于声明本文件将要用到的其他文件的变量

注：函数和复合语句中的局部变量，如果不声明为 static 存储类别，都属于自动变量。自动变量可以显式使用 auto 关键字声明，关键字 auto 也可以省略。

2.2 基本数据类型

2.2.1 数据类型

在 C 语言中，数据类型指的是用于声明不同类型的变量或函数的一个广泛的系统。变量的类型决定了变量存储占用的空间，以及如何解释存储的位模式。C 语言中的数据类型，如表 2-3 所示。

表 2-3　C 语言中的数据类型

序　号	类型与描述
1	**基本数据类型** 它们是算术类型，包括整型（int）、字符型（char）、浮点型（float）和双精度浮点型（double）

续表

序　号	类型与描述
2	**枚举类型** 它们也是算术类型，被用来定义在程序中只能赋予其一定的离散整数值的变量
3	**void 类型** 类型说明符 void 表示没有值的数据类型，通常用于函数返回值
4	**派生类型** 包括数组类型、指针类型和结构体类型

下面介绍基本类型，其他几种类型会在后面的章节中进行讲解。

C 语言提供了几种形式的基本数据类型，以下是 32 位系统上的数据类型说明。

- char：字符型，占据内存大小为 1 字节（8 位），可以存放本地字符集中的一个字符。
- int：整型，占据内存大小为 4 字节（32 位），用于表示整数。
- float：浮点型（单精度），占据内存大小为 4 字节（32 位），用于表示小数。
- double：浮点型（双精度），占据内存大小为 8 字节（64 位），用于表示小数。

对 C 语言而言，变量需要在使用前通过以上 4 种关键字指定其类型，C 语言通过识别不同的数据类型关键字来区分和使用这些不同的数据类型。除此之外，还可以在基本数据类型之前添加一些类型限定符。

- short 和 long：用于限定整型数据，通过引入 short 和 long 限定符，可以为程序员提供不同长度的整型数据。通常来说，用 int 声明的整型数据长度为 4 字节，而在 int 前添加 short 限定符，可以声明一个长度为 2 字节的整型数据；在 int 前添加 long 限定符，可以声明一个长度为 4（或 8，C 语言要求 int<=long）字节的整型数据。
- signed 和 unsigned：可以用于限定 char 类型或任何的整型，unsigned 限定的类型的数总是一个大于或等于零的数，表示的是一个无符号数；而 signed 限定的类型的数，其最高位比特表示该数的符号（正或负），表示的是一个有符号数。例如，假设一个 char 类型的数据占据 1 字节（8 位），若用 unsigned char 声明，那么变量所表示的范围为 0~255，若用 signed char 声明，那么变量所表示的范围为 −127~128（采用补码形式表示）。

可以看出，C 语言支持两种不同的数据类型：整数类型和浮点类型。整数类型的值是整数，而浮点数类型的值还附带有小数部分。

C 语言的整数类型有不同的大小，具体而言，可以利用上述的类型限定符（signed 或 unsigned、short 或 long）来声明不同大小的变量。在 32 位系统上，不同声明的整数类型所表示的范围和占据内存大小如表 2-4 所示。

表 2-4　32 位系统的整数类型

类　型	内存大小（字节）	最　小　值	最　大　值
int	4	−2,147,483,648	2,147,483,647
short int	2	−32,768	32,767

续表

类　型	内存大小（字节）	最 小 值	最 大 值
unsigned short int	2	0	65,535
unsigned int	4	0	4,294,967,295
long int	4	−2,147,483,648	2,147,483,647
unsigned long int	4	0	4,294,967,295

值得注意的是，表 2-4 中提及的整型数据所占据的内存大小以及取值范围并不是 C 语言标准确定的，而是因编译器使用的数据模型而确定。确定整型数据类型的取值范围的一种方法是检查标准库中的 <limits.h> 头，在其中定义了每种整型数据类型的最大值和最小值。

浮点类型则是不同于整数类型的另一种数据表达形式，一般用来表示小数（因小数点是“浮动的”而得名），浮点类型的数在计算机中存储的形式不同于整型，不同的计算机用来存储浮点数的方法也不尽相同。大多数计算机目前都采用 IEEE 754 的标准来存储浮点数，通过将浮点数表示成符号、指数和小数 3 部分进行对浮点类型数的表示。可在头文件 <float.h> 中找到定义浮点类型特征以及表示范围的宏。

2.2.2　存储形式

在计算机中，数据在内存中的存储顺序分为大端序（big endian）和小端序（little endian）。大端序是指将数据的高位字节排放在内存的低地址端（即起始地址），低位字节排放在内存的高地址端；小端序是指将数据的高位字节排放在内存的高地址端，低位字节排放在内存的低地址端（即起始地址）。Intel 的 80x86 系列芯片是唯一还在坚持使用小端的芯片，ARM 芯片默认采用小端，但可以切换为大端；而 MIPS 等芯片要么采用全部大端的方式存储，要么提供选项支持大端——可以在大小端之间切换。另外，对于大小端的处理也和编译器的实现有关，在 C 语言中，默认是小端（但在一些单片机的实现中基于大端，如 Keil 51C），Java 是平台无关的，默认是大端。在网络上传输数据普遍采用的都是大端。

以十六进制数据 0x12345678 为例，如表 2-5 和表 2-6 所示（这里假设每个地址可以存储 1 字节，也就是 8 位）。

表 2-5　大端序存储数据

内存地址	4001	4002	4003	4004
数据	0x12	0x34	0x56	0x78

表 2-6　小端序存储数据

内存地址	4001	4002	4003	4004
数据	0x78	0x56	0x34	0x12

下面通过实例来看一看整数在内存中是如何进行存储的。

```
1. #include <stdio.h>
2.
3. int main()
4. {
5.     int a = 1;
6.     float b = 1.00;
7.     return 0;
8. }
```

注：C 语言程序是没有行号的，代码中的行号是为了方便对程序进行说明而添加的。

接下来分析该段代码，并用 GDB 调试器查看内存中变量的存储形式。代码第 5 行定义了一个整数变量 a 并将整数 1 赋值给变量 a，代码第 6 行定义了一个单精度浮点数变量 b 并将小数 1.0 赋值给变量 b。接下来用 GDB 进行调试，在第 7 行下断点后，首先使用 p 指令查看变量在内存中的地址，然后用 x 指令查看调试过程中所示的内存地址，以十六进制形式显示。

```
(gdb) p &a
$3 = (int *) 0x61fecc
(gdb) x/1bx 0x61fecc
0x61fecc:       0x01
(gdb) x/1bx 0x61fecd
0x61fecd:       0x00
(gdb) x/1bx 0x61fece
0x61fece:       0x00
(gdb) x/1bx 0x61fecf
0x61fecf:       0x00
(gdb) p &b
$4 = (float *) 0x61fec8
(gdb) x/1bx 0x61fec8
0x61fec8:       0x00
(gdb) x/1bx 0x61fec9
0x61fec9:       0x00
(gdb) x/1bx 0x61feca
0x61feca:       0x80
(gdb) x/1bx 0x61fecb
0x61fecb:       0x3f
```

可以看到变量 a 的起始地址为 0x61fecc，a 的值存储在 0x61fecc~0x61fecf 这 4 个连续的字节里，内容为 0x01 0x00 0x00 0x00。整数 1 表示成十六进制为 0x00000001，可见内存低端存储的是整数 1 的最低字节 0x01，则可知数据在 X86 平台上是以小端序的形式存储在内存里的。

同样，可以看到变量 b 的起始地址 0x61fec8 处，连续 4 字节的内容为 0x00 0x00 0x80 0x3f。通过对比可以看出，虽然数据都是 1，但是浮点数的 1 和整数的 1 在内存中的存储内容是不相同的。这是因为整数和浮点数在内存中的存储方式不一样，浮点数采用 IEEE 754 标准在内存中进行存储。

2.2.3　字符型及其存储

C 语言中规定 char 类型用于存储字符（例如，字母、语言符号和标点符号等），计算机中采用编码的方式处理字符，也就是说 char 类型事实上存储的并不是字符本身，而是字符所对应的数字编码，即通过编码的方式，用特定的整数来表示特定的字符。常见的编码方式有 ASCII 码、Unicode 等。

1. ASCII 码

ASCII（American Standard Code for Information Interchange：美国信息交换标准代码）是基于拉丁字母的一套计算机编码系统，主要用于显示现代英语和其他西欧语言。它是最通用的信息交换标准，并等同国际标准 ISO/IEC 646。标准 ASCII 码采取 7 位二进制数进行表示，因此取值范围为 0~127，通常用 1 字节进行存储。对于 char 类型而言，其通常被定义成 8 位的存储单元，这样可以方便 char 类型容下所有的 ASCII 码字符。部分标准 ASCII 码与字符对应表见附录 B。

2. Unicode

通过对 ASCII 码的介绍，可以看到，由于 ASCII 码仅使用 1 字节表示数字编码，导致其表示的编码数量十分有限，仅包含英文字母以及阿拉伯数字，对于中文、日文、韩文乃至带重音号的字母都不支持。Unicode 正是为了解决传统的字符编码方案的局限而产生的，它为每种语言中的每个字符设定了统一并且唯一的二进制编码，以满足跨语言、跨平台进行文本转换、处理的要求。Unicode 编码包括 utf-8、utf-16 和 utf-32 三种具体实现。

由于 ASCII 码仅使用 7 位进行编码，最多只能表示 127 个字符，对比之下两字节的 Unicode 所表示的范围比 ASCII 要大得多，所以完全可以容纳中文、日文、韩文等字符的编码。

2.3 运算

运算符是一种告诉编译器执行特定的数学或逻辑操作的符号。C 语言提供了丰富的运算符，并提供了以下类型的运算符：算术运算符、赋值运算符、关系运算符、逻辑运算符、位运算符、三目运算符、杂项运算符。由算术运算符及其操作数组成的表达式称为算术表达式。其中操作数也称为预算对象，它既可以是常量、变量，也可以是函数。

2.3.1 算术运算符和赋值运算符

表 2-7 显示了 C 语言支持的所有算术运算符。

表 2-7　C 语言中的数据类型

运 算 符	描　述	实　例	运算结果
+	把两个操作数相加	10 + 20	30
−	从第一个操作数中减去第二个操作数	10 − 20	−10
*	把两个操作数相乘	10 * 20	200
/	分子除以分母	20 / 10	2

续表

运算符	描述	实例	运算结果
%	取模运算符，整除后的余数	10 % 5	0
++	自增运算符，整数值增加 1	10++	11
--	自减运算符，整数值减少 1	10--	9

【例 2-1】C 语言算术运算符的使用。

思路分析：通过代码了解 C 语言中各个算术运算符的使用方法。

程序源代码：2-1.c

```
1. #include <stdio.h>
2.
3. int main()
4. {
5.     int a = 10;
6.     int b = 20;
7.
8.     printf("a 的值是 %d, b 的值是 %d, -a 的值是 %d\n", a, b, -a);
9.     printf("10 + 20 的值是 %d, 10 - 20 的值是 %d, 10 * 20 的值是 %d\n", a + b, a
  - b, a * b);
10.     printf("20 / 10 的值是 %d, 10 / 20 的值是 %d, 10.0 / 20 的值是 %f\n", b / a,
   a / b, (a * 1.0) / b);
11.     printf("21 %% 10 的值是 %d, 21 %% (-10) 的值是 %d, (-21) %% 10 的值是
   %d\n", (b + 1) % a, (b + 1) % (-a), (-(b + 1)) % a);
12.
13.     int c = a++;
14.     // 先赋值后自增 1 ,c 为 10,a 为 11
15.     printf("c = a++; 语句执行结束后 a 的值是 %d, c 的值是 %d\n", a, c);
16.
17.     a = 10;
18.     c = a--;
19.     // 先赋值后自减 1 ,c 为 10 ,a 为 9
20.     printf("c = a--; 语句执行结束后 a 的值是 %d, c 的值是 %d\n", a, c);
21.
22.     a = 10;
23.     c = ++a;
24.     // 自增 1 后再赋值 ,c 为 11,a 为 11
25.     printf("c = ++a; 语句执行结束后 a 的值是 %d, c 的值是 %d\n", a, c);
26.
27.     a = 10;
28.     c = --a;
29.     // 自减 1 后再赋值 ,c 为 9 ,a 为 9
30.     printf("c = --a; 语句执行结束后 a 的值是 %d, c 的值是 %d\n", a, c);
31.     return 0;
32. }
```

该实例程序的运行结果如下：

```
a 的值是 10, b 的值是 20, -a 的值是 -10
10 + 20 的值是 30, 10 - 20 的值是 -10, 10 * 20 的值是 200
20 / 10 的值是 2, 10 / 20 的值是 0, 10.0 / 20 的值是 0.500000
21 % 10 的值是 1, 21 % (-10) 的值是 1, (-21) % 10 的值是 -1
c = a++; 语句执行结束后 a 的值是 11, c 的值是 10
c = a--; 语句执行结束后 a 的值是 9, c 的值是 10
c = ++a; 语句执行结束后 a 的值是 11, c 的值是 11
c = --a; 语句执行结束后 a 的值是 9, c 的值是 9
```

C 语言中只需要一个操作数的运算符称为一元运算符（或单目运算符），需要两个操作数的运算符称为二元运算符（或双目运算符），需要 3 个操作数的运算符称为三元运算符（或三目运算符）。条件运算符是 C 语言提供的唯一一个三元运算符，将在 2.3.4 节介绍。

C 语言中的等号“=”是赋值运算符，具体作用是把右边操作数的值赋给左边操作数。例如，上述代码第 5 行就是把赋值运算符“=”右边的一个整数常量 10 赋值给了左边的变量 a。赋值运算符还能与算数运算符结合进行复合赋值操作。复合赋值运算符有 +=、-=、*=、/=、%=、<<=、>>=、&=、^=、|=。其中，a += b 等价于 a = a + b，其他几个类似。

代码第 8~9 行中可以看到，对于减号运算符“-”，做取相反数运算时，是将其放在一个操作数的前面，是一元运算符；而将其放在两个操作数中间则执行的是减法运算，为二元运算符。

需要注意的是，C 语言中算术运算的结果不一定与数学中的算术运算结果相同，而是和参与运算的操作数类型相关。

例如，从代码第 10 行中的除法运算中可以看到，两个整数相除后的商仍为整数，如果需要商为小数，则除法运算符两边至少有一个操作数为浮点数。这是因为整数与浮点实数运算时，其中的整数操作数在运算之前被自动转换为浮点数，从而使得相除后的商也是浮点数。

C 语言中求模运算符“%”两边的操作数必须为整型，不能对两个实型数据进行求余运算。运算符的左操作数作为被除数，右操作数作为除数，二者整除后的余数即为求余运算的结果，余数的符号与被除数的符号相同，如代码第 11 行。

自增运算符“++”和自减运算符“--”都是一元运算符，且操作数必须是变量，不能是常量或表达式，这是因为这两个运算符会对操作数做赋值运算，需要操作数可写。具体运算规则可参考代码第 17~30 行。

2.3.2 关系运算符和逻辑运算符

表 2-8 显示了 C 语言支持的所有关系运算符和逻辑运算符。

表 2-8　C 语言中的关系运算符和逻辑运算符

运算符	类型	描　述	实例	结果
==	关系运算符	检查两个操作数的值是否相等，如果相等则条件为真	1 == 1	真
!=	关系运算符	检查两个操作数的值是否相等，如果不相等则条件为真	1 != 1	假
>	关系运算符	检查左操作数的值是否大于右操作数的值，如果是则条件为真	1 > 1	假
<	关系运算符	检查左操作数的值是否小于右操作数的值，如果是则条件为真	1 < 1	假
>=	关系运算符	检查左操作数的值是否大于或等于右操作数的值，如果是则条件为真	1 >= 1	真

续表

<table>
<tr><th>运算符</th><th>类型</th><th>描　述</th><th>实例</th><th>结果</th></tr>
<tr><td><=</td><td>关系运算符</td><td>检查左操作数的值是否小于或等于右操作数的值，如果是则条件为真</td><td>1 <= 1</td><td>真</td></tr>
<tr><td>&&</td><td>逻辑运算符</td><td>称为逻辑与运算符。如果两个操作数都非零，则条件为真</td><td>1 && 1</td><td>真</td></tr>
<tr><td>||</td><td>逻辑运算符</td><td>称为逻辑或运算符。如果两个操作数中有任意一个非零，则条件为真</td><td>1 || 0</td><td>真</td></tr>
<tr><td>!</td><td>逻辑运算符</td><td>称为逻辑非运算符。用来逆转操作数的逻辑状态。如果条件为真则逻辑非运算符将使其为假</td><td>!1</td><td>假</td></tr>
</table>

注意：逻辑运算符“&&”“||”和“！”对操作数的处理方式是：将其视作要么是“真”，要么是“假”。通常约定将 0 视作“假”，而非 0 视作“真”。这些运算符当结果为“真”时返回 1，当结果为“假”时返回 0，它们只可能返回 0 或 1。另外运算符“&&”和“||”有**短路原则**，也就是在“&&”和“||”表达式运算时，当运算符左侧操作数的值能够确定最终结果时，不会对右侧操作求值。

2.3.3 位运算符

现代计算机中所有的数据都以二进制的形式存储在设备中，即 0、1 两种状态。而位运算就是直接对二进制位进行操作的运算，因此合理地运用位运算能显著提高代码在机器上的运行效率。表 2-9 显示了 C 语言支持的所有位运算符。

表 2-9　C 语言中的位运算符

<table>
<tr><th>符号</th><th>描述</th><th>运 算 规 则</th><th>实例（以 4 位二进制数为例）</th></tr>
<tr><td>&</td><td>与</td><td>两个位都为 1 时，结果才为 1</td><td>0001 & 0001 = 1，0001 & 0000 = 0，0000 & 0000 = 0000</td></tr>
<tr><td>|</td><td>或</td><td>两个位都为 0 时，结果才为 0</td><td>0001 | 0001 = 1，0001 | 0000 = 1，0000 | 0000 = 0000</td></tr>
<tr><td>^</td><td>异或</td><td>两个位相同为 0，相异为 1</td><td>0001 ^ 0001 = 1，0001 ^ 0000 = 1，0000 ^ 0000 = 0000</td></tr>
<tr><td>~</td><td>取反</td><td>0 变 1，1 变 0</td><td>~0 = 1，~1 = 0</td></tr>
<tr><td><<</td><td>左移</td><td>各二进位全部左移若干位，高位丢弃，低位补 0</td><td>0001 << k = 0100，k 是左移的位数，这里 k = 2</td></tr>
<tr><td>>></td><td>右移</td><td>各二进位全部右移若干位，对无符号数，高位补 0，有符号数，在某些架构中（如 x86），右移补符号位</td><td>0100 >> k = 0001，k 是右移的位数，这里 k = 2</td></tr>
</table>

位运算的优先级如下：按位反（~）> 位移运算（<<, >>）> 按位与（&）> 按位异或（^）> 按位或（|）。

表 2-10 列出了使用位运算的一些操作实例。

表 2-10　位运算的一些操作实例

功　能	位　运　算	示例（第 n 位从右边开始计算，以 0 开始计数）
获得二进制第 i 位（从 0 计数）的数字（不带权重）	（a >> i）& 1	获得 4 的第 2 位的数（不带权重）：（4 >> 2）& 1，结果为 1
获得二进制第 i 位（从 0 计数）的数字（带权重）	a &（1 << i）	获得 12 的第 2 位的数（带权重）：12 &（1 << 2），结果为 4
判断奇偶（返回 0 是偶数，1 是奇数）	a & 1	判断 4 的奇偶：4 & 1，结果为 0
乘以 2^k	a << k	1 乘以 4（2^2）：1 << 2，结果为 4
除以 2^k	a >> k	4 除以 4（2^2）：4 >> 2，结果为 1
设置第 i 位为 1	a = a |（1 << i）	将 1 的右边第 2 位置 1：1 | 0x0004，结果为 5
设置第 i 位为 0	a = a &（~（1 << i））	将 12 的右边第 3 位置 0：12 & 0xfff7，结果为 4
把第 i 位取反	a = a ^（1 << i）	将 12 的右边第 3 位取反：12 ^ 0x0008，结果为 4
取两个数的最大值：（如果 x<y 则返回 1，否则返回 0）	x ^（（x ^ y）& -（x < y））	
取两个数的最小值：（如果 x<y 则返回 1，否则返回 0）	y ^（（x ^ y）& -（x < y））	

2.3.4　三目运算符

C 语言中唯一的一个三目运算符是条件运算符。其语法格式为：表达式 1 ？表达式 2：表达式 3，求值规则为：如果表达式 1 的值为真，则以表达式 2 的值作为整个条件表达式的值，否则以表达式 3 的值作为整个条件表达式的值。条件运算符的使用可以简化一些操作，如获得两个数中的大者。

【例 2-2】三目运算符。

思路分析：通过在代码中定义变量以及使用条件运算符，并输出运算的结果。

程序源代码：2-2.c

```
1. #include <stdio.h>
2. int main()
3. {
4.     int a = 5, b = 7;
5.     int c;
6.     c = (a > b) ? a : b;
7.     printf("max(a,b) = %d\n", c);
8.     return 0;
9. }
```

该程序编译执行的结果如下：

```
max (a, b) = 7
```

2.3.5 运算符优先级和求值顺序

表 2-11 给出了上述运算符的优先级与结合性。同一行中的运算符具有相同的优先级，各行之间的优先级从上往下依次降低，第一行中的“+”和“-”表示一元运算符，一元运算符的优先级比二元运算符高。

表 2-11　部分运算符优先级

<table>
<tr><th>类　别</th><th>运　算　符</th><th>结　合　性</th></tr>
<tr><td>后缀</td><td>( ) [] -> . ++ --</td><td>从左到右</td></tr>
<tr><td>一元</td><td>+ - ! ~ ++ --（type）* & sizeof</td><td>从右到左</td></tr>
<tr><td>乘除</td><td>* / %</td><td>从左到右</td></tr>
<tr><td>加减</td><td>+ -</td><td>从左到右</td></tr>
<tr><td>移位</td><td><< >></td><td>从左到右</td></tr>
<tr><td>关系</td><td>< <= > >=</td><td>从左到右</td></tr>
<tr><td>相等</td><td>== !=</td><td>从左到右</td></tr>
<tr><td>位与 AND</td><td>&</td><td>从左到右</td></tr>
<tr><td>位异或 XOR</td><td>^</td><td>从左到右</td></tr>
<tr><td>位或 OR</td><td>|</td><td>从左到右</td></tr>
<tr><td>逻辑与 AND</td><td>&&</td><td>从左到右</td></tr>
<tr><td>逻辑或 OR</td><td>||</td><td>从左到右</td></tr>
<tr><td>条件</td><td>?:</td><td>从右到左</td></tr>
<tr><td>赋值</td><td>= += -= *= /= %= >>= <<= &= ^= |=</td><td>从右到左</td></tr>
<tr><td>逗号</td><td>,</td><td>从左到右</td></tr>
</table>

由表 2-11 可以看出，任何一个逻辑运算符的优先级都低于任何一个关系运算符，移位运算符的优先级比算术运算符低，但高于关系运算符。

C 语言中并没有指定任何表达式的求值顺序，也没有指定函数各个参数求值顺序，在求值时编译器可以以任意顺序对表达式求值，而且同一表达式再次求值时可能采用另一个顺序。运算符的优先级为表达式的求值顺序提供了标准，优先级决定了求值顺序。例如，在求表达式 f1( )+f2( ) 值时，加法运算符具有从左到右的结合性，但在调用 f1( ) 和 f2( ) 两个函数时是可以以任意顺序的，且不同编译器的执行结果是不一样的。

2.4 数据类型转换

数据类型转换是将一种数据类型的值转换为另一种数据类型的值。C 语言中有两种类型转换。

隐式类型转换：隐式类型转换是在表达式中自动发生的，无须进行任何明确的指令或函数调用。它通常是将一种较小的类型自动转换为较大的类型，例如，将 int 类型转换为 long 类型或 float 类型转换为 double 类型。隐式类型转换也可能会导致数据精度丢失或数据截断。

显式类型转换：显式类型转换需要使用强制类型转换运算符，它可以将一个数据类型的值强制转换为另一种数据类型的值。强制类型转换可以使程序员在必要时对数据类型进行更精确的控制，但也可能会导致数据丢失或截断。

2.4.1 自动类型转换

自动类型转换就是编译器会将运算符两边的类型，先经过自动类型转换后，再进行运算。如果语句和表达式中使用到混合类型，编译器将采用如下规则进行自动转换。

（1）在赋值语句中，表达式右边变量的类型自动转换为左边变量的类型。

（2）整型之间进行运算：若运算符两边类型均低于或等于 int，那么结果为 int。若有高于 int 的，那么结果为高于 int 的等级最高的类型。

（3）整型与浮点进行运算：结果为运算符两边等级最高的类型。

类型的级别由低到高依次是 int、unsigned int、long、unsigned long、float、double、long double。char 和 short 参与运算时，必须转换到 int 或 unsigned int。

一般而言，取值范围小的类型转换为取值范围大的类型是安全的，反之则是不安全的，编译器一般会发出警告。因此在不同类型数据之间进行运算时，程序员应避免使用自动类型转换，而使用强制类型转换。

2.4.2 强制类型转换

强制类型转换是程序员明确提出的、需要通过特定格式的代码来指明的一种类型转换。强制类型转换的作用是将一种表达式值的类型显式地强制转换为用户指定的类型，转换格式如下：

（type）expression

（type）是强制类型转换运算符，expression 是表达式。例如：

```
(double) var;  //将变量 var 转换为 double 类型
(int) (x+y);  //把表达式 x+y 的结果转换为 int 整型
(float) 1000;  //将数值 1000(默认为 int 类型)转换为 float 类型
```

将 int 变量强制转换为 double 变量的一个例子如下。

【例 2-3】整型和浮点型之间的转换

思路分析：通过在代码中定义整型变量和浮点型变量，明确 int 类型和 double 类型之间强制转换前后对于计算结果的影响。

程序源代码：2-3.c

```
1. #include <stdio.h>
2. int main()
3. {
4.     int sum = 100;
5.     int count = 3;
6.     double mean;
7.     double mean2;
8.     mean = (double)sum / count;
9.     mean2 = sum / count;
```

```
10.     printf("Mean is %lf!\n", mean);
11.     printf("Mean2 is %lf!\n", mean2);
12.     int mean3 = (int)mean;
13.     printf("Mean3 is %d, Mean is %lf!\n", mean3, mean);
14. }
```

程序运行后结果如下：

```
Mean is 33.333333!
Mean2 is 33.000000!
Mean3 is 33, Mean is 33.333333!
```

代码第8行语句中，对sum进行了强制类型转换，该混合运算会按照自动转换规则进行类型升级，此时运算结果为double类型，小数部分得以保留。第9行语句中，sum和count都是int类型，运算结果也是int类型。该结果只会保留整数部分，小数部分被截断。赋值后mean2只能接收到整数部分，这就导致了数据丢失。

注意：无论自动转换还是强制转换都是临时性的，都不会改变变量本身的类型或者值。例如，第12行语句中，将变量mean强制类型转换为int类型后赋值给mean3，mean仍然是double类型，赋值运算的强制转换只是临时性的。

2.5　安全缺陷

2.5.1　自动数据类型转换的安全缺陷

虽然自动数据类型转换很便利，但是在某些情况下有可能会发生数据信息丢失、类型溢出等错误。对于不安全的类型转换，编译器一般会给出警告。示例如下。

【例2-4】数据转换导致的信息丢失。

思路分析：通过在代码中定义整型变量和浮点型变量并进行类型转换与运算，明确数据类型转换导致的信息丢失问题。

程序源代码：2-4.c

```
1.  #include <stdio.h>
2.  #define PI 3.14159
3.  int main()
4.  {
5.      // 双精度类型转换成整数类型导致的精度降低
6.      int iArea, r = 5;
7.      double dArea;
8.      iArea = r * r * PI;
9.      dArea = r * r * PI;
10.     printf("iArea = %d, dArea = %f\n", iArea, dArea);
11.
12.     // 双精度类型转换成单精度类型导致的精度降低
13.     double dNum = 100.123456789;
14.     float fNum = dNum;
15.     printf("dNum = %f, fNum = %f\n", dNum, fNum);
16.
17.     // 有符号类型转换成无符号类型导致表示的数值不同
18.     int iNum = -1;
```

```
19.     unsigned int byNum = iNum;
20.     printf("iNum = %d, byNum = %u\n", iNum, byNum);
21.
22.     // 无符号类型转换成有符号类型导致表示的数值不同
23.     byNum = 4294967295;
24.     iNum = byNum;
25.     printf("byNum = %u, iNum = %d\n", byNum, iNum);
26. }
```

程序运行后结果如下：

```
iArea = 78, dArea = 78.539750
dNum = 100.123457, fNum = 100.123459
iNum = -1, byNum = 4294967295
byNum = 4294967295, iNum = -1
```

对于第 1 行输出结果 `iArea = 78, dArea = 78.539750`，可以看到在混合运算表达式 `r * r * PI` 中，按照自动数据类型转换的规则，r 和 PI 都转换为 double 类型，第 9 行赋值语句中 `dArea` 也是 double 类型，所以会直接赋值。但第 8 行语句中由于 `iArea` 是整型，赋值过程中会将计算结果自动转换为整型，浮点数小数部分被截断，导致数据失真。

对于第 2 行输出结果 `dNum = 100.123457, fNum = 100.123459`，可以看到双精度 double 类型转换为单精度 float 类型时，仅保留了 6 位有效数字，降低了精度。若双精度类型表示的数值超过了单精度表示范围，则可能得到的数据无意义或为 NaN 等值。

对于第 3 行输出结果 `iNum = -1, byNum = 4294967295`，由于有符号数的正负数存储方式不同（负数为补码方式存储），有符号变量与无符号变量之间的转换可能导致表示的数值不同，尽管这样的转换没有改变存储器中所存放的数据。当有符号数转换为无符号数时，符号位不再表示正负号而是作为数据的一部分。

对于第 4 行输出结果 `byNum = 4294967295, iNum = -1`，当无符号数数值超过有符号数表示范围时，转换过程会导致数据丢失。在程序第 24 行代码中的转换过程中仅转换了有符号数能表示的范围且最左边为符号位。

2.5.2 运算的安全缺陷

C 语言的运算当两个操作数都是有符号整数时，就有可能发生“溢出”，而且“溢出”的结果是未定义的，这样是不安全的。例如，两个 int 类型的变量相加时，当结果的位数超过 int 的位数时运算就不能正常运行。

例如，假定 a 和 b 是两个非负整型变量，我们需要检查 `a+b` 是否会“溢出”，一种典型代码的方式是这样：

```
1. if (a + b < 0)
2. {
3.     func();
4. }
```

但是这种写法因为有可能发生“溢出”，存在不能正常运行的可能性。一种正确的方式是将 a 和 b 都强制转换为无符号整数再进行判断：

```
1. if ((unsigned)a + (unsigned)b > INT_MAX)
2. {
3.     func();
4. }
```

此处的 INT_MAX 是一个已定义常量，代表可能的最大整数值。ANSI C 标准在 <limits.h> 中定义了 INT_MAX。另外一种不需要用到无符号算术运算的可行方法如下：

```
1. if (a > INT_MAX - b)
2. {
3.     func();
4. }
```

2.6 本章小结

C 语言中的数据对象根据运行期间能否改变或赋值被分为变量和常量，变量在使用前必须声明，且其命名规则存在一些限制；常量是一个固定值，其可以是任何的基本数据类型。

C 语言有多种数据类型，分为两大类：整数类型和浮点数类型，整数有 char、short、int、long、long long 这几种，分为有符号和无符号类型，unsigned 关键字是用来声明无符号数；浮点数的类型有 float 和 double。两者在计算机中一般采取大端存储或者小端存储。C 语言中规定 char 类型用于存储字符，计算机中采用编码的方式处理字符，编码方式有 ASCII 和 Unicode 等。在 C 语言中，除了基本的数据类型还有其他类型，包括指针类型、数组类型、结构类型和 void 类型等。

C 语言中用运算符来表示运算，运算符是可以对数据进行相应操作的符号。根据功能可分为算术运算符、关系运算符、逻辑运算符等。根据运算符可操作的操作数的个数，可把运算符分为一元运算符、二元运算符和多元运算符。

习题

1. 指出下列转义序列的含义。

```
a.\';
b. \\;
c. \";
d. \t;
```

2. 编写一个程序来确定 `signed` 和 `unsigned` 类型的 `int` 和 `long` 变量的取值范围。

3. Dottie Cawm 编写了一个程序，请找出程序中的错误。

```
1. include <stdio.h>
2. main (
3.     float g; h;
4.     float tax, rate;
```

```
5.      g = e21;
6.      tax = rate * g;
7. )
```

4. 设 a、b、c 均为 int 类型变量，且 a=3,b=-4,c=5，请写出下面每个表达式对应的结果。

(1) (a && b) == (a || c)

(2) !(a > b) + (b != c) || (a + b) && (b - c)

5. 全局变量和局部变量有什么区别？是怎么实现的？操作系统和编译器是怎么知道的？

6. 关键字 static 的作用是什么？

7. 关键字 const 有什么含义？

第3章 基本程序设计

通过前两章的学习，我们对于基本的数据类型、运算符和表达式有了初步的认识，能够进行程序设计中基本语句的编写。事实上，程序设计就像写作文一样，编写的程序是由若干有序的语句组成，而每条语句对应的是一个行为或操作动作。无论是简单或复杂的程序，都是由若干行为（语句）按照一定的顺序构成的。

本章将介绍基本程序设计方法，具体包括结构化程序设计的基本思想和结构；程序设计中语句的基本概念；控制台I/O；程序原型、书写风格和布局等。通过本章的学习，读者能够通过编写简单的程序完成一些特定的功能。

3.1 结构化程序设计

结构化程序设计（Structured Programming）思想最早由E.W.Dijikstra于1965年提出。结构化程序设计的基本原则是以模块功能和处理过程设计为主，按照这种原则和方法可设计出结构清晰、容易理解、容易修改、容易验证的程序。结构化程序设计的目标在于使程序具有一个合理结构，以保证和验证程序的正确性，从而开发出正确、合理的程序。

结构化程序设计的基本思想，是把一个需要求解的复杂问题分为若干模块来处理，每个模块处理一个子问题，设计时遵循自顶而下、逐步细化、模块化设计和结构化编码的原则。结构化程序设计的优点是编程简单、结构性强、可读性好，程序执行时序特征明显。遵循这种结构的程序只有一个入口和一个出口。

“自顶而下，逐步求精”的设计思想，其出发点是从问题的总体目标开始，抽象低层的细节，先专心构造高层的结构，然后再一层一层地分解和细化。将解决问题的步骤分解为由基本程序结构模块组成的结构化程序框图（如图3-1所示）。

“单入口单出口”的模块结构，减少模块的相互联系，使模块可作为插件或积木使用，降低程序的复杂性，提高可靠性。程序编写时，所有模块的功能通过相应的子程序（函数或过程）的代码来实现。

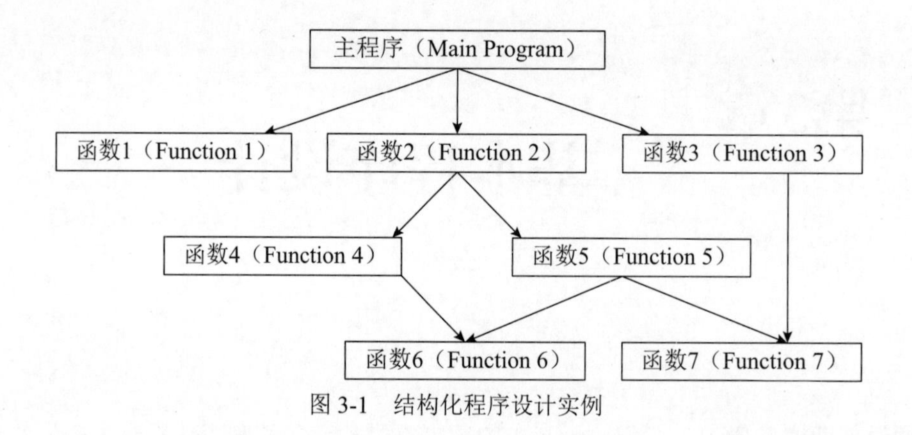

图 3-1　结构化程序设计实例

3.1.1　结构化程序设计的基本思想

结构化程序设计采用自顶而下、逐步求精的设计方法，各个模块通过“顺序、选择、循环”的控制结构进行连接，并且只有一个入口、一个出口。结构化程序中的任意基本结构都具有唯一入口和唯一出口，并且程序不会出现死循环。在程序的静态形式与动态执行流程之间具有良好的对应关系。结构化程序设计的基本原则如下。

（1）**自顶而下**。程序设计时，应先考虑总体，后考虑细节；先考虑全局目标，后考虑局部目标。不要一开始就过多追求众多的细节，先从最上层总目标开始设计，逐步使问题具体化。

（2）**逐步细化**。对复杂问题，应设计一些子目标作为过渡，逐步细化。

（3）**模块化**。一个复杂问题，可以看作由若干简单的小问题构成。模块化是把程序要解决的总目标分解为子目标，再进一步分解为具体的小目标，把每个小目标称为一个模块。

由于模块相互独立，所以在设计其中一个模块时，不会受到其他模块的牵连，因而可将原来较为复杂的问题化简为一系列简单模块的设计。模块的独立性还为扩充已有的系统、建立新系统带来不少方便，因为可以充分利用现有的模块作积木式的扩展。

结构化程序设计思想中的“自顶而下”是逐层抽象，从构造高层结构开始，再逐层分解和细化。避免设计者一开始就陷入复杂的细节中，简化设计过程。从最高层开始，逐层降（分解）到低级别子程序：先构思程序的总体结构，减少因为起点失误造成的时间浪费。

结构化程序设计思想中的独立功能，单出、入口的模块结构能够减少模块间的联系，使模块可作为插件或积木使用，降低程序的复杂性，提高可靠性。

算法是一个独立的整体，**数据结构**（包含数据类型与数据）也是一个独立的整体。两者分开设计，以算法（函数或过程）为主。

按照结构化程序设计的观点，任何算法功能都可以通过由程序模块组成的 3 种基本程序结构的组合（顺序结构、选择结构和循环结构）来实现。

3.1.2　三种基本结构

1. 顺序结构

如图 3-2 所示，顺序结构表示程序中的各操作是按照它们出现的先后顺序执行的，执行时按照“自上而下，依次执行”的原则顺序执行。顺序结构是程序执行遵照的最基本的顺序。

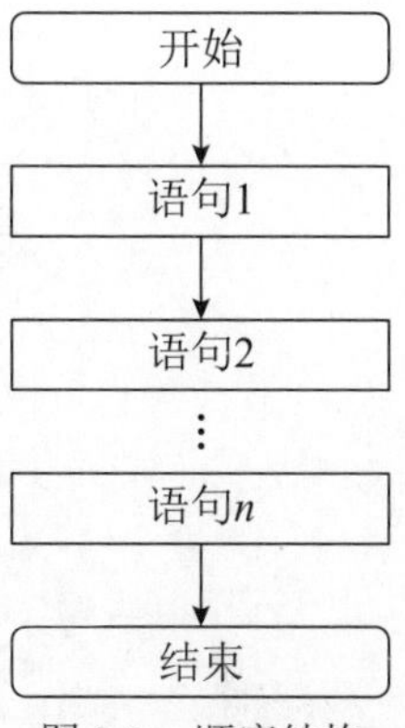

图 3-2　顺序结构

2. 选择结构

选择结构表示程序的处理步骤出现了分支，它需要根据某一特定的条件选择其中的一个分支执行（见图 3-3）。选择结构有单分支、双分支和多分支 3 种形式。选择结构的核心语句是条件语句，通过判断某个逻辑条件是否成立，从给定的各种可能操作中选择一种执行。

注意：选择结构的执行是依据一定的条件选择执行路径，而不是严格按照语句出现的物理顺序。选择结构程序设计的关键在于构造合适的分支条件和分析程序流程，根据不同的程序流程定义适当地选择语句。

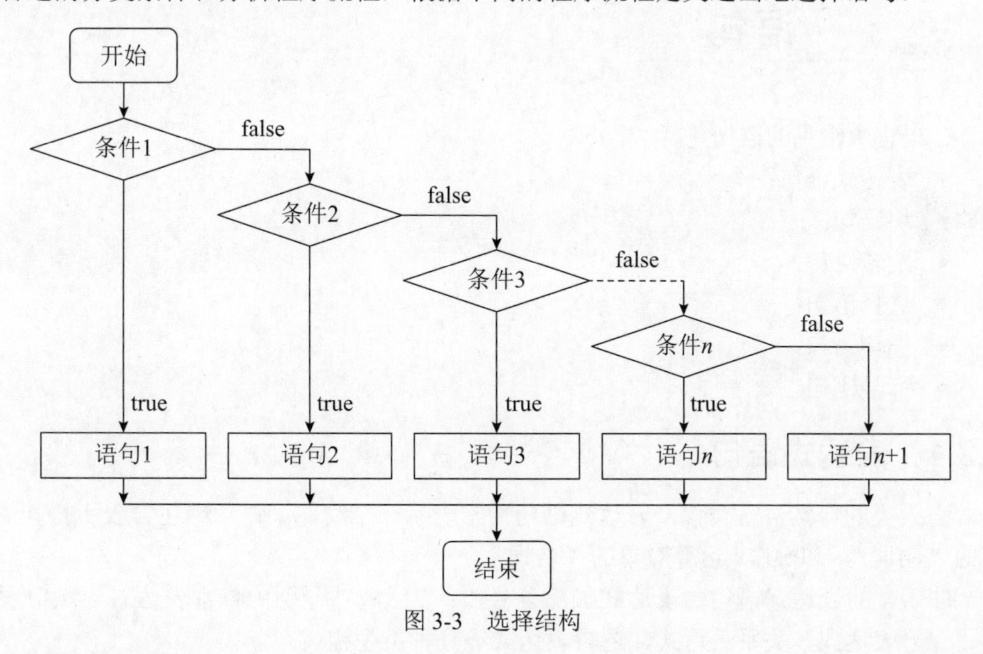

图 3-3　选择结构

3. 循环结构

循环结构表示程序反复执行某个或某些操作，直到某条件为假（或为真）时才可终止循环。在循环结构中，什么情况下执行循环？哪些操作需要循环执行？如图 3-4 所示，循环结构的基本形式有两种：当型循环和直到型循环。

当型循环：表示先判断条件，当满足给定的条件时执行循环体，并且在循环终端处流程自动返回循环入口；如果条件不满足，则退出循环体直接到达流程出口处。因为是“当条件满足时”执行循环，即先判断后执行，所以称为当型循环。

直到型循环：表示从结构入口处直接执行循环体，在循环终端处判断条件，如果条件为真，返回入口处继续执行循环体，直到条件为假时再退出循环到达流程出口处，是先执行后判断。因为是“直到条件不满足时为止”，所以称为直到型循环。

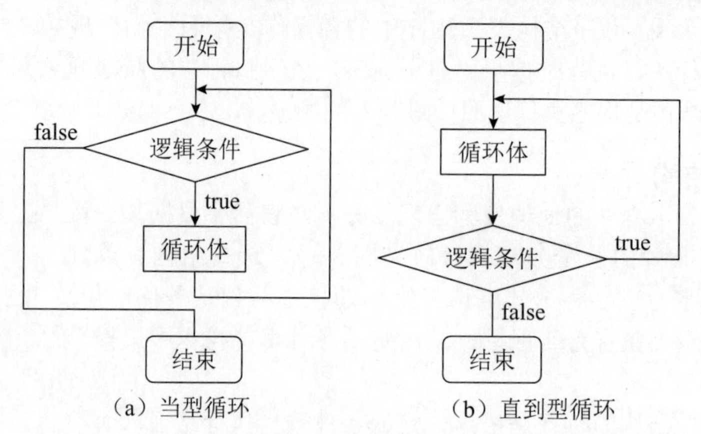

图 3-4　循环结构

3.2　语句

C 语言中常见的语句包括：

- 表达式语句；
- 块语句；
- 跳转语句；
- 选择语句；
- 循环语句；
- 标号语句。

3.2.1　表达式语句

与人类的自然语言类似，表达式语句通常表示一个动作。语句中包含表示操作 / 运算的“动词”，和操作 / 运算对象的“名词”。

C 语言的表达式语句由表达式加上分号“；”组成。分别由算术表达式、赋值表达式、逗号表达式、关系表达式、逻辑表达式等几种类型构成。

其一般形式为

```
表达式；
```

执行表达式语句就是计算表达式的值。

例如：

```
1. x = y + z;          //赋值语句；
2. y + z;    //加法运算语句，但计算结果不能保留，无实际意义；
3. i++;      //自增 1 语句，i 值增 1
```

表达式语句也可以只由一个分号“;”组成，称为空语句。空句可以用于等待某个事件的发生，如用在 while 循环语句中实现特定时间间隔的停顿。空语句还可以用于为某段程序提供标识 label，表示程序的执行位置。

3.2.2 读写字符

1）读一个字符函数 getchar( )

getchar( ) 函数读取缓冲区中的下一个可用字符，并把它返回为一个整数（该字符对应的 ASCII 码）。该函数每次只会读取一个单一的字符。因此如果要读取多个字符，需要结合循环结构多次调用该函数。getchar( ) 的一般形式为

```
getchar();
```

getchar( ) 函数执行时输入先被缓冲，采用的是行缓冲模式，系统必须等待用户键入完一行（按回车键）后才表示输入结束。键入的这一行字符串被存储在标准输入流对应的缓冲区 stdin 中，这就是行缓冲模式。

注意：只有该缓冲区内没有任何字符时，getchar( ) 函数才等待用户键入，否则 getchar( ) 函数从该缓冲区直接读入一个现有的字符，并将该字符从缓冲区中删除。常见的一类运行结果错误是：键盘缓冲区中有残留的字符，导致 getchar( ) 函数的读取结果并不是用户意定的键盘输入。

2）写一个字符函数 putchar( )

putchar( ) 函数把字符输出到屏幕上，并返回相同的字符。这个函数在同一个时间内只会输出一个单一的字符。同样地，如果在循环结构内使用这个方法，就能够在屏幕上输出多个字符。putchar( ) 的一般形式为

```
putchar(字符);
```

3）非缓冲模式读一个字符函数 getch( ) 和 getche( )

getch( ) 和 getche( ) 这两个函数都是从键盘上以非缓冲模式读入一个字符，即不必等待到用户键入完一行（按回车键），而是键入一个字符就立刻返回。其调用格式为

```
getch();
getche();
```

两者的区别是：getch( ) 函数不将读入的字符回显在显示屏幕上，而 getche( ) 函数将读入的字符回显到显示屏幕上。

3.2.3 块语句

块语句即语句块，又称**复合语句**。它是作为一个单元处理的组相关语句，将一些语句用“{ }”括起来构成，在程序中当作一个语句看待。

块语句通常可以构成其他语句（如 if、while、for 等语句）的目标，但实际上在任何放置语句的位置都可以放置块语句。

3.2.4 跳转语句

跳转语句控制程序跳转到另一处执行。跳转语句有4种，分别是goto、continue、break和return。其中，continue和break语句的用法将会在循环结构和分支结构中详细介绍。

1. return语句

return语句用于从函数返回，跳回到执行函数的被调用点。return语句包括无值和有值两种用法：

（1）无值的return语句的一般形式是：

```
return;
```

它用于从void函数中返回。

（2）有值的return语句的一般形式是：

```
return 表达式;
```

它用于从非void函数中返回，返回时带出一个表达式的值。如果没有指定表达式，则返回一个无效值。

2. goto语句

goto语句是无条件跳转语句，其一般形式是：

```
goto 语句标号;
……
label:        语句行
```

其中，语句标号是按标识符规定书写的符号，放在某一语句行的前面，标号后加半角冒号“:”。语句标号起标识语句的作用，与goto语句配合使用。

注意不能在函数之间使用goto语句跳转。goto语句有可能破坏程序的可读性，在结构化程序设计中应当尽量避免使用goto语句。当然，如果使用恰当，goto语句也能够构成分支结构或循环结构。

3. exit( )函数

尽管exit( )函数不是控制语句，但标准库函数exit( )能够立刻终止全部程序执行，强制返回操作系统，因此也具有跳出整个程序的功能。exit( )函数的一般用法是：

```
exit(返回值);
```

其中，返回值将被送回调用该程序者，如操作系统。通常，返回值为0表示程序执行正常结束，非0值表示特定的错误编码。

3.2.5 其他控制语句

选择语句包括if、switch和条件运算符构成的表达式语句。循环语句包括for、while和do-while语句。标号语句包括case和default（通常配合switch一起使用）、label（通常配合goto一起使用）。这些语句的用法将在第4章详细讨论。

3.3 控制台 I/O

C 语言的 I/O 系统提供了设备之间的数据传递机制，本质上 C 语言把所有的设备都当作文件。所以设备（如显示器）被处理的方式与文件相同。

当需要向程序输入数据时，输入可以是以文件的形式或从命令行中进行。C 语言提供了一系列内置的标准输入函数来读取给定的输入，并根据需要填充到程序中。

当需要程序输出数据时，如在显示器、打印机上或任意文件中显示一些数据，C 语言提供了一系列内置的标准输出函数输出数据到计算机屏幕上，或者保存数据到文本文件 / 二进制文件中。

可以使用预处理命令 #include <stdio.h> 引入标准输入输出头文件。注意，当编译器遇到 printf( ) 函数时，如果没有找到 stdio.h 头文件，会发生编译错误。

在没有进行输入输出重定向的前提下，控制台 I/O 函数默认程序从键盘进行输入，程序输出数据到显示器。

3.3.1 格式化控制台输出

格式化输入输出函数包括 scanf( ) 函数和 printf( ) 函数：scanf( ) 函数从标准输入流 stdin（默认值是键盘）读取输入，并根据参数中的格式来浏览输入；printf( ) 函数把输出写入标准输出流 stdout（默认值是显示器），并根据提供的格式产生输出。

函数 printf( ) 的一般形式是：

```
printf(格式控制字符串，输出值参数列表)
```

其中，格式控制字符串是用双引号括起来的字符串，包括普通字符和格式说明符。普通字符是直接显示在显示器上的字符；格式说明符用来说明对应输出项的显示格式。格式说明符由百分号 % 开始，后面跟随格式编码。表 3-1 是 printf( ) 函数使用的格式说明符的具体编码。

输出值参数列表是需要输出的数据项的列表，输出数据项可以是变量或表达式，输出值参数之间用逗号分隔，其类型应与格式说明符相匹配。

格式说明符的个数必须与输出列表的个数严格一致，二者应该从左到右一一对应，并保证类型一一匹配。例如，实际编程过程中，如果格式说明符数目小于输出项，多余的输出项将不予输出；如果格式说明符数目大于输出项，各个系统的错误处理方式不同。

表 3-1　printf(　) 函数的格式说明符

格式符	含义	格式符	含义
%c	字符	%o	无符号八进制
%d	有符号十进制整数	%s	字符串
%i	有符号十进制整数	%u	无符号十进制整数
%e	科学表示	%x	无符号十六进制（小写）
%E	科学表示	%X	无符号十六进制（大写）

续表

格式符	含义	格式符	含义
%f	十进制浮点数	%p	指针
%g	在 %e 和 %f 中择短使用	%n	指向整数的指针
%G	在 %E 和 %f 中择短使用	%%	显示百分号

除了格式说明符之外，还有长度修饰符来区分输入、输出过程中处理数据的长度，见表 3-2。

表 3-2　函数 printf( ) 的长度修饰符

长度修饰符	含义
英文字母 l	修饰格式符 d，o，x，u 时，用于输出 long 型数据
英文字母 L	修饰格式符 f，e，g 时，用于输出 long double 型数据
英文字母 h	修饰格式符 d，o，x 时，用于输出 short 型数据
域宽修饰符 m	输出数据的最小位宽 数据位宽大于 m，按实际位宽输出 数据位宽小于 m 时，右对齐，左补空格
精度修饰符 n	精度修饰符位于域宽 m 后面，由圆点和后面的整数 n 构成 对于浮点数，表示输出 n 位小数 对于字符串，指定从字符串左侧开始截取的子串字符个数

注意：长度修饰符用于区分输入、输出过程中处理数据的长度，使用不当将带来一些隐蔽的输入、输出错误。本质上，输入输出函数是对内存中特定长度的区域进行读写访问，超出合法存储区域的访问会带来程序执行错误。例如，如果长度修饰符与对应的数据类型的存储长度不匹配，在 scanf 等函数中会出现越界等错误。

下面是格式化输出函数 printf( ) 的一组常用示例。

1. 打印整数

使用 printf( ) 函数打印整数时显示整数实际数值，按实际位数显示。例如，代码：

```
printf("%o,%x,%d",16,16,16);
```

根据表 3-1 可知，%o 表示以无符号八进制整数形式显示输出，%x 表示以小写的无符号十六进制形式显示输出，%d 表示以有符号十进制整数形式显示输出。代码运行结果是：

```
20,10,16
```

2. 打印实数

%f 表示以十进制浮点数形式显示输出，%e 和 %E 分别表示小写字母和大写字母形式的科学表示。例如，代码：

```
printf("%f,%e,%E", 1.23E-2, 1.23E-2, 1.23E-2);
```

运行结果：

```
0.012300,1.230000e-002,1.230000E-002
```

3. 定义字符和串

%c 表示打印单个字符，%s 表示打印字符串。例如，代码：

```
printf("I like %c %s.",'C', "very much");
```

运行结果：

```
I like C very much.
```

4. 显示地址

使用 %p 可以显示地址，它令 printf( ) 以主机的地址格式显示内存地址。例如，下面代码将显示变量 sample 的内存地址：

```
int sample;
printf("%p", &sample);
```

5. 域宽修饰符

在百分号和格式符之间可以添加整数来指定输出项的显示宽度，该整数称为最小域宽修饰符。当输出项位数小于指定宽度，补空格至指定宽度；当输出项位数大于指定宽度，显示真实数据值；如果在最小域宽修饰符前面加 0，补 0 而不是空格。例如，代码：

```
printf("%4o,%4x,%4d\n",16,16,16);
printf("%10f,%10e,%10E\n",1.23E-2, 1.23E-2, 1.23E-2);
printf("%04o,%04x,%04d\n",16,16,16);
```

运行结果：

```
  20,  10,  16
  0.012300,1.230000e-002,1.230000E-002
0020,0010,0016
```

6. 精度修饰符

精度修饰符位于最小位宽修饰符之后，由一个圆点（.）及其后的整数构成。精度修饰符可以修饰实数或字符串，其含义依相应的类型而定。

用于格式说明符 f、e、E 等浮点数时，控制浮点数小数点后面的显示位数。用于串时，能够限制最大域宽，超长部分全部截掉。例如，代码：

```
printf("%5.7s\n", "china");
printf("%5.3s\n", "china");
printf("%10.3f,%10.3e\n", 1.23E-2, 1.23E-2);
```

运行结果：

```
china
  chi
     0.012,1.230e-002
```

7. 对齐输出方式

printf( ) 默认是采用右对齐方式的，即当域宽大于数据实际宽度时，数据显示在域的右边界上。百分号后直接放置一个负号（–）可以强制指定位左对齐方式。例如，代码：

```
printf("......................\n");
printf("right-justified: %8d\n", 100);
printf("left-justified: %-8d\n", 100);
```

运行结果：

```
......................
right-justified:      100
left-justified: 100
```

8. 格式说明符 %n

%n 与其他格式说明符不同，%n 不是向 printf( ) 传递格式化信息，而是令 printf( ) 把自己已经打印的字符个数存储到相应的变元指向的整型变量中。例如，代码：

```
int count=0;
printf("This%n is a test.", &count);
```

运行结果：

```
This is a test.
```

但是，注意此时变量 count 的值已经被改成了 4。因为格式说明符 %n 表示将当前的正确语句显示的字符个数 4 存储到物理地址为 &count 的变量中。因为 %n 对应的变元必须是地址（整数指针），所以输出项 &count 前面的取地址运算符 & 必不可少。

3.3.2 格式化控制台输入

格式化输入函数 scanf ( ) 从标准输入流 stdin（默认值是键盘）读取输入，并根据参数中的格式来浏览输入。其一般形式是：

```
scanf(格式控制字符串，输入地址列表);
```

其中，输入地址列表是读入数据的存储地址。而格式控制字符串包括空白符、非空白符和格式化说明符，空白符表示跳过输入流中的一个或多个前导空白符；非空白符表示读取并过滤掉输入流中的相同字符，即约定从键盘输入时必须在相应位置输入相同字符；格式化说明符由一个百分号开始，用于规定 scanf( ) 随后读取哪种类型的数据。

表 3-3 是 scanf ( ) 函数使用的格式说明符的具体编码。

表 3-3　scanf( ) 函数的格式说明符

格式符	含义	格式符	含义
%c	读单字符	%s	读一个字符串
%d	读一个十进制整数	%n	已读入的字符数
%i	根据输入格式读一个八 / 十 / 十六进制整数	%u	读一个无符号整数
%o	读一个八进制	%[]	搜索字符集合
%x	读一个十六进制数	%%	读一个百分号
%f 或 %e	读一个浮点数	%p	读一个指针

1）输入整数

scanf( ) 函数默认用空白符作为输入数据之间的间隔符。输入整数时，scanf( ) 遇到空白类字符（空格、Tab、回车）停止输入整数。例如，代码：

```
int i, j;
scanf("%o%x", &i, &j);
```

运行时从键盘输入数据：20 10↙

其中，↙表示回车键。

运行结果：变量 i 和 j 的值分别为 20、10。

2）输入实数

%e、%f、%g 表示以标准格式或者科学表示法输入实数。默认情况下，scanf ( ) 遇到空白类字符（空格、Tab、回车）停止输入实数。例如，代码：

```
float x, y;
scanf("%f,%f", &x, &y);
```

运行时从键盘输入数据：20.1，–12.5↙

运行结果：变量 x 和 y 的值分别为 20.1 和 –12.5。

3）输入字符和串

%c 表示读入单个字符，%s 表示读入字符串。例如，代码：

```
char a, b, c;
scanf("%c, %c, %c", &a, &b, &c);
```

运行时从键盘输入数据：x，y↙

运行结果：变量 a、b 值赋值成功，分别为 'x' 和 'y'，但 scanf 对变量 c 未能成功赋值。

输入串时，默认情况遇到空白类字符（空格、Tab、回车）停止输入串。例如，代码：

```
char str[20];
scanf("%s", str);
```

运行时从键盘输入数据：abcdefgh ij↙

运行结果：字符数组 str 中的内容为 "abcdefgh"。这里数组名 str 就是数组的起始地址，不必写 &。

4）scanf 函数注意事项

- 在“输入参数”中，变量前面的取地址符 & 不要忘记（除 %s 对应的数组名之外）。
- scanf 中双引号内，除了“输入控制符”外尽量简化。非空白符意味着要求用户从键盘输入时必须在相应位置输入相同字符，特别是标点符号的输入。
- “输入控制符”和“输入参数”无论在顺序上还是在个数上一定要一一对应。
- “输入控制符”的类型和变量所定义的类型一定要一致。
- 使用 scanf 之前建议先用 printf 提示用户输入内容和输入格式。

3.3.3 文件操作

本小节介绍C语言如何创建、打开、关闭文本文件或二进制文件。

一个文件，无论它是文本文件还是二进制文件，都代表了一系列由字节组成的数据。C语言不仅提供了访问顶层的函数，也提供了底层（OS）调用来处理存储设备上的文件。

1）打开文件

可以使用fopen( )函数创建一个新的文件或者打开一个已有的文件，这个调用会初始化类型FILE的一个对象，类型FILE包含所有用来控制流的必要的信息。下面是这个函数调用的原型：

```
FILE *fopen( const char * filename, const char * mode );
```

这里filename是字符串，用来命名文件；mode是文件使用方式，取值参数如表3-4所示。

表3-4 文件使用方式及含义

文件使用方式	含 义
"r/rb"（只读）	为输入打开一个文本/二进制文件
"w/wb"（只写）	为输出打开或建立一个文本/二进制文件
"a/ab"（追加）	向文本/二进制文件尾追加数据
"r+/rb+"（读写）	为读写打开一个文本/二进制文件
"w+/wb+"（读写）	为读写建立一个文本/二进制文件
"a+/ab+"（读写）	为读写打开或建立一个文本/二进制文件

2）关闭文件

为了关闭文件，需要使用fclose( )函数。函数的原型如下：

```
int fclose( FILE *fp );
```

如果成功关闭文件，fclose( )函数返回零，如果关闭文件时发生错误，函数返回EOF。这个函数实际上会清空缓冲区中的数据，关闭文件，并释放用于该文件的所有内存。EOF是一个定义在头文件stdio.h中的常量。

C标准库提供了各种函数来按字符或者以固定长度字符串的形式读写文件。

3）写入文件

fputc( )是把字符写入流中的最简单的函数，每次调用时向文件写入一个字符。其原型如下：

```
int fputc( int c, FILE *fp );
```

函数fputc( )把参数c的字符值写入fp指向的输出流中。如果写入成功，它会返回写入的字符，如果发生错误，则会返回EOF。如果需要批量写入字符（字符串），可以使用fputs( )函数把一个以null结尾的字符串写入流中：

```
int fputs( const char *s, FILE *fp );
```

函数 fputs( ) 把字符串 s 写入 fp 指向的输出流中。如果写入成功，它会返回一个非负值，如果发生错误，则会返回 EOF。

同样地，也可以使用 `int fprintf(FILE *fp,const char *format,…)` 函数把一个字符串写入文件中。例 3-1 的代码被编译和执行时，它会在 /tmp 目录中创建一个新的文件 test.txt，并使用两个不同的函数写入两行。注意：程序执行前需要确保有可用的 tmp 目录，如果不存在该目录，则需要在计算机上先创建该目录。

【例 3-1】写入文件程序。

程序源代码：3-1.c

```
1. #include <stdio.h>
2. int main()
3. {
4.     FILE *fp = NULL;
5.     fp = fopen("/tmp/test.txt", "w+");
6.     fprintf(fp, "This is testing for fprintf...\n");
7.     fputs("This is testing for fputs...\n", fp);
8.     fclose(fp);
9. }
```

4）读取文件

fgetc( ) 是从文件读取单个字符的最简单的函数，每次调用时从文件读取一个字符。其原型如下：

```
int fgetc( FILE * fp );
```

fgetc( ) 函数从 fp 指向的输入文件中读取一个字符。返回值是读取的字符，如果发生错误则返回 EOF。如果需要批量读取字符（字符串），可以使用 fgets( ) 函数从流中读取字符串：

```
char *fgets( char *buf, int n, FILE *fp );
```

函数 fgets( ) 从 fp 指向的输入流中读取 n－1 个字符。它会把读取的字符串复制到缓冲区 buf，并在最后追加一个 null 字符来终止字符串。

如果这个函数在读取最后一个字符之前就遇到一个换行符 '\n' 或文件的末尾 EOF，则只会返回读取到的字符，包括换行符。

同样地，也可以使用 `int fscanf(FILE *fp, const char *format, ...)` 函数从文件中读取字符串，但在遇到第一个空格和换行符时，它会停止读取。

【例 3-2】读取文件程序。

程序源代码：3-2.c

```
1.  #include <stdio.h>
2.  int main()
3.  {
4.      FILE *fp = NULL;
5.      char buff[255];
6.      fp = fopen("/tmp/test.txt", "r");
7.      fscanf(fp, "%s", buff);
```

```
8.       printf("1: %s\n", buff);
9.       fgets(buff, 255, (FILE *)fp);
10.      printf("2: %s\n", buff);
11.      fgets(buff, 255, (FILE *)fp);
12.      printf("3: %s\n", buff);
13.      fclose(fp);
14. }
```

当例 3-2 的代码被编译和执行时，它会读取例 3-1 成功执行后创建的文件，产生下列结果：

```
1: This
2: is testing for fprintf...
3: This is testing for fputs...
```

根据执行结果测试和分析 scanf 与 gets 的区别：首先，fscanf( ) 方法只读取了 This，因为它在后面遇到了一个空格。其次，调用 fgets( ) 读取剩余的部分，直到行尾。最后，调用 fgets( ) 完整地读取第二行。

5）二进制文件 I/O 函数

下面两个函数用于二进制输入和输出：

```
size_t  fwrite(void  *buffer,size_t  size, size_t  count,FILE  *fp);
size_t  fread(void  *buffer,size_t  size, size_t  count,FILE  *fp);
```

fwrite( ) 函数输出数据块到二进制流，其中，fp 是以输出模式（写模式或追加模式）打开的二进制流；buffer 是指向要输出数据块的首地址的指针（即保存数据块的起始地址）；count 是需要输出数据块的个数；size 是每个要输出数据块的大小（字节数）；size_t 是系统定义的类型别名。(typedef unsigned int size_t)fwrite( ) 函数执行正常时返回输出的数据块数；出错则返回 EOF。

fread( ) 函数从二进制流输入数据块，其中，fp 是以输入模式（读模式）打开的二进制流，它通知函数 fread( ) 从哪个文件中读取数据块；buffer 是指向输入数据块的存储空间首地址的指针（即保存数据块的起始地址）；count 是要读取数据块的个数；size 是每个要输入数据块的大小（字节数）；size_t 是系统定义的类型别名。fread( ) 函数执行正常时返回输入的数据块数；出错则返回 EOF。

这两个函数都是用于数据块的读写，操作对象通常是数组或结构体，通过指针进行访问。数组、指针、结构体等相关内容将分别在第 6、7、8 章详细讨论。

3.4 程序原型

本节将给出基本的程序样式，以及程序书写风格和布局规范。

3.4.1 程序样式

程序样式包括变量定义、接收输入、运行计算、产生输出等部分。例如下面的示例：

```
1. int main()
2. {
3.     variable declarations;
4.     Each with a comment that describes its purpose;
5.     An output statement that identifies the program;
6.     Prompts and statements that read the input data;
7.     Statements that perform calculations and store results;
8.     Statements that echo input and display results for user.
9. }
```

在这个简单格式的基础之上，经过后续章节的学习，可以扩展为包含用户自定义函数的更复杂的程序样式。

3.4.2　程序书写风格

程序的书写风格就像写文章一样，需要注意如何划分章节（模块）、程序段落、断句，甚至包括首行缩进等。程序书写的一般风格有如下建议。

（1）一个说明或一个语句占一行。

（2）函数与函数之间加空行，清楚区分程序中有几个函数。

（3）程序采用缩进风格：

- {} 一般与该结构语句的第一个字母对齐，并单独占一行。
- 低一层次的语句或说明可比高一层次的语句或说明缩进若干格后书写，同一层次的语句左对齐，以便看起来更加清晰，增加程序的可读性。

（4）对于数据的输入，运行时最好出现输入提示，对于数据的输出，也要有一定的提示和格式。

（5）对一些较难理解的、重要的语句及过程，应加上适当的注释。

3.4.3　程序布局与规范

对于C语言的程序布局风格，没有统一的标准。但对于C程序员来说，应该保持较好的程序布局风格。例如，关于缩进，对于函数、选择、循环控制，在进入下级的程序段时，为了使结构清晰，一般将下级的程序段向后缩进一段位置。缩进的大小是为了清楚地定义一个块的开始和结束，特别是已经编写了很长的代码时，会发现缩进格式使得对程序的理解更容易，因为程序更有层次感，可以最快地找到需要查看的程序块。

另一个建议是要善于使用空行区分程序块。不要让自己的程序过于拥挤，这样同样影响可读性，善于使用空格区分一句程序中的变量、符号、表达式等，使它们对照整齐，代码结构更加易读。

3.5　编写简单的C程序

读者阅读到这里，已经可以开始编写完整的简单C程序。以下两个例子能够处理用户的输入，并完成特定需求的运算和输出功能。

【例 3-3】平均值计算程序。根据用户输入的 3 个浮点数，编写程序计算并输出平均值。

程序源代码：3-3.c

```
1.  #include <stdio.h>
2.  #include <stdlib.h>
3.
4.  int main(void)
5.  {
6.      double n1, n2, n3, average;
7.
8.      printf("\nWelcome.\n"
9.              "Calculate the average.\n"
10.             "given three numbers.\n");
11.
12.     printf("Input three number(eg.1.2,2.3,3.4): ");
13.     scanf("%lf,%lf,%lf", &n1, &n2, &n3);
14.
15.     average = (n1 + n2 + n3) / 3.0;
16.
17.     printf("average=%.2f\n", average);
18.
19.     return 0;
20. }
```

【例 3-4】如果一个柚子从大厦顶楼下落，掉落时没有初速度，也不是抛下的，只有地心引力为柚子提供加速度。根据用户输入的时间，计算 *t* 秒后柚子的速度和下落的距离。

程序源代码：3-4.c

```
1.  #include <stdio.h>
2.  #include <stdlib.h>
3.  #define GRAVITY 9.81 /*gravitational acceleration (m/s^2)*/
4.
5.  int main(void)
6.  {
7.      /*time (s),distance of fall(m),final velocity(m/s)*/
8.      double t, y, v;
9.
10.     printf("\n\nWelcome.\n"
11.             "Calculate the height from which a grapefruit fell\n"
12.             "given the number of seconds that it was falling.\n\n");
13.
14.     printf("Input seconds: ");
15.     scanf("%lg", &t);
16.     y = .5 * GRAVITY * t * t;
17.     v = GRAVITY * t;
18.
19.     printf("Time of fall=%g seconds\n", t);
20.     printf("Distance of fall=%g meters\n", y);
21.     printf("Velocity of fall=%g m/s\n", v);
22.
23.     return 0;
24. }
```

3.6　本章小结

本章应重点掌握的知识点如下所述。

- 结构化程序设计的基本思想；结构化程序设计的 3 种基本结构。
- 语句：表达式语句；跳转语句；块语句；控制语句（选择语句和循环语句）。
- 控制台 I/O：getchar( )、getch( )、getche( )、putchar( )。
- 控制台 I/O：格式化控制台输入输出函数 printf( )、scanf( )。
- 文件操作。
- 程序原型，程序书写风格，程序布局规范。

习题

1. 请找出并更正以下程序片段中的错误。

（1）

```
scanf("%d%d",&num1,num2);
```

（2）

```
printf("The value is %d",&number);
```

（3）

```
Num1+Num2=Num3;
```

（4）

```
short int x;
scanf("%d ",&x);
```

2. 编程实现 3.3.1 节中格式化控制台输出的代码示例，并检验其输出格式。

3. 编程实现 3.3.2 节中格式化控制台输入的代码示例，注意用户输入的格式和具体内容，并检验程序执行结果是否符合预期。

4. 编写一个程序，实现华氏温度到摄氏温度的转换，转换公式如下：

摄氏温度 =（华氏温度 -32）*5/9

要求用户输入整数或小数形式的华氏温度，输出结果为保留两位小数的摄氏温度。

5. 请编写一个简单的计算器程序，用户输入两个整数，计算并输出它们的和、乘积、差、商和余数。注意：（1）如何检查用户输入数据的有效性？（2）溢出和误差问题。（3）计算精度和输出格式的问题。

第4章 程序流程控制

C 语言是一个结构化的程序设计语言，其 3 种基本结构是顺序结构、选择结构和循环结构。本章学习选择结构和循环结构程序设计，主要内容如下：

- 流程控制的条件的表示方法。
- 选择结构的编程实现，包括 if 单分支，if-esle 双分支，if-else-if 多分支和分支嵌套，以及 switch 分支语句。
- 循环结构的编程实现，包括 while 语句、do-while 语句、for 语句、循环嵌套，以及循环体内常用 break 语句、continue 语句。
- 选择结构和循环结构相关的安全问题。

4.1 控制流程的条件判断

无论是选择结构，还是循环结构，流程控制条件是关键。图 4-1 是选择结构和循环结构流程图，第 3 章介绍过。图中菱形框有一个入口、两个出口，其中的逻辑条件结果值为 true/false 时，程序将执行不同流程。换言之，程序控制流程的决定因素是逻辑条件。

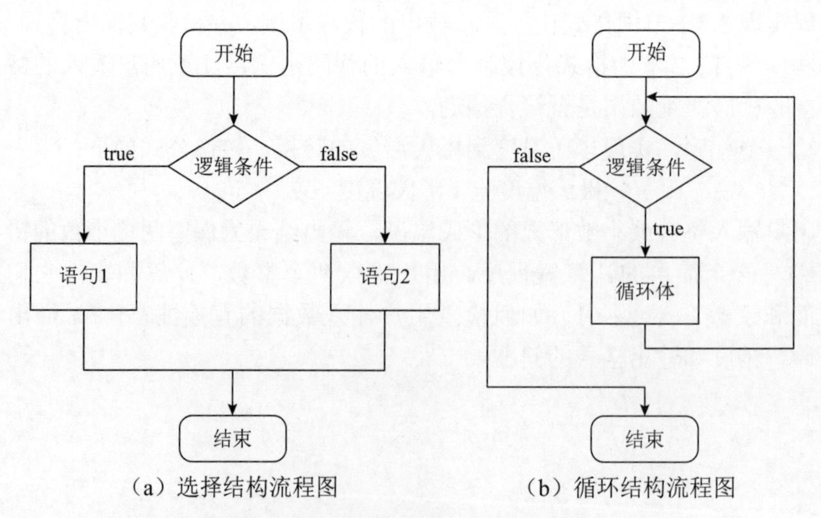

（a）选择结构流程图　　（b）循环结构流程图

图 4-1　选择结构和循环结构流程图

如何用C语言正确有效地表示逻辑条件呢？关系表达式和逻辑表达式是最常用的条件判断表示形式。

1. 关系表达式用作条件判断

关系（比较）运算的结果为逻辑值："真"（1）或"假"（0）。例如：

①"score>=60"，用于判断score变量值是否大于或等于60，判断结果一定是"真"或"假"，没有第3种可能。

②"num > max"，用于判断num值是否大于max值。

③"m%2==0"，用于判断"等于"关系是否成立，即判断变量m的奇偶性。

这些关系表达式用作条件判断，意思直观、易于理解。

2. 逻辑表达式用作条件判断

复杂一些的条件通常用逻辑表达式表示。例如：

①"score >=60 && score <80"，只有两个关系表达式同时成立，结果才为"真"。

②"!（m%2）"，判断"!（m%2）"是否为逻辑"真"（"非0"或1）。

对于奇数m，除以2的余数为1（"真"），逻辑非运算后，结果则为逻辑"假"；反之，该表达式结果为逻辑"真"，则表明整数m是偶数。因此，该逻辑表达式"!（m%2）"可以用作整数奇偶性的判定条件。

读者可以回顾第2章逻辑运算符和逻辑表达式，以及关系表达式和关系表达式，其结果要么是"真"要么是"假"。C语言中没有专门的逻辑类型。关于逻辑值"真"和"假"的表示，要区分两个场合：

- 当输出逻辑运算结果时，编译系统以整数1代表逻辑"真"，以0代表逻辑"假"。
- 当判断逻辑值时，以非0代表"真"，以0代表"假"。

3. 用其他表达式作条件判断

大家试着解读：如下表达式作为判断条件时，表达什么含义？

① 0

② 'Y'

③ a+b

④ r = 0

参照上面的场合二：在判断逻辑值时，以非0代表"真"，以0代表"假"。无论是数值表达式，还是如④的赋值表达式，只要是0值，如①④，条件判断结果为"假"；②是"非0"，条件判断结果为"真"。

综上所述，对于任意表达式，尤其不直观的条件表达式，判断时只须确定：是数值0，还是非0。0代表"假"，表示条件不成立；非0代表"真"，表示条件成立。

当然，这是帮助大家从C语言本身去理解各种逻辑表示。尤其初学者编写程序时，建议用关系表达式、逻辑表达式表达判断条件，更为简单直观。

4.2 选择结构

选择结构也叫分支结构，在某些情况下，如果满足指定的条件，就执行相应的语句块。C 语言提供了两种实现选择结构的语句：if 语句和 switch 语句。

4.2.1 if 单 / 双分支语句

if 语句是实现选择结构最常用的语句。if 语句方便表达单分支、双分支和多分支。

1. 双分支 if-else 语句

双分支结构流程图如图 4-1（a）所示。

双分支 if-else 语句的一般形式为

```
if （表达式）
    语句 1
else
    语句 2
```

双分支 if 语句执行过程：先计算表达式的值，若表达式值为“真”（非 0），则执行语句 1；若表达式值为“假”（0），则执行语句 2。例如：

```
if (a > b)
    max = a;
else
    max = b;
printf("max = % d\n", max);
```

如果表达式 a>b 的值为“真”，则将变量 a 的值赋给 max 变量；否则，将变量 b 的值赋给 max 变量。最后，显示输出 max 变量值，即输出两变量 a 和 b 中的较大数。

说明：

（1）表达式是用于判断条件是否成立，通常用关系表达式或逻辑表达式，也可以是任意形式的表达式，详细见 4.1 节的介绍。

（2）表达式必须用括号“( )”括起来。

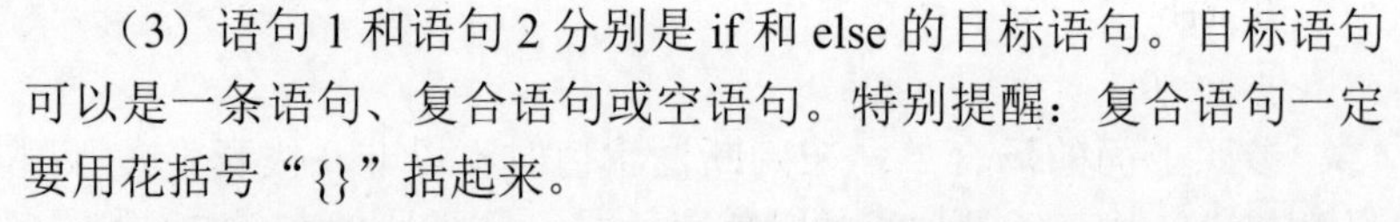

（3）语句 1 和语句 2 分别是 if 和 else 的目标语句。目标语句可以是一条语句、复合语句或空语句。特别提醒：复合语句一定要用花括号“{}”括起来。

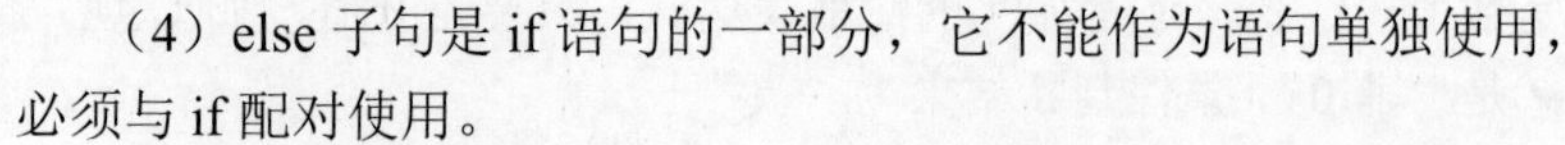

（4）else 子句是 if 语句的一部分，它不能作为语句单独使用，必须与 if 配对使用。

同样的功能，也可以用单分支 if 语句表示。

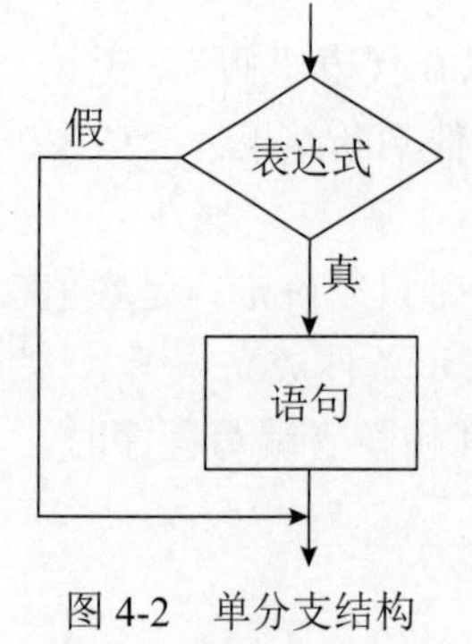

图 4-2　单分支结构流程图

2. 单分支 if 语句

单分支结构流程图是一个单入口 / 单出口的控制结构，如图 4-2 所示。单分支结构可看作双分支 if-else 语句中，else 分支缺省时的情形。

单分支 if 语句是分支结构的最简形式，表示如下：

```
if (表达式)
语句
```

单分支 if 语句执行过程：先计算表达式的值，若表达式值为“真”，则执行语句；若表达式值为“假”，则直接执行 if 语句后面的其他语句。

上面用双分支语句输出两变量 a 和 b 中的较大数。同样可以用单分支语句表示如下：

```
if (a > b)
    max = a;
if (a <= b)
    max = b;
printf("max = %d\n", max);
```

【程序 4-1】输入 3 个数 a、b、c，要求按由小到大的顺序输出。

分析思路：对于 3 个数 a、b、c 要按照由小到大的顺序输出，则需要将这 3 个数分别进行比较、交换，将最小的数赋给变量 a，次之赋给变量 b，最大的赋给变量 c，然后输出 a、b、c 3 个数，即是由小到大的顺序输出。解决这个问题的关键点是：如何实现两两数的比较、交换。可试试：

a 和 b 比较：若 a>b，将 a 和 b 进行交换（a 是 a、b 中的小者）；

a 和 c 比较：若 a>c，将 a 和 c 进行交换（a 是 a、c 中的小者，因此 a 是 3 个数中的最小者）；

b 和 c 比较：若 b>c，将 b 和 c 进行交换（b 是 b、c 中的小者，因此 b 是 3 个数中的次小者）。

下面是程序的源代码（4-1.c）：

```
1.  #include <stdio.h>
2.  int main(void)
3.  {
4.  float a,b,c,t; /* 变量 t 是中间变量，用于交换两个变量的值时使用 */
5.
6.  printf("请输入 3 个实数：");
7.  scanf("%f%f%f",&a,&b,&c);
8.
9.  if(a>b)
10.     {           /* 执行 3 条语句组成的复合语句 */
11.       t=a;
12.       a=b;
13.       b=t;
14.     }           /* a、b 互换，a 是 a、b 中的小者 */
15. if(a>c)
16. {
17.       t=a;
18.       a=c;
19.       c=t;
20.     }           /*a 是 3 个数中的最小者 */
21. if(b>c)
22. {
23.       t=b;
24.       b=c;
25.       c=t;
26. }       /*b 是 3 个数中的次小者 */
```

```
27.
28. printf("%5.2f,%5.2f,%5.2f\n",a,b,c);
29. return 0;
30. }
```

这里用 3 个单分支语句，实现了 3 个变量的两两比较和交换操作。完成按由小到大的顺序输出 3 个数的目标。

4.2.2 if 多分支语句与 if 嵌套

1. 多分支 if-else-if 语句

多分支结构流程图如图 4-3 所示。

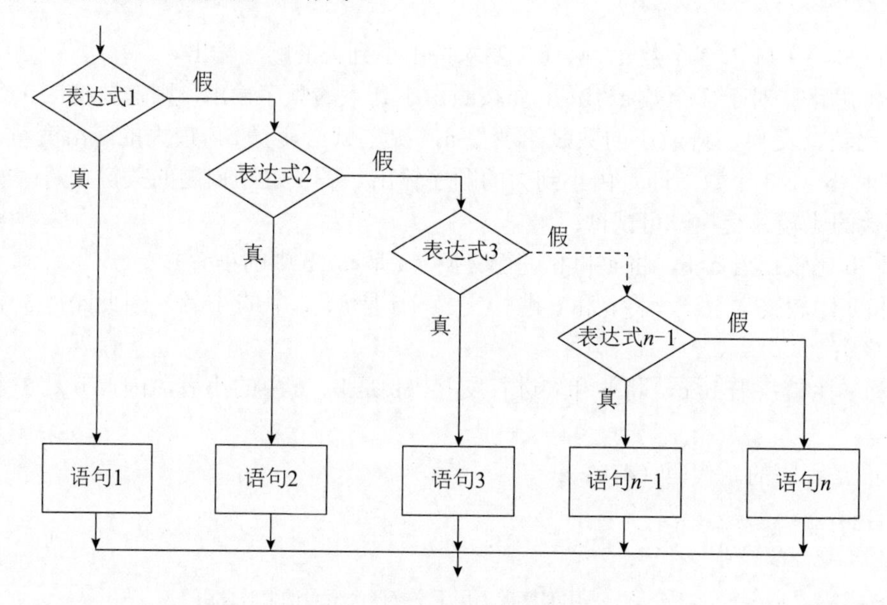

图 4-3　多分支结构流程图

多分支 if-else-if 语句的一般形式为

```
if (表达式1)
    语句1
else if (表达式2)
    语句2
else if (表达式3)
    语句3
    ……
else if (表达式n - 1)
    语句n - 1
else
    语句n
```

从形式上看，多分支 if 语句，实际是双分支的 else 分支中嵌套 if-else 语句。

多分支 if-else-if 语句的执行过程是：先判断条件 1（表达式 1），若条件 1 成立，就执行语句 1，然后退出该 if 结构；否则，再判断条件 2（表达式 2），若条件 2 成立，则执行语句 2，然后退出该 if 结构……否则，再判断条件 n-1（表达式 n-1），若条件 n-1

成立，则执行语句 n-1，然后退出该 if 结构；否则，执行语句 n，然后退出该 if 结构。

【程序 4-2】根据考试分数，输出对应的等级。

等级分为 A、B、C、D 四级，A 代表分数大于或等于 90，B 代表分数大于或等于 70，C 代表分数大于或等于 60，D 代表分数段为小于 60，采用 if-else-if 来完成。

下面是程序的源代码（4-2.c）：

```
1.  #include <stdio.h>
2.  int main(void)
3.  {
4.      float score;
5.      printf("请输入考试分数(0~100的数值):");
6.      scanf("%f", &score);
7.
8.      if (score >= 90)
9.          printf("成绩等级: A\n");
10.     else if (score >= 70)
11.         printf("成绩等级: B\n");
12.     else if (score >= 60)
13.         printf("成绩等级: C\n");
14.     else
15.         printf("成绩等级: D\n");
16.     return 0;
17. }
```

执行该程序得到下面的运行结果：

```
请输入考试分数(0~100的数值): 89.5
成绩等级: B
```

2. if 嵌套语句

嵌套 if 语句，或称 if 嵌套语句，是指在 if 分支或（和）else 分支语句中包含另一个 if 语句。

基于单、双分支结构，内嵌的 if 语句可以是 if、if-else 或 if-else-if 等。对于嵌套 if 语句，最重要的也是容易出错的是 else 的配对问题。

【请思考】如下代码 else 语句与哪个 if 语句配对？输出结果是什么？

```
1. main()
2. {
3.     int a = 2, b = 1, c = 2;
4.     if (a)
5.     if (b < 0)
6.         c = 0;
7.     else
8.         c++;
9.     printf("%d\n", c);
10. }
```

关于 if 嵌套语句，特别说明如下：

（1）else 子句遵循就近配对原则。意思是：else 子句不能单独出现，必须有配对的 if 子句。C 语言中，else 总是与它前面的、最近的、未配对的 if 配对，称为“就近配对原则”。

（2）程序员可以加花括号来确定 else 的配对关系，例如：用语句 { if(b<0)

c=0； }
代替

```
if ( b<0 ) c=0;
```

则 else 语句与第 1 个 if 配对。

（3）在嵌套 if 语句中，程序在书写时提倡采用缩进格式，以便清晰体现 if-else 的配对关系。

（4）C 89 规定：编译程序至少应该支持 15 层 if 嵌套；而 C 99 将这个规定提高到 127 层。现有的多数编译程序支持远大于 15 层 if 嵌套。提倡编程时尽量减少嵌套层数，便于理解代码语义。

第 2 章介绍的条件运算符是三目运算符，其实现功能相当于 if-else 双分支结构的两个分支操作对应的功能。如果是 if 嵌套语句，可否用条件运算符的嵌套表示呢？

【请思考】用条件运算符实现：求解并输出 3 个整数的最大值。

4.2.3 switch 多分支语句

当嵌套的 if 语句层数较多，程序冗长而且可读性降低。C 语言提供 switch 语句处理多分支情形。switch 语句也叫开关语句，如同多路开关一样，使程序控制流程形成多个分支。

1. switch 语句基本语法

switch 语句的语法格式如下：

```
switch( 表达式 )
{
    case  常量表达式 1： [ 语句 1]  [break;]
    case  常量表达式 2： [ 语句 2]  [break;]
    ......
    case  常用表达式 n-1： [ 语句 n-1]  [break;]
   [default： 语句 n ]
}
```

switch 是关键字，用花括号“{}”括起的部分称为 switch 的语句体。花括号的作用是将多分支结构视为一个整体，其由一系列 case 子句和一个可选的 default 子句组成。

switch 语句执行过程：计算“表达式”的值，将该值与 case 关键字后的常量表达式的值逐一进行比较，有两种可能。如果找到相同值，就执行该 case 分支中的语句序列，直到遇到 break 语句或 switch 语句的结束处，才会退出 switch 语句；如果逐一比较均没有找到相同值，则执行 default 语句。

说明：

（1）格式“switch（表达式）”中的“表达式”必须是整型或字符类型表达式。

（2）case 后面的表达式只能是常量表达式。可以是整型常量表达式，或字符常量表达式，或枚举表达式。

（3）常量表达式 1~（n−1）应与 switch 后的表达式类型相同，且各常量表达式的值不允许相同。

（4）一个 case 为一个分支，其后的“[语句 1]”是语句序列，可以是一条，或若干语句，或没有语句。

（5）default 子句也是一个分支，其可置于 switch 语句体内的任何位置，也可省略。通常不省略 default 子句，且置于 switch 语句体末尾，作为最后一个分支。

（6）break 语句在 switch 语句中的作用是控制程序执行顺序，从 break 处跳出 switch 语句体，执行 switch 语句后面语句。如果是嵌套 switch 语句，break 只能跳出当前一层 switch 语句体，而不能跳出嵌套的多层 switch 语句体。

【程序 4-3】输入某年某月某日，判断这一天是这一年的第几天。要求用 switch 分支结构实现。

提示：符合两个条件之一则为闰年：①年份能被 4 整除，但不能被 100 整除；②能被 400 整除。

下面是程序的源代码（4-3.c）：

```
1.  #include <stdio.h>
2.  int main(void)
3.  {
4.     int day,month,year,sum,leap;
5.
6.     printf("\nplease input year,month,day\n");
7.     scanf("%d,%d,%d",&year,&month,&day);
8.
9.     switch(month)              /* 先计算 month 月以前月份的总天数 */
10.    {
11.       case 1: sum=0;break;
12.       case 2: sum=31;break;
13.       case 3: sum=59;break;
14.       case 4: sum=90;break;
15.       case 5: sum=120;break;
16.       case 6: sum=151;break;
17.       case 7: sum=181;break;
18.       case 8: sum=212;break;
19.       case 9: sum=243;break;
20.       case 10: sum=274;break;
21.       case 11: sum=304;break;
22.       case 12: sum=334;break;
23.       default: printf("data error\n");break;
24.    }
25.    sum=sum+day;    /* 再加上本月的天数 */
26.    if ((year%4==0&&year%100!=0) || (year%400==0)) /* 判断 year 是不是闰年 */
27.       leap=1;
28.    else
29.       leap=0;
30.    if(leap==1&&month>2)   /* 如果是闰年且月份大于 2，总天数应该加一天 */
31.       sum++;
32.    printf("The days are %d .\n",sum);
33.    return 0;
34. }
```

2. switch 语句使用要点

使用 switch 多分支语句，一定要严格按照语法格式，注意上文中的“说明”部分之外，再强调并列举几个使用要点。

（1）执行 case1 分支语句的判断条件："switch（表达式）"中的"表达式"等于**"常量表达式 1"**。但是，不能写成（相等）关系表达式，只能是常量表达式。

（2）如果某 case 分支后没有执行语句，程序流程会自动按顺序、无条件判断地执行后面 case 所有分支的语句序列，直到遇到 break 语句。例如：

```
case  8:
case  7: printf(" 成绩等级: B\n");
case  6: printf(" 成绩等级: C\n"); break;
```

（3）除非特别情况，break 必不可少。同（2）所述，如果"case 7：" 分支中没有"break；"，则**程序流程会自动按顺序、无条件判断地执行**"case 6：" 后的分支语句。如此结果则是张冠李戴，违背原意。

初学者要严格遵照 switch 语法，参照要点说明，多加练习，用好 switch 多分支语句，可以帮助解决多分支结构问题。

4.3 循环结构

在有些程序中需要反复执行某些语句。将 n 条相同的语句复制，使程序变得不合理且冗长，这时可以用循环结构表示。

循环结构，是程序待解决的问题需要重复处理的操作，程序中用一组反复执行的指令或程序段表示的一种流程控制结构。循环结构通常有两种类型：当型循环和直到型循环，如图 4-4 所示。

C 语言提供了 while、do-while 和 for 3 种循环语句实现循环结构。

4.3.1 用 while 语句实现循环结构

while 语句是一种当型循环结构，即当满足循环条件时，才进入循环体，执行循环体语句。

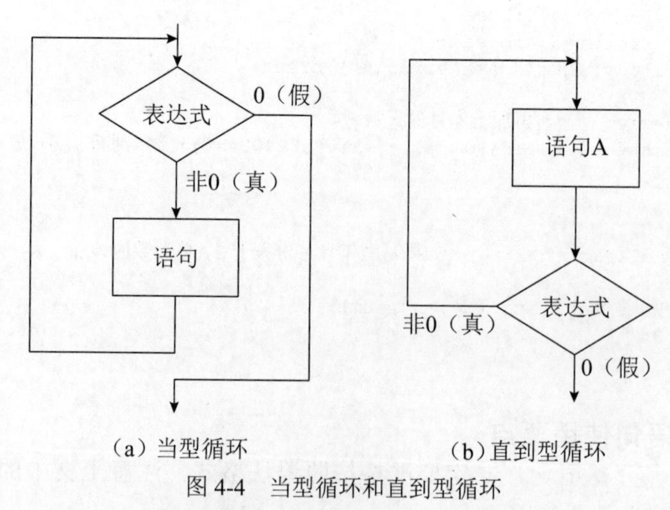

图 4-4　当型循环和直到型循环

1. while 语句的基本语法

while 语句的一般形式为

```
while （表达式） 语句
```

其中：

（1）“表达式”是循环控制表达式，作用是进行循环条件判断。注意，“表达式”两侧的圆括号不能省略。

（2）“语句”是循环体语句，是循环条件满足时重复执行的语句序列。提醒：用花括号括住循环体的多条语句。

当执行 while 语句时，先计算表达式的值，若表达式的值为真（非 0），则进入循环，执行循环体语句。每次执行循环体语句后会再次计算表达式，再次判断是否满足循环条件……如此循环，直到条件判断为假（表达式的值为 0），循环结束，流程退出 while 循环，执行循环后面的语句。

【程序 4-4】计算 1+2+3+…+100 的累加和。

算法分析：求 1~100 的和，sum=1+2+3+…+100。即 $S_0=0$，$S_n=S_{n-1}+n$。设置变量 sum 表示求和的结果，变量 i（实际是一个计数器）记录赋值语句的执行次数，i 从 1 循环到 100，当 i 的值超过 100 时循环结束。这种在循环开始前就已经知道循环的次数的循环称为计数控制的循环。

在计数控制的循环中，通常采用一个称为计数器的循环控制变量来记录当前已循环的次数。在循环之前，给这个循环控制变量赋初值，每当循环体被重复执行一遍时，这个变量就改变一次（通常是循环变量的增量运算）。循环条件通常是测试循环变量是否超过设定的循环次数。当控制变量的值超过设定的循环次数时，循环结束。

累加求和赋值语句为“sum=sum+i；”，sum 的初值为 0，i 的初值为 1。当 i 的值逐渐增加时，sum=sum+i 赋值号右边的 sum 为 0~（i−1）的和，赋值号左边的 sum 则为 1~i 的和。在 C 程序中 sum=sum+i 还可写为 sum+=i。程序流程图如图 4-5 所示。

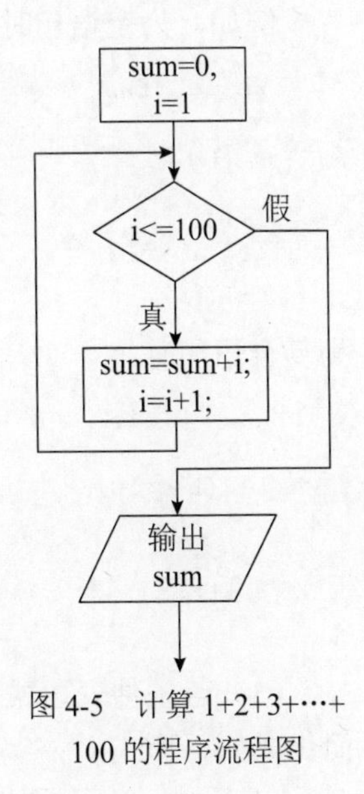

图 4-5　计算 1+2+3+…+100 的程序流程图

下面是程序的源代码（4-4.c）：

```
1.  #include <stdio.h>
2.  int main(void)
3.  {
4.      int i, sum = 0; /*i 是循环变量 */
5.      i = 1;          /* 循环变量赋初值 */
6.
7.      while (i <= 100) /* 循环开始 */
8.      {
9.          sum += i; // 迭代法
10.         i++;
11.     } /* 循环结束 */
12.
13.     printf("1 + 2 + 3 + … + 100 = %d\n", sum);
14.     return 0;
```

```
15. }
```

执行该程序得到下面的运行结果：

```
1 + 2 + 3 + … + 100 = 5050
```

2. while 语句使用要点

循环结构程序设计时，需要确定 3 个关键要素。

- 循环条件，确定程序流程能否执行循环体语句。
- 循环体语句，一次操作的步骤，且能反复执行的程序段。
- 循环控制变量，控制循环的次数（**循环变量：用来控制循环是否继续进行的变量**）。

（1）while 语句的特点是先判断条件（计算表达式），当条件成立时，执行循环体语句，属于当型循环。while 的循环体语句如果没有能够使循环条件改变为假的语句，则循环不能终止，一般会造成死循环。

例如，下面的程序段：

```
int x = 10;
while (x > 0)
    printf("%d\n", x);
```

显然，x 是循环控制变量，但循环体中没有对 x 进行修改的语句，这样会使程序陷入死循环。可以改为

```
int x = 10;
while (x-- > 0)
    printf("%d\n", x);
```

（2）循环体语句可以为空语句，或一条语句，或复合语句。

例如，为空语句时：

```
while (i);
```

为一条语句时：

```
i = 1;
while (i < 10)
    i++;
```

为复合语句时：　　/* 多条语句用一对花括号括起组成复合语句 */

```
int s = 0, i;
i = 1;
while (i < 10)
{
    s += i;
    i++;
}
```

（3）若条件表达式只是用来表示“等于零”或“不等于零”的关系时，表达式可以简化成如下形式：

while (x!=0) 可写成 while(x)。

while (x==0) 可写成 while(!x)。

4.3.2　用 do-while 语句实现循环结构

do-while 语句是 C 语言提供的直到型循环结构。直到型循环是在循环体执行之后再判断循环的条件。

1. do-while 语句的基本语法

do-while 语句的一般形式为

```
do {
语句
}while (表达式);
```

注意，在 do-while 语句中，while 关键字后的（表达式）处有一个分号。

do-while 语句中表达式和循环体语句的含义同 while 语句。不同的是 do-while 语句先执行循环体，然后再计算表达式（循环条件），当表达式的值为真（非 0）时，再次执行循环体语句。每次执行循环体语句后都计算表达式对循环条件进行判断。如此循环，直到表达式的值为假（0）为止，循环结束。

例如：用 do-while 语句，计算 1+2+3+…+100 的累加和。其代码段为

```
sum = 0, i = 1;
do
{
    sum += i;
    i++;
} while (i <= 100);
printf("1 + 2 + 3 + … + 100 = %d\n", sum);
```

2. do-while 语句使用要点

（1）do-while 语句的特点：先执行循环体语句一次，再判断循环条件（计算表达式），确定是否继续循环。从程序的执行过程看，do-while 循环属于直到型循环。

（2）和 while 语句一样，用 do-while 语句编程时，应注意对循环变量进行修改。当循环体语句包含一个以上的语句时，应使用复合语句表示。do-while 语句是以 do 开始，以 while 表达式后的分号结束。

（3）从程序 4-4 可以看出，一个问题既可以用 while 语句，也可以用 do-while 语句来处理。在一般情况下，用 while 语句和用 do-while 语句处理同一个问题时，若二者的循环体相同，那么结果也相同。但是当 while 语句的条件一开始就不成立时，两种循环的结果是不同的。

【程序 4-5】用 do-while 循环语句设计一个计算器，可以由用户来控制是继续计算还是停止计算，即用户输入 Y，则继续计算；用户输入 N，则结束程序。

算法分析：前面分支结构实现计算器的功能，此时加上循环结构。当完成一次计算后，进行循环的判断，若用户输入 Y（或 y），则循环继续，再次执行循环体的输入计算式、计算和输出；否则结束程序。用 do-while 语句实现。为了保证每次输入的字符不受上次输入的影响，输入前先调用了 fflush（stdin）函数清空键盘缓冲器。

问题涉及的数学知识很简单，加、减、乘、除和取余操作对应C语言中的5个运算符：+、-、*、/和%。输入时用户按照“操作数1运算符操作数2”的形式输入一个计算式，如12.5+78、3.14*5.5等。**程序设计的重点之一是要检查输入，确保输入是可以理解的；二是注意取余操作的两个操作数必须为整型。**

下面是程序的源代码（4-5.c）：

```
1. #include <stdio.h>
2. int main(void)
3. {
4.
5.     double num1 = 0.0, num2 = 0.0;
6.     char op, ch;
7.
8.     do
9.     {
10.         printf("请按格式 %%f %%c %%f 输入计算式：\n");
11.         scanf("%lf %c %lf", &num1, &op, &num2);
12.
13.         switch(op)
14.         {
15.         case '+':
16.             printf("=%lf\n", num1 + num2);
17.             break;
18.         case '-':
19.             printf("=%lf\n", num1 - num2);
20.             break;
21.         case '*':
22.             printf("=%lf\n", num1 * num2);
23.             break;
24.         case '/':
25.             if (num2 == 0)
26.                 printf("错误：被0除\n");
27.             else
28.                 printf("=%lf\n", num1 / num2);
29.             break;
30.         case '%':
31.             if (num2 == 0)
32.                 printf("错误：被0除\n");
33.             else
34.                 printf("=%ld\n", (long)num1 % (long)num2);
35.             break;
36.         default:
37.             printf("错误：运算符非法！运算符仅为+、=、*、/、%中之一。\n");
38.         }
39.
40.         printf("是否继续(Y/N or y/n)？ ");
41.         fflush(stdin);
42.         scanf("%c", &ch);
43.     } while (ch == 'Y' || ch == 'y');
44.     return 0;
45. }
```

执行该程序得到下面的运行结果：

```
请按格式 %f %c %f 输入计算式：
12.5 + 78
```

```
=90.500000
是否继续（Y/N or y/n）? Y
请按格式 %f %c %f 输入计算式:
3.14 * 5.5
=17.270000
是否继续（Y/N or y/n）? n
```

4.3.3 用 for 语句实现循环结构

for 语句也是一种当型循环结构，即当满足循环条件时，才进入循环体，执行循环体语句。

1. for 语句的基本语法

for 语句的一般形式如下：

```
for(表达式 1; 表达式 2; 表达式 3)
    循环体语句
```

其中，表达式 1 通常用于给循环变量赋初值，表达式 2 用于对循环条件进行判断，表达式 3 通常用于对循环变量进行修改，语句为循环体。因此，for 语句也可以写成如下形式：

```
for（变量赋初值；循环条件；循环变量增值）
    循环体语句
```

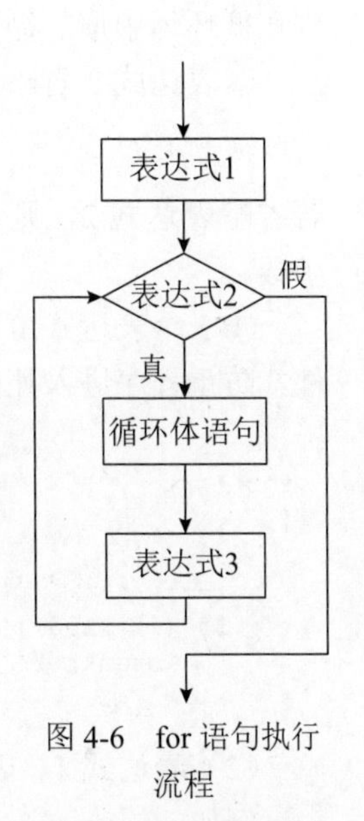

图 4-6 for 语句执行流程

for 语句的程序流程如图 4-6 所示。

执行流程如下：

第 1 步：先计算表达式 1 的值。

第 2 步：再计算表达式 2（条件）的值，若表达式 2 的值为非 0（“真”），则执行 for 语句的循环体语句，然后再执行第 3 步。若表达式 2 的值为 0(“假”，条件不成立)，结束 for 循环，直接执行第 5 步。

第 3 步：计算表达式 3 的值。

第 4 步：转到第 2 步。

第 5 步：结束 for 语句（循环），执行 for 语句后面的语句。

例如，用 for 语句，计算 1+2+3+…+100 的累加和。其代码段为

```
s = 0;
for (i = 1; i <= 100; i++)
    s += i; /* 循环体 */
```

2. for 语句使用要点

（1）表达式 1、表达式 2、表达式 3 可以全部或部分省略。

①若省略表达式 1，则应在 for 语句之前给循环变量赋初值。例如，上面求累加和代码段可以改写成

```
s = 0;
i = 1;
for (; i <= 100; i++)
```

②表达式 3 省略，则应在循环体中更新循环变量。如：

```
for (i = 1; i <= 100;)
{
    s += i;
    i++;
}
```

则在循环体中增加循环变量的变化。

③表达式 2 省略，则认为循环条件总是为真，程序可能会陷入死循环。例如：

```
for(i=1; ;i++)
```

若省略表达式 2，则在循环体中要有结束循环的语句，如使用 break 语句或调用 exit( ) 函数。

④ 3 个表达式可以全部或部分省略，但须在循环体内修改循环变量，并设置循环条件，防止程序进入死循环。如 for（ ; ; ），为了保证程序的正确，程序改为

```
i = 1;
for (;;)
{
    s += i;
    i++; /* 修改循环变量 */
    if (i > 100)
        break; /* 设置循环条件 */
}
```

（2）表达式 1、表达式 2 和表达式 3 可以是任何类别的表达式。

例如，

```
for (s = 0, i = 1; i <= 100; s += i, i++);
/* 表达式 1，表达式 3 为逗号表达式；循环体是空语句，表示为分号 */
```

（3）如果循环条件一开始就为假，则循环体将不执行。转向执行 for 之后的语句。

（4）可以用 ++ 或 -- 递增或递减循环计数器。对于变量自增或变量自减的循环，一般选择使用 for 语句。对于向上加或向下减共 n 次的情况，for 语句一般采用下列几种形式中的一种：

①从 0 向上加到 n-1。如 for（i=0; i<n; i++）

②从 1 向上加到 n。如 for（i=1; i<=n; i++）

③从 n-1 向下减到 0。如 for（i=n-1; i>=0; i--）

④从 n 向下减到 1。如 for（i=n; i>0; i--）

关于 3 种循环的说明：

① 3 种循环可以互相代替。

② for、while 属当型循环，do–while 循环属直到型循环。

③在 for 循环的循环体中无须对循环变量进行修改，其他两种循环则必须在循环体中对循环变量进行修改 。

④ for 循环的初始条件可在表达式 1 中进行设置，其他两种循环则必须在进入循环之前进行设置。

【程序4-6】分别用3种循环语句编写程序，找到并输出所有的3位数的水仙花。一个3位数的水仙花数，即这个数等于它的百位、十位和个位数的立方和。

例如，153是一个水仙花数，因为$153=1^3+5^3+3^3$。

程序的源代码（4-6.c）：

```
1.  #include <stdio.h>
2.  int main()
3.  {
4.      int n = 100, i, j, k; /*i、j、k用来放这个数的百位、十位和个位*/
5.      printf("水仙花数是：");
6.      while (n < 1000) /*  用while语句表示循环  */
7.      {
8.          i = n / 100;
9.          j = (n / 10) % 10;
10.         k = n % 10;
11.         if (n == i * i * i + j * j * j + k * k * k)
12.             printf("%6d", n);
13.         n = n + 1;
14.     }
15.
16.     return 0;
17. }
```

```
1.  #include <stdio.h> /*源代码(4_6b.c)  */
2.  int main()
3.  {
4.      int n = 100, i, j, k;
5.      printf("水仙花数是：");
6.      do
7.      {
8.          i = n / 100; /*  用do-while语句表示循环  */
9.
10.         j = (n / 10) % 10;
11.         k = n % 10;
12.         if (n == i * i * i + j * j * j + k * k * k)
13.             printf("%6d", n);
14.         n = n + 1;
15.     } while (n < 1000);
16.     return 0;
17. }
```

```
1.  #include <stdio.h> /*源代码(4_6c.c)  */
2.  int main()
3.  {
4.      int n = 100, i, j, k;
5.      printf("水仙花数是：");
6.      for (n = 100; n < 1000; n++) /*  用for语句表示循环  */
7.      {
8.          i = n / 100;
9.          j = (n / 10) % 10;
10.         k = n % 10;
11.         if (n == i * i * i + j * j * j + k * k * k)
12.             printf("%6d", n);
13.     }
14.     return 0;
15. }
```

分别用 while、do–while 和 for 语句表示循环结构，实现等效功能。3 个源文件的算法和思路一样，循环变量 n 从 100 依次递增到 999，每个 n 值均执行一次循环体语句。循环体内做相同的两个操作：一是从 3 位数的变量 n 中，获得其个位数字、十位数字和百位数字，二是判断这 3 个数字的立方和是否等于变量 n 的值。

4.3.4 嵌套循环结构

在一个循环体内又包含有另一个或多个完整的循环结构，称为循环的嵌套。

同样地，寻找 3 位数的水仙花数。改写程序 4-6，下面是程序的源代码（4-6d.c）：

```
1.  #include <stdio.h>
2.  int main()
3.  {
4.      int i, j, k;
5.      printf(" 水仙花数是：");
6.
7.      for (i = 1; i < 10; i++)
8.          for (j = 0; j < 10; j++)
9.              for (k = 0; k < 10; k++)
10.                 if (i * i * i + j * j * j + k * k * k == i * 100 + j * 10 + k)
11.                     printf("%d", i * 100 + j * 10 + k);
12.     return 0;
13. }
```

这是一个用 for 语句表示的 3 层循环结构，外层循环变量 i 取值范围 1~9，中层循环变量 j 取值范围 0~9，内层循环变量 k 取值范围 0~9。按照 for 循环的执行流程，变量 i、j、k 依次取值为

1、0、0，　　1、0、1，　　1、0、2……1、0、9、
1、1、0，　　1、1、1，　　1、1、2……1、1、9、
1、2、0，　　1、2、1，　　1、2、2……1、2、9、
……　　　　　……　　　　　……
9、8、0，　　9、8、1，　　9、8、2……9、8、9、
9、9、0，　　9、9、1，　　9、9、2……9、9、9。

不同于程序 4-6，该循环嵌套的循环体内只有一个操作：判断这 3 个数字（i、j、k）的立方和是否等于其组成的一个 3 位数的值（i*100+j*10+k）。

循环嵌套是很常见的程序结构，循环的嵌套有几点说明。

（1）内循环必须完整地嵌套在外循环内，两者不允许相互交叉。3 种循环语句可以相互嵌套，但不允许交叉。

例如，下面的程序段：

```
i = 0;
while (i < 10) /* 外循环 */
{
    j = 0;
    while (j < 5) /* 内循环 */
    {
        printf("i=%d,j=%d \n", i, j);
        j++;
```

```
    } /* 内循环结束 */
    i++;
} /* 外循环结束 */
```

（2）当循环并列时，其循环变量可以同名，但嵌套时循环变量不允许同名。

例如，下面的程序段：

```
for (i = 0; i < 10; i++) /* 外循环 */
{
    for (j = 0; j < 5; j++) /* 内循环 */
        printf("i=%d,j=%d \n", i, j);
    for (j = 0; j < 10; j++) /* 内循环 */
        printf("i=%d,j=%d \n", i, j);
}
```

因为两个内循环是并列的，所以循环控制变量可以同名，都为j。

（3）选择结构和循环结构彼此之间可以相互嵌套，但二者不允许交叉。

例如，下面的程序段：

```
for (i = 1; i <= 5; i++)
{
    switch(i)
    {
    case 1:
        printf("*");
        break;
    case 2:
    case 3:
        printf("* * *");
        break;
    case 4:
    default:
        printf("* * * * *");
    }
}
```

嵌套循环结构常常用于输出某些二维图形。对于这样的问题，关键是寻找出图形生成的规律，然后将这些规律用循环语句实现。

【程序 4-7】按下述形式输出九九乘法表。

```
1*1=1
1*2=2 2*2=4
1*3=3 2*3=6 3*3=9
1*4=4 2*4=8 3*4=12 4*4=16
1*5=5 2*5=10 3*5=15 4*5=20 5*5=25
1*6=6 2*6=12 3*6=18 4*6=24 5*6=30 6*6=36
1*7=7 2*7=14 3*7=21 4*7=28 5*7=35 6*7=42 7*7=49
1*8=8 2*8=16 3*8=24 4*8=32 5*8=40 6*8=48 7*8=56 8*8=64
1*9=9 2*9=18 3*9=27 4*9=36 5*9=45 6*9=54 7*9=63 8*9=72 9*9=81
```

算法分析：该九九乘法表为一个九行九列呈阶梯状的图表。如果设相乘的两个数为i、j，两数相乘的乘积为m，j*i=m表示为一列。按行观察：第1行，只有一列，1*1=1；第2行，有2列，1*2= 2 2*2= 4，其中，第1列1*2中第2个数字为2与行号相同，第2列2*2中第2个数字也与行号相同，而第1个数字与列号相同，从1到2每列增1；第3行，有3列，1*3= 3　2*3= 6　3*3= 9，其中，每列的第2个数字为3均与行号相同，而第 1 个数字从 1 到 3 每列增 1。以此类推，每行每列的第 2 个数字均相同且为行号，每行每列的第 1 个数字从 1 开始每列增 1，直到等于行号。定义 i 为行数的循环控制变量，j 为列数的循环控制变量，因此，利用双重循环设计该程序，其中，外循环控制行数有 for（i=1；i<=9；i++），内循环控制列数，对每行，内循环有 for（j=1；j<=i；j++）。

下面是程序的源代码（4-7.c）：

```
1.  #include <stdio.h>
2.  int main(void)
3.  {
4.      int i, j;
5.
6.      for (i = 1; i <= 9; i++) /* 外循环为行 */
7.      {
8.          for (j = 1; j <= i; j++) /* 内循环为列 */
9.          {
10.             printf("%d*%d = %2d", j, i, i * j);
11.         }
12.         printf("\n");
13.     }
14.
15.     return 0;
16. }
```

4.3.5 break 语句和 continue 语句

前面介绍的退出循环的方式都是根据事先指定的循环条件正常执行和终止循环，但有时也需要在循环中间设置退出点，甚至可能需要设置多个退出点，本小节介绍的 break 语句可以实现；有时需要忽略循环体中部分剩余语句的执行，重新开始下一次循环，本小节介绍的 continue 语句可以实现。

1. break 语句

在前面的 4.2 节中已经学习了在 switch 语句中使用 break 语句跳出 switch 结构。同样地，break 语句也可以用于循环语句中，退出当前循环体。

在 C 语言的循环结构语句（while 语句、do-while 语句、for 语句和多重选择 switch 语句）中，执行 break 将导致程序从这些语句中退出，转去执行紧跟在这些语句后面的语句。

（1）break 语句基本语法

break 语句的一般形式为

```
break;
```

在循环结构中，break 语句的作用是提前退出循环结构，结束循环，转到循环后的语句执行。

【程序 4-8】计算半径 r=1 到 r=10 时圆的面积，直到面积 area 大于 100 为止。

算法分析：本题中结束循环的条件有两个：半径 r 大于 10 和面积 area 大于 100。所以可以用 break 语句来编程。

下面是程序的源代码（4-8.c）：

```
1.  #include <stdio.h>
2.  #define PI 3.14159
3.
4.  int main(void)
5.  {
6.      int r = 1;
7.      float area;
8.
9.      for (r = 1; r <= 10; r++)
10.     {
11.         area = PI * r * r;
12.         if (area > 100)
13.             break;
14.         printf("r = %d,area = %.2f \n", r, area);
15.     }
16.
17.     return 0;
18. }
```

执行该程序得到下面的运行结果：

```
r = 1,area = 3.14
r = 2,area = 12.57
r = 3,area = 28.27
r = 4,area = 50.27
r = 5,area = 78.54
```

（2）break 语句使用要点

break 语句在 switch 语句和循环结构的 while、do-while 和 for 语句中使用。

当 break 语句在 switch 语句中使用时，其作用是跳出该 switch 语句。当 break 语句在循环语句中使用时，其作用是跳出本层循环。可以用 break 语句从内循环跳转到外循环，但不允许从外循环跳转到内循环。

在多层嵌套结构中，break 语句只能跳出一层循环或者一层 switch 语句。

【程序 4-9】输出 3~100 的所有素数。

算法分析：素数的数学定义为，“凡是只能被 1 和自身整除的大于 1 的整数，就称为质数，即素数。”因此，根据定义，对于任意一个大于 1 的整数 number，如果不能被 2~number−1 的任一数整除，则该数 number 为素数。

判断一个数 number 是否为素数可以用一层循环来控制，这个循环是内循环，求 3~100 的素数再用一个循环控制，这个循环是外循环。所以，程序的结构是两层循环结构。

判断数 number 是否为素数用 number 除以 2~number−1 的所有数，一旦测试到能整除，表示该数 number 不是素数，就用 break 退出内循环，不需要继续循环除下去，而是转向执行 number=number+1，准备判断下一个数是否为素数。

下面是程序的源代码（4-9.c）：

```
1.  #include <stdio.h>
2.  int main(void)
3.  {
4.      int number, i;
5.
```

```
6.       printf("3~100 的所有素数是: \n");
7.
8.       /* 从 3~100 循环 */
9.       for (number = 3; number <= 100; number = number + 1)
10.      {
11.          /* 判断 number 是否为素数 */
12.          for (i = 2; i <= number - 1; i = i + 1)
13.              if (number % i == 0)
14.                  break; /* 退出本层循环 */
15.
16.          if (i >= number)
17.              printf("%d\t", number);
18.      }
19.
20.      printf("\n");
21.      return 0;
22. }
```

执行该程序得到下面的运行结果：

```
3~100 的所有素数是:
3       5       7       11      13      17      19      23      29      31
37      41      43      47      53      59      61      67      71      73
79      83      89      97
```

该程序的算法，还可以进一步优化来减少循环的次数。

2. continue 语句

在C语言的循环结构语句（while 语句、do-while 语句、for 语句）中，执行 continue 语句将会忽略循环体中剩余语句的执行，重新开始下一次循环。

（1）continue 语句基本语法

continue 语句的一般形式为

```
continue;
```

continue 语句用于循环结构中，其作用是结束本次循环，不再执行 continue 语句之后的循环体语句，强制开始下一次循环。

【程序 4-10】任意输入 10 个数，找出其中的最大数和最小数。

算法分析：由于最大数、最小数的范围无法确定，因此，首先设第一个数为最大数、最小数，然后将其余 9 个数分别与最大数、最小数进行比较，如果当前读的数 x 比最大数 max 还大，则将 x 的值赋给 max。显然这时不需要再去比较数 x 与最小数 min 了，这时可以用 continue 语句。

下面是程序的源代码（4-10.c）：

```
1.  #include <stdio.h>
2.  int main(void)
3.  {
4.      int max, min, x, n;
5.
6.      printf(" 请输入第 1 个数: \n");
7.      scanf("%d",&x);
8.
9.      max=min=x;
```

```
10.     for (n=2;n<=10;n++)
11.     {
12.         printf("请输入第 %d 个数：\n",n);
13.         scanf("%d",&x);
14.         if(x>max)
15.           {
16.              max = x;
17.              continue;
18.           }
19.          if (x<min)
20.              min = x;
21.      }
22.
23.     printf("最大数为：%d；最小数为：%d。\n",max,min);
24.
25.     return 0;
26. }
```

执行该程序得到下面的运行结果：

```
请输入第 1 个数：20↙
请输入第 2 个数：5↙
请输入第 3 个数：12↙
请输入第 4 个数：8↙
请输入第 5 个数：100↙
请输入第 6 个数：6↙
请输入第 7 个数：9↙
请输入第 8 个数：47↙
请输入第 9 个数：30↙
请输入第 10 个数：51↙
最大数为：100；最小数为：5。
```

当 if（x>max）语句的条件表达式 x>max 为真时，执行 continue 语句后，结束本次循环，即在该次循环中，不再执行循环体中的语句 if（x<min）min=x，转而直接执行 n++，再判断是否进入下次循环。只有当 if（x>max）语句的条件表达式 x>max 为假时，才会执行语句 if（x<min）min=x。

（2）continue 语句使用要点

对于 for 语句，当执行了其循环体中的 continue 语句后，紧跟着执行计算表达式 3，然后转到计算表达式 2，进行循环条件判断。对 while 语句和 do-while 语句，执行了其循环体中的 continue 语句后，直接转到循环条件判断。

continue 语句的作用只是结束本次循环，而不是终止整个循环的执行。而 break 语句则是使程序从本层循环中退出。如有以下两个循环结构：

程序段 1：

```
for (i = 1; i <= 5; i++)
{
    if (i % 2 == 0)
        continue;
    printf("%d", i);
}
```

程序段 2：

```
for (i = 1; i <= 5; i++)
```

```
{
    if (i % 2 == 0)
        break;
    printf("%d", i);
}
```

对于程序段 1，当表达式 i%2==0 为真时，continue 语句执行，接着计算 i++，再计算 i<=5 进行循环条件判断，直到 i>5 时退出循环。对于程序段 2，当表达式 i%2==0 为真时，break 语句执行，强制退出循环，接着执行 for 后的第一条语句。

4.4 程序流程控制的综合案例

可以结合算法学习经典案例。

【程序 4-11】点餐计费程序。

下面是程序的源代码（4-11.c）：

```
1.  # include <stdio.h>
2.  int main()
3.  {
4.      int choice, quantity;
5.      float price, total = 0;
6.      char again;
7.      do
8.      {
9.          printf("请选择你要点的菜品：\n");
10.         printf("1. 宫保鸡丁 - 30元\n");
11.         printf("2. 水煮肉片 - 25元\n");
12.         printf("3. 回锅肉 - 20元\n");
13.         printf("请输入菜品编号：\n");
14.         scanf("%d", &choice);
15.
16.         switch (choice)
17.         {
18.         case 1:
19.             price = 30.0;
20.             break;
21.         case 2:
22.             price = 25.0;
23.             break;
24.         case 3:
25.             price = 20.0;
26.             break;
27.         default:
28.             printf("无效的选择，请重新输入。\n");
29.             continue;
30.         }
31.
32.         printf("请输入数量：");
33.         scanf("%d", &quantity);
34.
35.         total += price * quantity;
36.
37.         printf("您想再点其他菜品吗？(y/n)：");
38.         scanf(" %c", &again);       /*  %c前面有一个空格  */
```

```
39.      } while (again == 'y' || again == 'Y');
40.
41.      printf("您的总账单为：%.2f 元\n", total);
42.
43.      return 0;
44. }
```

4.5 流程控制的安全缺陷

分支和循环语句是程序控制流的重要成分，在使用前一定要确定好判断逻辑。如果逻辑确定错误，则该分支循环的结果可能达不到预期效果，此时系统会可能显示错误信息。常见的分支循环安全缺陷包括逻辑错误、错误类型转换、死循环、错误比较等相关缺陷。

1. 条件判断的逻辑错误

条件判断表达式是控制流程的关键部分。有时犯了逻辑错误，但没有语法错误，系统能正常运行，只是结果不符合程序的功能目标。例如：

```
scanf("% d", &n);
r = n / 2;
if (r = 1)
{
    printf("n是奇数\n");
}
else
{
    printf("n是偶数\n");
}
```

系统可以继续执行，但会显示错误信息。当输入的无论是奇数还是偶数，结果均显示：n是奇数。本意是需要判断r“是否等于”1，应该使用关系运算符“==”，却写成了赋值运算符“=”。

2. 死循环

死循环是指一个循环结构永远不会结束的情况。这种情况可能是循环条件永远为真，或者在循环体内没有修改循环控制变量导致的。死循环可能会导致程序陷入无限循环，无法终止执行，造成程序失去响应，甚至导致系统资源耗尽。例如：

（1）条件为真的死循环：

```
while (1)
{
    // 循环体
}
```

这种死循环是因为条件1永远为真，所以循环会一直执行下去，系统无法中止结束。

（2）没有修改循环控制变量的死循环：

```
int i = 0;
```

```
while (i < 10)
{
    // 循环体
    // 没有修改 i 的值
}
```

没有对 i 进行计算，导致 i 的值一直小于所求结果，导致死循环的发生。

（3）语法错误导致的死循环：

```
while (x > 0);      // 错误的使用了 ;
    printf(" 该数是一个正数 \n");
```

错误地确定了判断逻辑，导致了死循环的产生，也是 C 语言书写中常见的错误。

（4）循环变量可以用浮点数，但是使用时一定要慎重。由于计算机中的浮点数都是有限位数，唯一不同的是精度。因此程序中的浮点数一般都存在误差，这可能会导致程序出现逻辑错误或结果的差异，所以不应把相等判断作为结束循环的条件。例如：

```
double x;
for (x = 0.0; x != 2.0; x += 0.2)
    printf("x=%.2lf\n", x);
```

是一个死循环。

3. break 语句

switch 分支中漏用“break;”。

循环嵌套中 break 只是退出当前层的循环。

4. continue 语句

提前结束本次循环，进入下一次循环。

5. 常见编译错误

常见编译错误见表 4-1。

表 4-1 常见编译错误

常见错误实例	常见错误描述

`if(a>b);`
`    max = a;`
`else`
`    max = b;`
	在紧跟着 if-else 双分支选择语句的条件表达式的圆括号外之后写了一个分号

`if (a > b)`
`    max = a;`
`    printf("max=%d\n", a);`
`else`
`    max = b;`
`printf("max=%d\n", b);`
	在界定 if 语句后的复合语句时，忘记了花括号
	由于 if 或 else 子句中只允许有一条语句，因此需要多条语句时必须用复合语句，即把需要执行的多条语句用一对花括号括起来

续表

常见错误实例	常见错误描述

do
{
    sum = sum + i;
    i++;
} while (i <= n)
	do-while 语句的 while 后面忘记加分号

for (i = 1, i <= n, i++)
{
    p = p + I;
}
	用逗号分隔 for 语句圆括号中的 3 个表达式

switch (mark)
{
    case 100:
    case 90 - 100:
        printf("A\n");
        break;
    case mark < 90:
        printf("B\n");
        break;
    …
}
	switch 语句中，case 后的常量表达式用一个区间表示，或者出现了运算符（如关系运算符等）

6. 常见运行错误

常见运行错误见表 4-2。

表 4-2　常见运行错误

错误实例	错误描述
if(a>b); max = a;	在紧跟着 if 单分支选择语句的条件表达式的圆括号外之后写了一个分号

if (a > b)
    max = a;
printf("max=%d\n", a);
	在界定 if 语句后的复合语句时，忘记了花括号

if(a=b) printf("a=b\n");	if 语句的条件表达式中，表示相等条件时，将关系运算符 == 误用为赋值运算符 =
if (x==1.1)	用 = 或者 != 测试两个浮点数是否相等，或者判断一个浮点数是否等于 0
if ('A' <=ch <= 'z')	误以为语法上合法的关系表达式逻辑上一定是正确的

续表

错误实例	错误描述

switch (mark)
{
case 10:
case 5:
printf("A\n");
case 9:
printf("B\n");
…
}
	switch 语句中，需要每个 case 分支单验处理时，缺少 break 语句

switch (mark)
{
case10:
case9: printf ("A\n");
break;
case1: printf("B\n");
break;
}
	switch 语句中，case 和其后的数值常量中间缺少空格

while (i <= n)
{
sum = sum + i;
i++;
}
	在循环开始前，未将计数器变量、累加求和变量或者累乘求积变量初始化，导致运行结果出现乱码

while (i <= n)
sum = sum + i;
i++;
	在界定 while 和 for 语句后面的复合语句时，忘记了花括号

for (i = 1; i <= n; i++);
{
sum = sum + i;
}
	在紧跟 for 语句表达式圆括号外之后写了一个分号。位于 for 语句后面的分号使循环体变成了空语句，即循环体不执行任何操作

while (i <=n)
{
sum = sum + i;
i++;
}
	在紧跟 while 语句条件表达式的圆括号外之后写了一个分号，位于 while 语句后面的分号使循环体变成了空语句，在第一次执行循环控制条件为真时，将引起死循环

while (n < 100)
{
print("n =%d", n);
}
	在 while 循环语句的循环体中，没有改变循环控制条件的操作，在第一次执行循环控制条件为真时，将导致死循环

流程控制语句需要特别注意条件判断的书写，也要避免死循环的发生，程序员仔细

检查循环条件和循环体，确保循环条件有正确的终止条件，并且在循环体内正确地更新循环控制变量，减少或避免错误。

4.6　本章小结

C 语言是结构化程序设计语言，其有三大结构：顺序结构、选择结构和循环结构。

本章介绍了 C 语言使用选择和循环结构的实现方法。首先介绍了控制流程的条件判断的多种表达式，这是厘清条件与后续操作间逻辑关系的关键；其次，分别学习了选择结构和循环结构的语法、注意事项以及程序案例；最后列举了流程控制中的安全缺陷问题。

选择结构也称分支结构，通过判定给定的条件是否成立，从而在多种可能的后续操作中选择一种操作。C 语言提供了两种语句：if 条件语句和 switch 多分支选择语句，用以实现程序功能中的选择结构。

循环结构是结构化程序设计中一种重要的结构，也是构造各种复杂程序的基本单元之一。C 语言中主要提供了 while 语句、do-while 语句、for 语句构成循环结构，在循环体中还可以使用 break 和 continue 语句结束循环。

进行循环结构程序设计时，关键是要确定循环的条件、控制循环的变量和循环体语句。

程序流程是整个程序的框架，三大结构是结构化程序设计中最基本、最常用且重要的语句，是学习编写程序的起点，读者应熟练掌握它们的用法。多编程实践，根据程序功能目标和语句语法，灵活应用，加深理解。

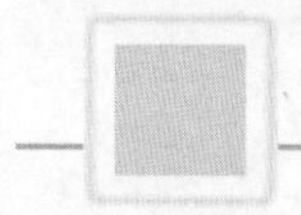

习题

1. 将输入的 3 个数值，由小到大依次输出。

2. 求解 3 个整数的最大值，分支嵌套结构的流程图见图 4-7。请用 if 语句和条件运算符两种形式编程实现。

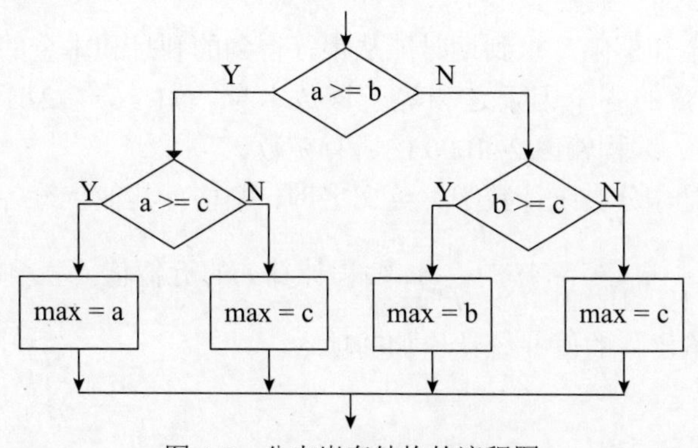

图 4-7　分支嵌套结构的流程图

3. 用条件表达式来处理，当字母是大写字母时，转换为小写字母，否则不转换。条件表达式能否代替 if-else 语句？为什么？

4. 用 switch 语句编程实现。要求输入考试分数，输出成绩的等级。等级的规则是：A 为 90~100，B 为 80~89，C 为 70~79，D 为 60~69，F 为 0~59。如果成绩高于 100 或低于 0 显示出错信息。

5. 下面程序段是什么功能？

```
switch(m)
{
    case 1:
    case 3:
    case 5:
    case 7:
    case 9:
        printf("奇数\n");
        break;
    case 0:
    case 2:
    case 4:
    case 6:
    case 8:
        printf("偶数\n");
        break;
}
```

6. 计算 y 的值。

$$y=\begin{cases} 0 & (0 \leqslant x<1) \\ 3x+5 & (1 \leqslant x<2) \\ 2\mathrm{Sin}(x)-1 & (2 \leqslant x<3) \\ \ln(1+x^2) & (3 \leqslant x<4) \\ \log(x^2-2x) & (4 \leqslant x<5) \end{cases}$$

7. 已知银行整存整取存款不同期限的年息利率分别为：

年息利率 = 3%　　期限 1 年
　　　　 3.75%　期限 2 年
　　　　 4.25%　期限 3 年
　　　　 4.75%　期限 5 年

要求输入存钱的本金和期限，求到期时能从银行得到的利息和本金的合计。

8. 如果一个整数的各个因子之和等于该数本身，如：6=1+2+3；28=1+2+4+7+14，则 6 和 28 称为完数。编程输出 2~1000 的所有完数。

9. 输入一行字符，分类统计数字、英文字母、空格、其他字符各有多少个。

10. 利用 $e=1+\frac{1}{1!}+\frac{1}{2!}+\frac{1}{3!}+\cdots+\frac{1}{n!}$，编程计算 e 的近似值，直到最后一页的绝对值小于 10^{-5} 时为止，输出 e 的值并统计累加的项数。

第5章 函　　数

函数是C语言程序的基本单元。C语言程序由不同的函数组成，函数之间按照逻辑关系进行调用。C语言允许用户使用编译系统自带的库函数（例如printf和scanf），支持用户自定义函数。用户可以重用已有的函数，加快程序的开发周期；同时可以把要实现的程序功能分解为语义关联的多个函数，便于代码的维护和管理。因此，函数是结构化程序设计思想的重要体现。

本章介绍函数的说明、定义、使用，以及函数间的数据传递和数据的作用域。

5.1 函数与程序模块化

当程序执行时，程序自身会调用各种动态库，包括操作系统的动态库和用户自定义的动态库。这些动态库就是文件级的模块，每个模块完成特定的功能，该模块由若干函数组成。程序内部的模块化就是由函数完成。模块化的目的就是代码重用、代码维护，减少开发成本和管理成本。

5.1.1 函数的含义

在数学上，函数是两个非空集合间的映射关系。在中学阶段，大家学过一次函数、二次函数、指数函数、对数函数、幂函数、三角函数等初等函数，函数的自变量不少于1个，函数的因变量只有一个。表5-1的函数只有一个自变量x，一个因变量y。

表5-1　初等函数

函数类型	举例	说　明	应　用
一次函数	y=kx+b	k，b为常量	男性标准体重（kg）= 身高 –105（cm） 女性标准体重（kg）= 身高 –100（cm）
二次函数	$y=ax^2+bx+c$	a，b，c为常量	圆的面积 $=\pi*r^2/2$ 物体自由落体的高度 $=g*t^2/2$
指数函数	y=a^x	a为常量	
幂函数	y=x^a	a为常量	
对数函数	$y=\log_a x$	a为常量	
三角函数	y=sin（x）	y=cos（x），y=tan（x）	

以 $f(x)=x^2$ 为例，对于任意的 x，函数 f(x) 都有唯一且确定的函数值。而在 C 语言中，函数也是如此，即对于任意的函数参数 x，函数也都有唯一且确定的返回值 f(x)。

C 语言中的函数是一组一起执行一个任务的语句，每个函数都有零个或有限多个函数参数，零个或一个返回值。与数学中的函数稍有不同的是，这里的函数参数和返回值既可以是整型、浮点型，也可以是字符、布尔量等非数字类型，还可以是数组、结构体或指针。

5.1.2 程序的模块化

在之前的章节中，我们编写的程序只涉及一个主函数，即 main 函数，像下面这样。

```
int main(int argc, char *argv[])
{
    /** 相关代码 **/
}
```

单个函数可以满足多数简单程序的要求。但当函数逻辑趋于复杂，main 函数趋于冗长，程序可读性和可维护性都将大幅度降低，因此需要引入“模块”的概念。所谓模块，即实现特定功能的代码集合，用函数表达。在实际编程时，通常将一个程序分解为多个模块，对于功能复杂的模块，还需要进一步将其细分为多个子模块。这种将复杂的问题分解成多个较小子问题的解决方法称为分而治之。

模块化的优点如下。

（1）使复杂的问题简单化。

（2）模块可重复使用，降低程序开发的工作量。

（3）模块功能相对独立，便于管理、维护。

为了进一步解释模块化的优点和分而治之的思想，以“图书馆管理系统”为例阐述自顶而下的设计。该系统服务于图书的管理和借阅者的管理，构建图书和借阅者的联系。即该系统的使用者分为图书管理员和学生，为此设计一个学生子系统和管理员子系统。前者负责学生的认证、图书查询、图书借阅、图书归还；后者负责学生的授权、新书入库、图书借阅查询等。同时，也可以增加老师子系统。图 5-1 描述了该系统的不同模块。

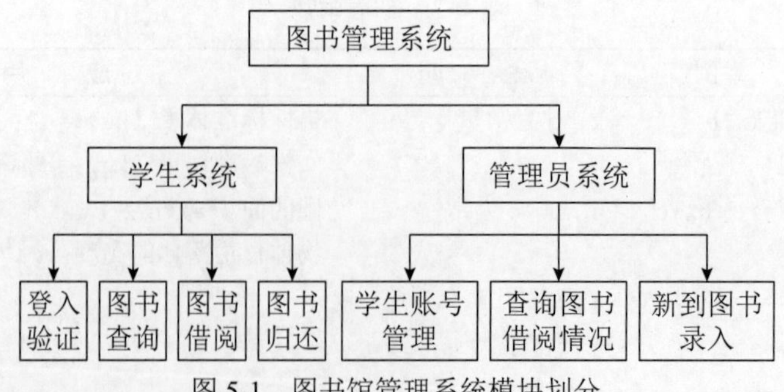

图 5-1　图书馆管理系统模块划分

从程序设计角度来说，可以安排多位开发人员同时进行多个模块的设计和编码工作，也可以针对每个模块做更有针对性的测试。当程序出错时，也只须检查相应模块的代码，极大地加快了程序开发效率，降低了程序维护成本。

以“图书管理系统”为例，可以将其细分为多个模块，逐一编码并测试。

5.2 函数的定义

本节从简单的函数实例出发，介绍函数分类，说明函数的三要素：函数声明、函数体的定义、函数调用。

5.2.1 函数的分类

【例5-1】求圆的面积：自定义一个求圆面积函数，该函数的自变量为圆半径，因变量为圆的面积。

思路分析：定义主函数，从控制台输入圆半径，调用求圆面积的函数，并把函数返回的圆面积输出到控制台。圆面积公式为：$S = \pi * r^2/2$，其中，π、2为常量，需要两个变量存放r和S。

程序源代码（5-1.c）：

```
1.  #include <stdio.h>
2.  #define PI 3.14
3.
4.  float CircleArea(float radius);
5.
6.  int main(void)
7.  {
8.      float i_radius, o_area;
9.      printf("Please input the radius of your circle: ");
10.     scanf("%f",&i_radius);
11.     o_area = CircleArea(i_radius);
12.     printf("The area of this circle is: %f\r\n», o_area);
13. }
14.
15. float CircleArea(float radius)
16. {
17.     float c_area;
18.     c_area = radius / 2.0 * radius * PI;
19.     return c_area;
20. }
```

该程序编译链接后的一次运行结果如下：

```
Please input the radius of your circle: 4
The area of this circle is: 25.120001
```

C语言程序包含若干函数。例如，程序5-1出现了4个函数，即CircleArea、main、scanf和printf函数。从函数的来源角度看，C语言函数可分为库函数和用户自定义函数。

（1）库函数。

C语言提供了丰富的库函数，这些函数包括常用的输入输出函数，如scanf( )、

printf( ) 函数；常用的数学函数，如 sin( )、cos( )、sqrt( )、tan( ) 函数；处理字符和字符串的函数，如 strcmp( )、strcpy( )、strlen( ) 函数等。

由于库函数是 C 语言系统提供的，用户无须自己重新定义要使用的库函数，但是需要在程序源代码中包含该函数对应的头文件（如：#include <stdio.h>），然后就可以在程序中直接调用库函数。程序 5-1 中的 printf、scanf 函数属于基本的库函数，实现程序与控制台的交互。

（2）用户自定义函数。

C 语言库函数仅提供公共的函数，无法满足用户的所有业务需求。为了完成特定功能或功能的模块化，用户就必须自己编写函数。按 C 语言规则在程序中定义的用户自己编写的函数，称为用户自定义函数。程序中在调用用户自定义函数前，必须对被调用函数进行声明。程序 5-1 中的 CircleArea、main 函数属于用户自定义函数。

5.2.2 函数的声明

函数的声明是函数的第一个要素。与变量类似，函数也应该遵循“先声明，后使用”的原则。库函数在头文件中声明，如 scanf、printf 函数在 <stdio.h> 中声明；程序 5-1 中的 CircleArea 函数在第 4 行声明，main 函数不用声明，因为 main 函数是整个程序的执行入口，不能被其他函数调用。一般用户自定义函数在使用前都需要声明，函数原型就函数的声明，并以分号结束。如图 5-2 所示，float 为函数 CircleArea 的返回值类型，radius 为 float 的函数参数。

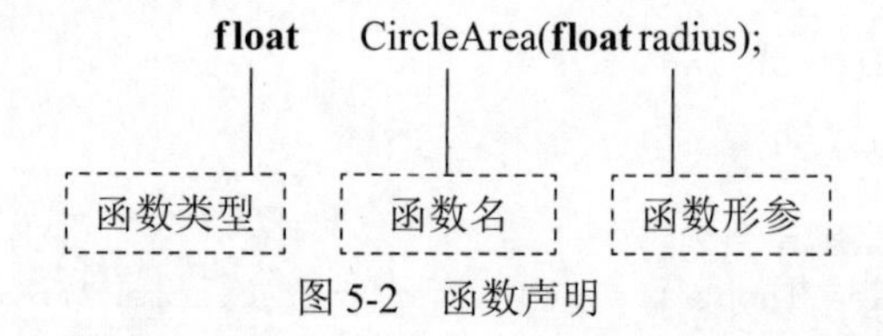

图 5-2 函数声明

函数名 CircleArea 是全局标识符，其构成与变量名相同，即由字母、下画线开头的字符串，该字符串仅包含字母、数字、下画线。而且，该字符串不能与其他函数名、编译器保留的语法关键词相同。编译器扫描程序 5-1，遇到 CircleArea 函数声明时，会把 CircleArea 标记为函数，同时登记该函数类型和形参个数、形参类型。此时，编译器会忽略形参名称。因此，{float CircleArea（float）; } 是等价的另一种声明。

推广到一般情况下的函数声明（原型）形式为

```
函数类型  函数名(类型 参数1,类型 参数2,…,类型 参数n);
```

或

```
函数类型  函数名(参数类型1,参数类型2,…,参数类型n);
```

如果被调用函数的定义出现在调用函数之前，可以不写函数原型，其函数体的定义兼顾函数声明的作用。

为了符合依照执行顺序阅读的习惯，习惯将调用函数定义放在被调用函数的前面。此时，被调用函数必须要在调用函数定义前声明，一般位于头文件之后。

5.2.3　函数体的定义

函数体的定义是函数的第二要素，也是不可或缺的要素，说明了函数的功能、函数输入、函数的输出（返回值）。

C 语言函数体定义的一般形式如下：

示例	一般形式
1. float CircleArea(float radius) 2. { 3. float c_area; 4. c_area= radius/2.0*radius*PI; 5. return c_area; 6. }	1. 函数类型　函数名（形参表） 2. { 3. 说明部分； 4. 语句部分； 5. return val; 6. }

说明：

（1）函数类型是指函数返回值的类型。C 标准的规定：函数返回值为 int 类型，则可以省略不写函数类型。即默认函数返回值的类型为 int 类型。但是，为了代码的可读性，建议标注函数类型。如果函数无返回值，则必须把函数定义为 void 类型。

（2）函数名即函数的名称，是用户根据函数完成的功能给函数的命名，必须是一个合法的标识符。在同一程序中，函数名必须唯一。如果两个函数名相同，编译器难以构建函数名与函数体的关联。

（3）形参表包括了 0 个或多个形式参数的说明，各参数说明之间用逗号隔开。形参是形式参数的简称，是被调用函数保存从调用函数传递过来的数据的变量。一个形参说明包括参数类型说明符和参数名称。形参名必须是一个合法的标识符，只要在同一函数中唯一即可。每个参数的类型必须单独说明，即使有几个同类型的参数，也不能共用一个类型说明。如果定义的函数是无形参的，用 void 表示参数表，如 {int main（void）}。此时，不能省略函数名后的一对圆括号，圆括号是函数的重要标志。

（4）一对大括号内的区域是函数体，通常由说明部分和语句部分组成，决定了函数要实现的功能。函数体可以为空，但是不能省略一对大括号。函数体为空的函数表明它暂时什么也不做，但编译器可能会忽略该函数。

（5）函数不能嵌套定义，即不能在函数内部再定义其他函数。

根据函数的参数个数和有无返回值，C 语言函数可分为无参数无返回值函数、有参数无返回值函数、无参数有返回值函数和有参数有返回值函数。

【例 5-2】求两整数的和：从控制台输入两个整数，然后计算其和，并输出到控制台。

思路分析：自定义一个求和函数，该函数的自变量为两个整数，因变量为两个整数的和；自定义一个从控制台获取整数的函数，该函数的自变量为空，因变量为获取的整数；定义主函数，分别调用这两个自定义函数，并把返回的和输出到控制台。设计一个函数 GetInt 获取控制台的输入，设计一个函数 IntAdd 用于计算两个整数之和。

程序代码（5-2.c）：

```
1.  #include <stdio.h>
2.
3.  int GetInt(void);          /* 函数声明 */
4.  int IntAdd(int, int);       /* 函数声明 */
```

```
5.
6.  /* 定义GetInteger函数：从控制台读取的一个整数 */
7.  int GetInt(void)
8.  {
9.      int num = 0;              /*用局部变量存放输入值*/
10.     printf("\rInput an integer: ");/*库函数*/
11.     scanf("%d", &num);   /*输入值可能非法*/
12.     return num;
13. }
14.
15. /* 定义IntAdd函数:
16. 输入：两个整数；
17. 输出：两个整数之和 */
18. int IntAdd(int x, int y)
19. {
20.     int z = 0;
21.     z = x + y;
22.     return z;      /*算术运算可能溢出*/
23. }
24.
25. /* 定义main函数 */
26. int main(int argc, char **argv)
27. {
28.     int x = 0, y = 0, z = 0;
29.
30.     x = GetInt();      /*函数调用*/
31.     y = GetInt();
32.     Z = IntAdd(x, y);    /*函数调用*/
33.     printf("The sum of %d+%d is: %d\n», x, y, z);
34.     return 0;
35. }
```

该程序编译执行后的结果如下：

```
Input an integer: 40
Input an integer: 60
The sum of 40+60 is: 100
```

程序5-2中GetInt为无参数的函数；IntAdd函数有两个形参，有一个整型的返回值。

5.3 函数调用

程序员一般用一个函数封装一个特定功能，如程序5-1的CircleArea函数，程序5-2的IntAdd。一般来讲，可以用一个简单的表示描述函数：y = f（x）。只要给定输入x，一定可以得到输出y。至于f（x）如何实现，调用函数不关心。此时，把f（x）当作黑箱，其输出仅依赖输入x。本节介绍函数的调用形式、函数的参数、函数的返回值。

5.3.1 函数调用形式

不同的函数实现各自的功能、完成各自的任务。要将它们组织起来，按一定顺序执行，是通过函数调用来实现的。调用函数通过函数调用向被调用函数传送数据、转移控制权；被调用函数在完成自己的任务后，又会将结果数据回传给主调用函数并交回控制权。各函数之间就是这样在不同时间、不同情况下实行有序的调用，共同来完成程序规定的任务。

函数调用是函数的最后一个要素，也是函数的价值所在，即函数只有被调用，函数的功能才会执行，函数的价值才会体现。编译器优化可以忽略没有被调用的函数，这样的函数不会链接到可执行文件中（EXE）。程序 5-2 的函数调用关系如图 5-3 所示。

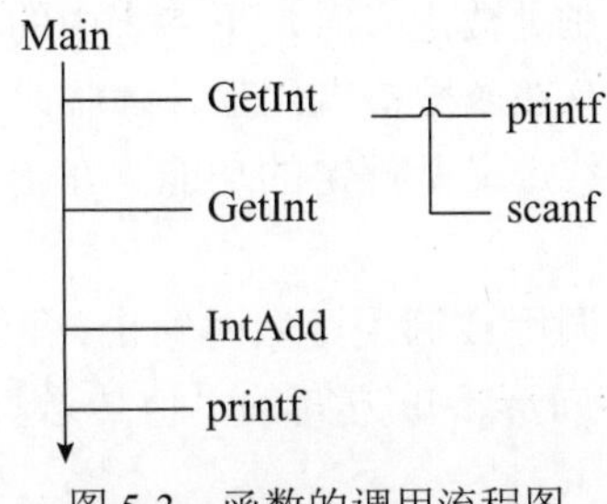

图 5-3　函数的调用流程图

图 5-3 描述了 main 调用了 4 个函数，前 3 次调用的函数都是用户自定义函数，最后一个函数是库函数。这些被调用函数分别是 GetInt、IntAdd、printf。GetInt 只有返回值，IntAdd 同时有函数的参数和函数的返回值。main 函数忽略了 printf 的返回值。

以 IntAdd 函数的调用为例，函数调用形式如图 5-4 所示。在图 5-4 中，左边为接收函数返回值的变量，根据功能需求，可以省略，如 31 行的 printf 函数调用；中间为被调用函数的函数名；右边为一对圆括号，括号中为函数的实参。

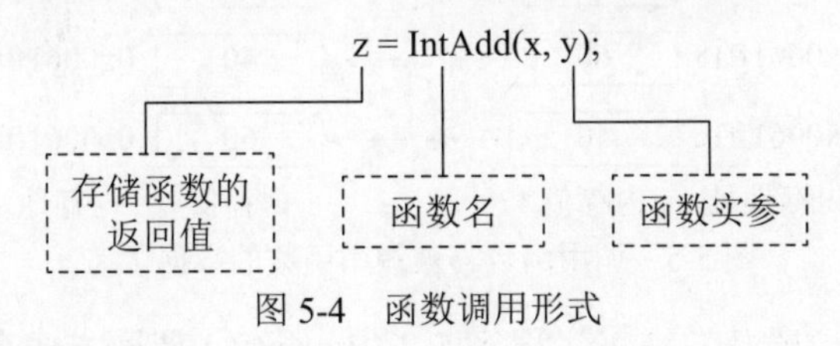

图 5-4　函数调用形式

函数调用的一般形式为

```
变量名 = 函数名 ( 实参表 );
```

如果调用的是无参函数，实参表为空，但是不能省略一对圆括号。前面介绍过，标识符后的一对圆括号是函数的标记。实参表包括多个实参时，各参数之间用逗号隔开。另外，实参的个数、出现的顺序及类型应与函数定义（声明）中的形参表一致。这样，才能实现实参变量与形参变量一一对应的数据传送。

此外，函数调用可以出现在函数的实参中，可以减少语句，其效果是等价的。

```
Z = IntAdd(x, y);     /* 函数调用 */
printf("The sum of %d+%d is: %d\n", x, y, z);
```

上述两个语句用一个语句表达：

```
printf("The sum of %d+%d is: %d\n", x, y, IntAdd(x,y));
```

由于C语言运行时的灵活性，C语言在函数运行时并不检查传送的参数类型。实参与形参类型不一致可能导致运行结果的错误。为了避免此类错误，编译器严格审查被调用函数的实参类型。一旦发现不一致，会给出告警或提示错误。

5.3.2 函数的参数

函数体定义的参数称为形参，函数被调用时传入的参数称为实参。调用函数与被调用函数利用实参到形参完成了一次数据传递，如图5-5所示。

形参是形式参数的简称。在函数定义时，形参表中的参数并没有具体的值，仅具有可以接受实际参数的意义。只有在函数被调用后，才临时为其分配存储空间，并接受调用函数传送来的数据，实现函数定义所规定的功能。在函数调用结束后，形参所占存储空间也将会被释放。

实参是实际参数的简称。调用被调用函数时给出，可以是常量、变量和表达式。C语言中，参数数据传送是实参向形参单方向的“值传送”，也称“传值”，即把实参的值复制给形参。

实参变量与形参变量不共用存储空间。所以，形参接收数据后，不管在被调用函数中被怎样处理，其结果均不可能反过来影响调用函数中实参变量的值。通常情况下，实参与形参的类型应该匹配。实参与形参的类型不匹配会导致错误。

程序5-2中当用户输入40和60后，计算得到其和为100。

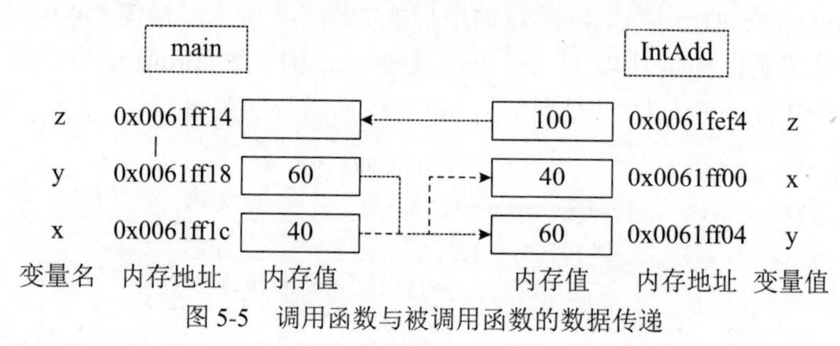

图5-5 调用函数与被调用函数的数据传递

函数实参的传递一般从右往左。程序5-2中printf( )调用方式有两种：

```
10. printf("\rInput an integer: ");/* 库函数 */

31. printf("The sum of %d+%d is: %d\n», x, y, z);
```

第10行传入的实参只有一个字符串常量。第31行传入的实参有4个，从右边数，有3个整数，最左边是字符串常量。这种参数个数可变化的函数称为变长参数的函数。被调用函数根据字符串常量中的控制符“%d”的个数动态决定字符串常量右边的参数个数。

5.3.3 函数的返回值

被调用函数在完成给定的功能和任务之后，可以将函数处理的结果返回调用函数，这种数据传送称为函数的返回值。函数的返回值通常在函数体中用return语句显式给出。

return 语句的一般形式为

```
return  [ ( ] 表达式 [ ) ];
```

其中的表达式也可以是常量、变量或有返回值的函数调用，其值作为函数值返回给调用函数。可以用一对圆括号把表达式括起来，也可以省略圆括号。

函数可以有多条 return 语句，但是一旦某条 return 语句执行时，就终止并推出该被调用函数。被调用函数最终返回给调用函数的值的类型取决于函数声明时的函数类型。

修改 5-2 程序的 GetInt 函数，增加程序的健壮性，也增加了一个 return 语句。

```
1.  int GetInt1(void)
2.  {
3.      int num;                         /* 用局部变量存放输入值 */
4.      printf("\rInput an integer: "); /* 库函数 */
5.      if (1 == scanf("%d", &num))      /* 输入值可能非法 */
6.      {
7.          return num;
8.      }
9.      else
10.     {
11.         printf("Input is invalid!");
12.         return -1;
13.     }
14. }
```

对于不需要提供返回值的函数应该用 void 作为函数类型定义，表明此函数返回值为空。

在程序中调用函数时，应当注意以下几点。

（1）C 语言参数传递时，调用函数中实参向被调用函数中形参的数据传送采用传值方式，即把各个实参的值按顺序分别赋值给形参。被调用函数执行过程中修改形参的值不会影响调用函数中实参变量的值。

（2）由于采用传值方式，实参表中的参数可以是常量和表达式。尤其值得注意的是，当实参表中有多个实参时，C 语言标准并没有规定对实参表达式求值的顺序。GCC 编译器是采用自右至左的顺序求值。因此，在程序中调用函数时应尽量避免多个实参表达式求值，以避免不同编译器的求值顺序变化，影响调用函数的实参传递。

（3）函数调用也是一种表达式，其值就是函数的返回值。

（4）调用函数的实参值可以传递到被调用函数的形参变量中。被调用函数的返回值可以传递到调用函数。换言之，从被调用函数传递给调用函数的值只有一个。但实际应用需求中，希望传递多个值到调用函数中。为此，可以利用结构体变量作为函数的返回值，以弥补单一值返回的不足。同时，也可以利用当实参为指针时，利用指针的解引用方式直接修改调用函数中指针指向地址的值。

5.4 函数嵌套和递归

在 C 语言中，函数的定义是独立的、全局的，各函数都是平等的关系。理论上，任何一个函数都可调用其他函数，甚至调用它本身。一个函数调用另一个函数的调用方式称为函数嵌套调用，一个函数调用自身函数的调用方式称为函数的递归调用。

5.4.1 函数的嵌套调用

从程序5-1和5-2可以看出，main函数都会调用库函数和用户自定义函数，即存在函数嵌套调用。程序5-3描述了用户自定义函数调用用户自定义函数的嵌套。

【例5-3】求给定两个整数范围内的素数个数。

思路分析： 设计一个函数判断是否为素数，设计一个函数计算两个整数之间的素数个数，主函数负责整个整数的输入以及素数个数的输出。

程序代码（5-3.c）：

```
1.  #include <stdio.h>
2.  #include <math.h> /* 求平方根 sqrt 函数的声明 */
3.
4.  // #define DEBUG_PRIME
5.  /* 判断一个整数是否为素数 */
6.  int IsPrime(int a);
7.
8.  /* 求给定范围 [rStart, rEnd] 内的素数个数 */
9.  int CountPrime(int rStart, int rEnd);
10.
11. int main(void)
12. {
13.     int a, b, count;
14.
15.     printf("Input two integers: ");
16.     while (2 != scanf("%d%d", &a, &b))
17.     {
18.         fflush(stdin);
19.         printf("Input error!\r\ninput two integers again: ");
20.     }
21.     count = CountPrime(a, b);
22.     printf("\r\nThe number of primes between %d and %d is: %d\n",
23.            a, b, count);
24.     return 0;
25. }
26.
27. /* 求给定范围 [rStart, rEnd] 内的素数个数 */
28. /* 输入：两个正整数；输出：区间内素数个数 */
29. int CountPrime(int rStart, int rEnd)
30. {
31.     int i = 0, n = 0;
32.
33.     if (rEnd < rStart)
34.     {
35.         /*rStart 与 rEnd 交换 */
36.         rEnd = rStart ^ rEnd;
37.         rStart = rStart ^ rEnd;
38.         rEnd = rStart ^ rEnd;
39.     }
40.
41.     for (i = rStart; i <= rEnd; i++)
42.     {
43.         if (IsPrime(i))
44.             n++;
```

```
45.     }
46.     return n;
47. }
48.
49. /* 判断输入是否为素数 */
50. /* 输入：整数；
51.   输出：1 表示是，0 表示不是 */
52. int IsPrime(int a)
53. {
54.     int i = 0;
55.     int k = sqrt(a);
56.
57.     for (i = 2; i <= k; i++)
58.         if (a % i == 0)
59.             break; /* 不是素数，跳出 for 循环 */
60.
61.     if (i > k)
62.     {
63. #ifdef DEBUG_PRIME
64.         printf("\r\n%d is a prime", a);
65. #endif
66.         return 1;
67.     }
68.     else
69.     {
70.         return 0;
71.     }
72. }
```

该程序编译执行后的结果如下：

```
Input two integers: 717
The number of prime between 7 and 17 is: 4
```

程序 5-3 的说明如下。

（1）程序从主函数开始执行，主函数通过调用库函数 scanf，得到用户从键盘输入的两个整数，并判断用户的输入是否有效。如果无效，提示用户再次输入，直到输入有效。然后调用自定义函数 CountPrime，得到两个整数之间的素数个数，最后调用库函数 printf 输出素数个数。

（2）函数 CountPrime 调用执行时，通过形参接受 main 函数传来的两个整数，然后比较它们的大小，并利用交换语句实现两个数从小到大的排列。接着，循环调用 IsPrime 函数计算给定数是否为素数，IsPrime 返回值为 1 表示是素数。最后，当循环结束后，返回素数的计数给主函数。

（3）函数 IsPrime 调用执行时，通过形参接受从 CountPrime 函数传来的整数，利用穷举法判断该数是否为素数。如果是，则返回 1；否则返回 0。

5.4.2　函数的递归调用

高中常见用数学归纳法解题。例如，请证明：$1*4+2*7+\cdots+n(3n+1)=n(n+1)^2$。

证明：

（1）当 n=1 时，等式左边 =1*4=4；等式右边 $=1(1+1)^2=1*4=4$

（2）当 n=k 时，假设等式成立，即：$1*4+2*7+\cdots+k(3k+1)=k(k+1)^2$

（3）当 n=k+1 时，等式左边 $=k(k+1)^2+(k+1)(3*(k+1)+1)$

$=(k+1)(k*k+k+3k+4)=(k+1)(k+2)^2=(k+1)(k+1+1)^2=$ 等式右边

（4）证明完毕！

数学归纳法的要点是：（1）证明 n=1 时，命题成立；（2）假设 n=k 时命题成立，接着推导 n=k+1 时命题也成立 。第 2 步的关键是构建 n=k 的等式与 n=k+1 的等式关系。

当数学归纳法证明等式成立后，给定任意 n，可以直接求出 $n(n+1)^2$ 的值，用函数容易实现，其运算复杂度为 n 的 3 次方。如果利用归纳法中 k 和 k+1 的关系，就可以把运算复杂度将降为 n 的 2 次方，这种函数称为递归函数。

把上述等式右边方程表示为 $y=f(n)=n(n+1)^2$。如果采用递归求解，则需要分解终止条件和递推条件为

$$\begin{cases}\text{if } n=1 \text{ then } y=4 & \text{// 终止条件}\\ \text{if } n>1 \text{ then } f(n)=f(n-1)+n*(3n+1) & \text{// 递推条件}\end{cases}$$

【例 5-4】求给定系列（$1*4+2*7+\cdots+n(3n+1)$）的和。

思路分析：设计一个函数直接求和，设计一个递归函数利用累加求和，主函数负责整数的输入以及和的输出。

程序代码（5-4.c）：

```
1.  #include <stdio.h>
2.
3.  int GetSerial(int n); /* 函数声明 */
4.  int rGetSerial(int n);
5.
6.  int main(void)
7.  {
8.      int k;
9.      printf("Input an integer: ");
10.     scanf("%d", &k);
11.     printf("\rThe sum of serial is %d or %d", //
12.            GetSerial(k), rGetSerial(k));
13. }
14.
15. /* 直接求序列的和：1*4+2*7+…+n(3n+1)=n*(n+1)*(n+1)*/
16. int GetSerial(int n)
17. {
18.     return n * (n + 1) * (n + 1); /* 算术运算可能溢出 */
19. }
20.
21. /* 利用递归函数求序列的和 */
22. int rGetSerial(int n)
23. {
24.     if (n == 1)
25.     {
26.         return 4;
27.     }
28.
29.     return rGetSerial(n - 1) + n * (3 * n + 1); /* 算术运算可能溢出 */
30. }
```

该程序编译执行后的结果如下：

```
Input an integer: 5
The sum of serial is 180 or 180
```

程序 5-4 的 GetSerial 和 rGetSerial 是两个功能等价的函数，GetSerial 直接利用累加公式求和，rGetSerial 利用递归思想逐一累加序列。

如果单步计算，就可以明显看出累加的过程如图 5-6 所示。图 5-6 的左边描述了每次递归调用的表达式，直到最后一层的表达式可以解，即 rGetSerial（1）=4；图 5-6 的右边描述了递归调用返回求值计算的过程。

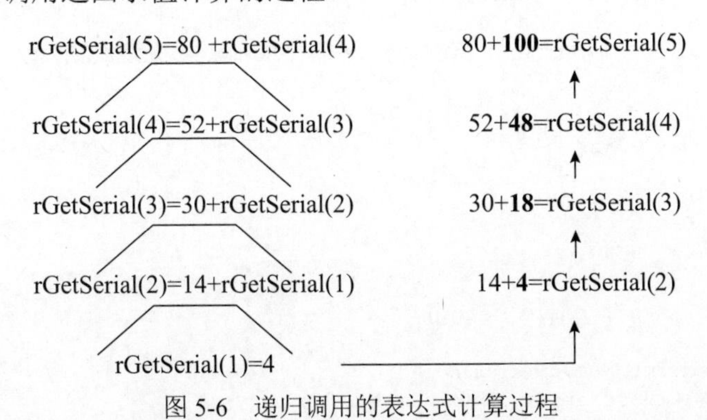

图 5-6 递归调用的表达式计算过程

递归函数是利用归纳法的递推关系简化计算的一种实现，其表达简单，有可能重现其原始的求解过程。跟归纳法一样，递归函数有两个基本要点：一是初始条件，程序 5-4 中 rGetSerial 函数的 { if（n==1）return 4;}，也称为递归的终止条件；二是递归关系，即 rGetSerial（n）与 rGetSerial（n-1）的关系。

可以利用这种数值的递推关系求解问题的思路推广到一般的递归问题求解，例如整数十进制数的倒置、两个整数的最大公因子、经典汉诺塔问题等。

【例 5-5】求给定无符号数基数表达和逆序表达。

思路分析：设计一个函数递归求该数的基数表达，设计一个递归函数该数的逆序表达，主函数负责整数的输入以及表达的输出。

程序代码（5-5.c）：

```
1.  #include <stdio.h>
2.
3.  /* 函数声明 */
4.  unsigned int reverseINT(unsigned int Number, unsigned int radix);
5.  unsigned int RegularINT(unsigned int Number, unsigned int radix);
6.
7.  /* 按照基数 radix 逆序输出 */
8.  unsigned int reverseINT(unsigned int Number, unsigned int radix)
9.  {
10.     unsigned int n;
11.     n = Number % radix;
12.     Number = Number / radix;
13.     if (radix == 16)
14.         printf("%x", n);
15.     else
16.         printf("%d", n);
17.
```

```
18.     if (Number)
19.         reverseINT(Number, radix); /* 隐含 Number=0 是终止条件 */
20.     return 0;
21. }
22.
23. /* 按照基数 radix 顺序输出 */
24. unsigned int RegularINT(unsigned int Number, unsigned int radix)
25. {
26.     unsigned int n;
27.     n = Number % radix;
28.     Number = Number / radix;
29.     if (Number)
30.         RegularINT(Number, radix); /* 隐含 Number=0 是终止条件 */
31.
32.     if (radix == 16)
33.         printf("%x", n);
34.     else
35.         printf("%d", n);
36.     return 0;
37. }
38.
39. int main(int argc, char **argv)
40. {
41.     unsigned int Num, RetNum;
42.     printf("Please input your number: ");
43.     scanf("%d", &Num);
44.     printf("\r\nrgular order, radix= 2: ");
45.     RegularINT(Num, 2); /* 基数为 2*/
46.     printf("\r\nrgular order, radix=16: ");
47.     RegularINT(Num, 16); /* 基数为 16*/
48.     printf("\r\nreverse order,radix= 2: ");
49.     reverseINT(Num, 2); /* 基数为 2*/
50.     printf("\r\nreverse order,radix=16: ");
51.     reverseINT(Num, 16); /* 基数为 16*/
52.     printf("\r\nreverse order,radix=10: ");
53.     reverseINT(Num, 10); /* 基数为 10*/
54.     return 1;
55. }
```

该程序编译执行后的结果如下：

```
Please input your number: 1234
rgular order, radix= 2: 10011010010
rgular order, radix=16: 4d2
reverse order, radix= 2: 01001011001
reverse order, radix=16: 2d4
reverse order, radix=10: 4321
```

程序5-5的两个递归函数reverseINT和regularINT利用算子“%”和“/”实现了按位分割，然后利用递归调用函数和printf函数的前后位置实现顺序或是逆序输出。两个递归函数利用了非数值类的递推思想，这种思想在汉诺塔（Hanoi）问题求解上得到进一步的推广。

汉诺塔问题：现有3个塔座A、B、C，A座上有n个圆盘，要求大盘在下、小盘在上的顺序叠放；B座和C座为空；如果把A座上圆盘全部搬迁到C座，求搬迁过程。要求：可以临时使用空置的B座，每次只允许搬动一个盘片，在搬迁过程中每座塔座上的圆盘均为大盘在下、小盘在上的叠放方式。图5-7描述了汉诺塔问题的基本解法。

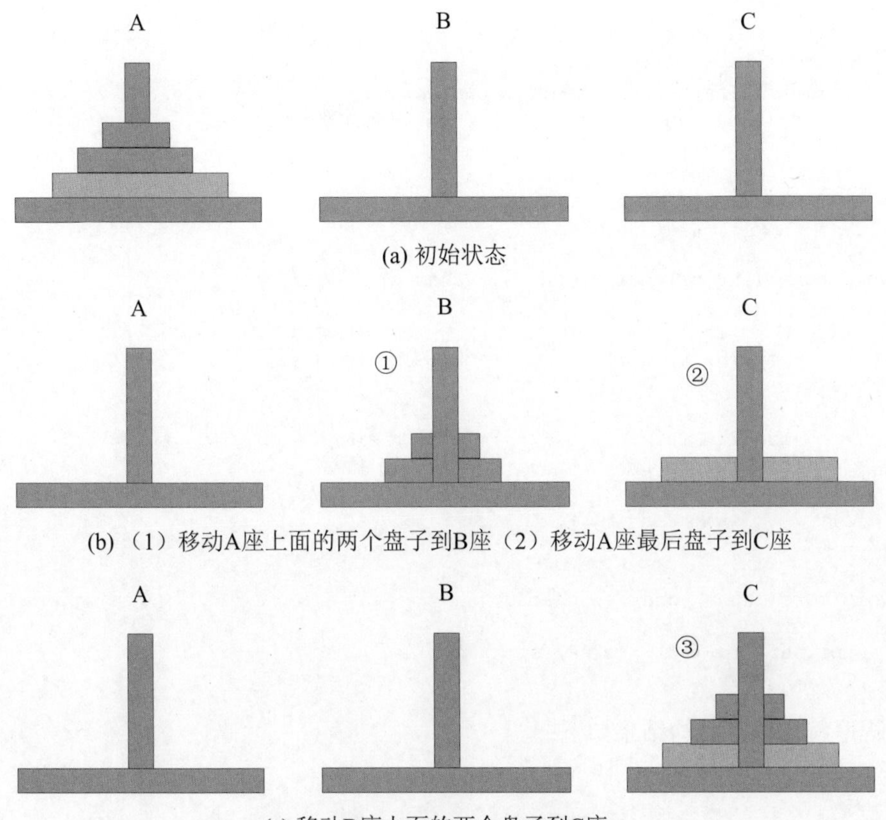
A
B
C
(a) 初始状态
A
B
C
①
②
(b) （1）移动A座上面的两个盘子到B座（2）移动A座最后盘子到C座
A
B
C
③
(c) 移动B座上面的两个盘子到C座

图 5-7 汉诺塔问题的递归解法

采用递归函数实现汉诺塔问题求解。

终止条件：当 n=1 时，把该圆盘从 A 座移到 C 座上。

递推条件：当 n=k 时，利用 B 座作为中转站，可以把 k 个盘子按要求移到 C 座上。

当 n=k+1 时，A 座上的盘子分解为上边 k 个（记为 P（K））+ 最底下的一个（记为 P（L））。如果 n=k 成立，首先利用 C 座把 P（K）移到 B 座上，然后把 P（L）直接从 A 座移到 C 座。同时，利用 A 座，把 P（K）从 B 座移到 C 座。

【例 5-6】利用递归实现汉诺塔求解。

思路分析：设计一个函数递归求盘子的移动，设计一个函数实现一个盘子的移动，主函数负责盘子个数的输入。

程序代码（5-6.c）：

```
1.  #include <stdio.h>
2.
3.  /* 把编号为n的盘从s座移到d座 */
4.  void move(int n, char s, char d);
5.
6.  /* 把n个盘从A座移到C座，B座作为辅助 */
7.  void hanoi(int n, char x, char y, char z);
8.
9.  int main(void)
```

```
10. {
11.     int n;
12.
13.     printf("Input the number of plates: ");
14.     scanf("%d", &n);                /* 输入可能无效 */
15.     hanoi(n, ‹A›, ‹B›, ‹C›);
16.
17.     return 0;
18. }
19.
20. void hanoi(int n, char x, char y, char z)
21. {
22.     if (n == 1)
23.         move(n, x, z);           /* 该盘从 x-->z*/
24.     else
25.     {
26.         hanoi(n-1, x, z, y);    /* 临时存放 P(K) */
27.         move(n, x, z);           /* 移动 P(L) 盘 */
28.         hanoi(n-1, y, x, z);    /* 完成 P(K) 移动 */
29.     }
30. }
31.
32. void move(int n, char s, char d)
33. {
34.     printf("%c-(%d)->%c\n", s, n, d);
35. }
```

该程序编译执行后的结果如下：

```
A-(1)->C
A-(2)->B
C-(1)->B
A-(3)->C
B-(1)->A
B-(2)->C
A-(1)->C
```

从程序 5-6 看，使用递归函数解决汉诺塔问题，程序结构简单、明了。

递归调用是一种特殊的嵌套调用，其中嵌套调用的函数是其自身。递归调用必须在满足一定条件时结束递归调用，否则无限制地递归调用将导致程序无法结束（死递归）。函数递归调用或嵌套调用的层次越多，则占用的内存空间也越大，特别是占用栈空间保留大量中间结果。

5.5 变量的作用域

在 C 语言中，所有变量都有自己的作用域（或称为作用范围）。变量的作用域是指能使用该变量的代码段。按作用域可以把变量分为两种：局部变量和全局变量。

5.5.1 局部变量

一个函数内部定义的变量、传递数据的形参都是局部变量，也称为内部变量。它们的作用域仅限于函数内部，调用该函数时有效。此外，在函数外部使用函数中的局部变量是错误的。也就是说，这类变量具有函数作用域。

以程序 5-6 为例来说明：

（1）主函数 main 中定义的变量 n，其作用域仅限于主函数内，其他函数不能使用该变量。

（2）函数 move 中的 n，s 和 d，函数 hanio 中的 n，x，y 和 z，其作用范围都限制在各自的函数内，在内存中占据的单元也各不相同。即使使用同样的变量名（3 个函数中都有名称为 n 的变量或形参）也不会互相干扰、互相影响。

5.5.2　全局变量

在函数外部定义的变量就是全局变量，也称为外部变量。全局变量不属于某个函数，而是属于整个程序，具有文件作用域，其作用域是从其定义的地方开始直至源程序文件的结尾。当程序包含多个文件时，也可以在其他文件中使用全局变量，但是需要在引用它的文件中使用关键字 extern 进行引用声明。通常，把全局变量的定义集中放在源程序文件中各函数的前面，其覆盖源程序的所有函数都可以使用该变量。

例如，想记录汉诺塔问题的移动次数，增加一个全局变量 g_mCounter。然后，在 move 函数中增加对 g_mCounter 的计数。最后在 main 函数退出前输出该全局变量。

```
1. unsigned int g_mCounter=0;
2.
3. /* 把编号为n的盘从s座移到d座 */
4. void move(int n, char s, char d);
5.
6. /* 把n个盘从A座到C座,B座作为辅助 */
7. void hanoi(int n, char x, char y, char z);
8.
9. int main(void)
10. {
11.     int n;
12.
13.     printf("Input the number of plates: ");
14.     scanf("%d", &n);                    /* 输入可能无效 */
15.     hanoi(n, ‹A›, ‹B›, ‹C›);
16.     printf("\n The number of moves is %d", g_mCounter);
17.
18.     return 0;
19. }
20.
21. void move(int n, char s, char d)
22. {
23.     printf("%c-(%d)->%c\n", s, n, d);
24.     g_mCounter++;
25. }
```

我们发现移动次数与盘子个数的关系如表 5-2。盘子每增加一个，移动次数是原有次数的 2 倍加 1。

表 5-2　移动次数与盘子个数的关系

n	3	4	5	6	7	8	9	10
g_mCounter	7	15	31	63	127	255	511	1023

使用全局变量的优点如下。

（1）增加了各函数间数据传送的渠道。函数之间存在数据共享，此时利用全局变量，可以得到更多读写这些全局变量的机会。

（2）全局变量可以减少函数参数的个数。其带来的好处是减少函数调用时分配的内存空间以及数据传送所必需的时间。

全局变量的限制如下。

（1）全局变量的作用范围大，会占用存储单元时间长。在程序的整个生命周期都占据着存储单元。而局部变量仅在函数执行期间临时占用存储单元。

（2）程序过多使用全局变量，降低了函数的通用性和可移植性。通过全局变量传送数据也增加了函数间的相互影响，函数的独立性、封闭性、可移植性大大降低，出错时会增加排错的成本。

一般情况下，应避免使用全局变量，确保函数的低耦合性。

5.5.3 同名变量

在不同的函数间，使用相同变量名的局部变量，不会产生冲突。这是因为它们的作用域各不相同，不会互相干扰、互相影响。但是在函数内部的复合语句中使用了与局部变量同名的变量时，就出现了作用域存在重叠区的同名变量。此外，也可能会遇到全局变量与局部变量同名的情况。

C 语言解决这种同名变量作用域冲突的规则是：当程序块（函数体也是一种程序块）内声明一个变量时，如果该变量的名称（一个标识符）已经被声明过，即该标识符是可见的，新的声明将在其作用域内“隐藏”旧的声明，也就是说在同名变量的内最新声明的变量是可见的。程序员在编程时应注意此种规定，避免因为使用同名的全局变量与局部变量而错误引用了变量。为了便于区别全局变量与局部变量，也为了尽量不使全局变量与局部变量同名，增加产生错误的概率。例如，可以为全局变量命名时用一个小写的字符 g 作为第一个字符，以示区分。

5.6 变量的存储类别

变量在使用前要对其进行类型说明（即定义）。其实，对一个变量的定义，需要给出它的两个属性：数据类型及存储类别。变量的数据类型决定了变量的取值范围、变量在内存中占据存储单元的大小、变量的操作。本节讨论变量的另一个属性：存储类别，它涉及在程序执行时变量存在的生命周期和在内存中的位置。

在 C 语言中，对变量的存储类别可以使用以下 4 个关键字进行说明。

（1）auto：自动变量。

（2）register：寄存器变量。

（3）extern：外部变量。

（4）static：静态变量。

前两类变量属于动态存储方式，后两类变量属于静态存储方式。动态存储空间是所有函数可以共享的，函数调用时分配，函数退出时释放。静态存储空间会随着程序的加载固定分配给特定变量，直到整个程序退出。这种规定是为了更好地利用存储空间，提高程序执行效率。

存储内容的类型和属性如表5-3所示。

表5-3 存储内容的类型和属性

区 域	存放内容	存储类型	属 性
程序代码区	代码、立即数		只读，可执行
常量区	字符串常量、整数常量、指针常量等		只读，不可执行
静态存储区	全局变量、静态局部变量	static，extern	读写，不可执行
栈区	形参、局部变量等	auto	读写，不可执行
堆区	连续的动态存储空间	通过指针管理	读写，不可执行

静态存储的变量位于静态存储区，在程序开始执行时分配存储单元，直到程序终止时才由系统释放它们占用的存储单元。因此，在程序运行期间，这类变量的值会一直保留。系统会为静态存储的变量自动进行初始化，初值为零值。

存放在栈区的变量均采用动态存储方式，在函数被调用时，其局部变量被保存到栈区，函数结束执行时释放这些局部变量所占用的栈区，这些变量也失效。正因为这样，当一个函数被调用多次时，每次为其局部变量分配的内存地址可能并不相同。系统不会自动为这类变量赋初始值，因此，如果程序中不对这类变量进行初始化，则其初始值是不确定的。

5.6.1 自动变量

自动变量用关键字auto声明。函数中的局部变量（用关键字static特别标明的静态局部变量除外）即属此类。函数形参为局部变量，也属于auto类别。此类变量存放在栈区，是动态分配存储空间的。由于程序中大部分变量是自动变量，C语言规定auto通常在局部变量的定义中可以省略不写。也就是说，没有给出存储类别的局部变量一律隐含定义为“自动存储类别”，即为自动变量。前面所举例子的程序中没有给出auto存储类别的局部变量都是自动变量。

5.6.2 寄存器变量

寄存器变量用关键字register声明。

计算机CPU内部都包含着若干通用寄存器，通用寄存器的作用是存放参加运算的操作数据以及部分运算后的中间结果。由于硬件的原因，CPU使用寄存器中的数据速度要远远快于使用内存中的数据速度。C语言允许某些变量的存储类别为寄存器类，就是为了充分利用CPU内的通用寄存器，提高程序运行的效率。由于CPU中通用寄存器的数量有限，所以，通常是把使用频繁的变量定义为寄存器变量。定义为寄存器变量的变量将在可能的情况下，在程序执行时，分配存放于CPU的通用寄存器中。

下面给出使用寄存器变量必须注意的一般性注意事项。

（1）通用寄存器的长度一般与机器的字长相同，所以数据类型为 float、long 以及 double 的变量，通常不能定义为寄存器类别。只有 int、short 和 char 类型的变量才准许定义为寄存器变量类别。

（2）寄存器变量的作用域和生命周期与自动变量是一样的。故只有自动类局部变量可以作为寄存器变量。寄存器变量的分配方式也是动态分配的。

（3）任何计算机内通用寄存器的数目都是有限的。超过可用寄存器数目的寄存器变量，一般是按自动变量进行处理。另外，有些计算机系统对 C 语言定义的寄存器变量，处理时并不真正分配给其寄存器，而是当作一般的自动变量来对待，在运行栈区为其分配存储单元；在有可使用寄存器的情况下，自动为它们分配寄存器，而无须程序员指定，此时使用 register 定义变量已失去意义。现在计算机处理速度很快，一般程序使用寄存器变量节省的时间有限，因此，通常不使用 register 声明变量。

5.6.3 外部变量

外部变量用关键字 extern 声明。外部变量是存放在静态存储区的，外部变量指在函数之外定义的变量，外部变量（即全局变量）的作用域通常为从变量的定义处开始，直到本程序文件的结尾处。

extern 既可以修饰全局变量，也可以修饰函数。当在一个源文件声明变量或函数为 extern 时，表明该变量和函数的定义不在该源文件中。这种声明的目的是告诉编译器，该类型变量和函数已经声明、定义，编译器会为它们建立映射字典，让该源代码编译通过，然后在链接时，实现变量和函数的引用。

5.6.4 静态变量

静态变量用关键字 static 声明。所有全局变量以及用关键字 static 声明的静态局部变量都属于静态变量，存放在静态存储区。一旦为其分配了存储单元，则在整个程序执行期间，它们将一直占有分配给它们的存储单元。

static 作用于全局变量，该变量仅在当前文件域有效，不能在文件之间共享，即不能使用 extern 被其他文件引用。

static 作用于局部变量，该变量是静态存储，无论函数是否调用，该变量在程序运行期间一直存在于内存中。该类型的局部变量仅限于函数自身使用，属于函数作用域。

为什么要使用有别于自动变量的静态局部变量？如何正确使用静态局部变量？有时确实希望函数中的某些局部变量在函数调用结束后能被保留，在下一次调用时继续使用。当然可以通过将其定义为全局变量来达到目的。但这样做会带来一定的副作用。为了既能在函数调用结束后保留部分局部变量的值，同时又保证此类变量的专用性，其他函数不能使用、影响它们，就可以使用静态局部变量。

【例 5-7】利用静态变量求阶乘。

思路分析：设计一个函数求阶乘，其中静态变量保存上次计算的结果，主函数负责整数的输入和阶乘结果的输出。

程序代码（5-7.c）：

```
1.  #include "stdio.h"
2.
3.  /* 连续求阶乘 */
4.  int fac(int n)
5.  {
6.      static int nRet = 1;    /* 静态局部变量 */
7.
8.      nRet *= n;              /* 算术运算可能溢出 */
9.      return nRet;
10. }
11.
12. void main()
13. {
14.     int i;
15.     for(i = 1; i < 5; i++)
16.     {
17.         printf("%d=>%d\n", i, fac(i));
18.     }
19. }
```

该程序经过 GCC 编译后一次执行的结果：

```
1=>1
2=>2
3=>6
4=>24
```

程序 5-7 的函数 fac 定义了静态局部变量 nRet，该函数每次执行后，nRet 值都被更新，并被保留。当函数 fac 下次调用时，直接使用 nRet 值，从而减少运算量。

为了正确使用静态局部变量，必须掌握它们的如下特点。

（1）静态局部变量属于静态存储类别，是在静态存储区分配存储单元。整个程序运行期间都能一直占有分配给它们的存储单元，故能在每次函数调用结束后保留其值。

（2）静态局部变量与全局变量一样，均只在编译时赋初值一次。以后每次函数调用时不会重新赋初值，而是使用上次函数调用结束时保留下来的值。

（3）系统编译时会自动给静态局部变量赋默认初值。对数值型变量，将赋值 0，对字符型变量，则赋值空字符“\0”。

（4）静态局部变量具有函数作用域，仅能为定义它们的函数所使用，其他函数不能使用它们。

（5）静态局部变量便于记录函数执行其中的中间结果。如果函数的执行依赖该函数的上一次执行，可以设置静态局部变量，用该变量记录该依赖关系。

5.7　编译预处理

C 语言有一些编译预处理命令，这些命令不会编译到可执行文件中去，仅告诉编译器哪些代码可以编译进可执行文件中，哪些符号需要替换，哪些符号可以关联。从格式上看，编译预处理命令以“#”开头，独立成一行，语句不加分号。C 语言的语句都必须以“；”结束，而编译预处理命令没有以“;”结束，这表明编译预处理命令不是 C 语言的语句。

从类别上，编译预处理命令有：

- 宏：#define
- 头文件：#include
- 条件编译：#if--#else#endif…

5.7.1 宏

宏由 #define 指令定义，包括宏名和宏体。宏名是标识符，遵循标识符的组成规则，编译器遇到宏定义时，会构建宏名与宏体的映射关系，扫描程序源代码，发现宏名时直接用宏体替换。该替换过程也称为宏展开。C 语言可以定义无参宏和带参宏。

1）无参宏

宏的定义即声明，其形式为

```
#define 宏名  [(宏体)]
```

其中，[] 表示宏体可有可无。没有宏体的宏是一种标记，仅用于条件编译。宏可以出现在源程序的任何地方，一般建议在头文件之后。这样，方便程序员了解和识别。

无参宏的示例：

```
#define TRUE   1
#define FALSE  0
#define PI       3.14             /* 定义 PI */
#define U_INTMAX 4294967295 /* 定义 32 位无符号整数的最大值 */
#define INTMAX 2147483647  /* 定义 32 位有符号整数的最大值 */
#define INTMIN -2147483647  /* 定义 32 位有符号整数的最小值 */
```

对以下语句实施宏展开：

```
printf("2*PI=%f\n", PI * 2);
```

得到的结果：

```
printf("2*PI=%f\n", 3.14*2);
```

思考为什么？什么情况宏名被替换？

2）带参宏

带参宏类似函数，可以携带参数，也称为类函数宏。其形式为

```
#define 宏名(参数表) [宏体]
```

宏替换时，宏中的形参会用对应的实参代入宏体中。

带参宏的示例：

```
#define S(a,b)      ((a)*(b))          /* 定义长方形的面积 */
#define CS(r)       (0.5*(r)*(r)*PI)    /* 定义圆的面积 */
#define Square(x)  ((x)*(x))        /* 定义圆的面积 */
#define cube(x)     (((x)*(x)*(x))
#define MAX(x,y)  ((x)>(y)?(x):(y))
```

```
#define ABS(x)      ((x)<0?-(x):(x))
```

使用宏的要点：

（1）宏名不允许有空格。

（2）用圆括号把宏的参数和整个宏体括起来。这样当实参为表达式时，括号可以确保宏展开的正确性。例如：s1 = CS（3 + 5）。

（3）带参宏会增加代码长度。而函数不会。

3）取消宏

已经定义好的宏可以随时取消。其形式为

```
#undef 宏名
```

5.7.2 条件编译

C 语言提供条件编译命令，可以根据外部条件决定需要编译的代码。该命令可以设置不同条件编译指示，有利于代码的调试和测试。

常用的条件编译命令如下所示。

```
#ifdef  标识符
    代码块 1
#else
    代码块 2
#endif
```

```
#ifndef 标识符
    代码块 1
#else
    代码块 2
#endif
```

```
#if   常量表达式
    代码块 1
#else
    代码块 2
#endif
```

【例 5-8】利用宏实现加法和乘法。

思路分析：设计一个加法宏、一个乘法宏，同时用一个条件编译命令控制是加法还是乘法，主函数负责两个整数的输入和运算结果的输出。

程序代码（5-8.c）：

```
1.  #include <stdio.h>
2.
3.  #define ADDITION                            /* 定义无参宏 */
4.  #define IntADD(x, y) ((x) + (y))            /* 带参的加法宏 */
5.  #define IntMulti(x, y) ((x) * (y))  /* 带参的乘法宏 */
6.
7.  int main(void)
8.  {
9.      unsigned int x, y, z;
10.     printf("input two integers:  ");
11.     scanf("%u%u", &x, &y);
12. #ifdef ADDITION
13.     z = IntADD(x + 4, y);
14.     printf("The sum of %u + %u is: %u\n", x, y, z);
15. #else
16.     z = IntMulti(x + 4, y);
17.     printf("The multiplicaion of %u + %u is: %u\n", x, y, z);
18. #endif
19.     return 0;
20. }
```

该程序经过 GCC 编译链接后一次执行的结果：

```
input two integers:  4294967295 1
The sum of 4294967295 + 1 is: 4
```

在 main 函数开头取消 ADDITION 宏，经过 GCC 编译链接后一次执行的结果：

```
input two integers:  2147483647 3
The multiplicaion of 2147483647 + 3 is: 2147483657
```

程序 5-8 的两次执行都产生了溢出，思考如何检测溢出？

5.7.3 内部函数和外部函数

函数与外部变量的使用有些类似，其本质应该是全局的。只要定义一次，就应该可以被别的函数调用。在一个文件中定义的函数，能否被其他文件中的函数调用，决定了其是外部函数还是内部函数。如果一个 C 程序全都放在一个源程序文件内，其函数不存在内部函数和外部函数之分。

如果一个函数只能被所在文件内的函数调用，而不能被其他文件内的函数调用，则称为内部函数。标明一个函数为内部函数的方法是在其函数名和函数类型的前面使用关键字 static，即

```
static 类型标识符 函数名（形参表）;
```

内部函数也称静态函数。类似静态全局变量，通过 static 对内部函数的作用域进行限制，内部函数不能被其他文件中的函数使用。因此，不同文件中允许使用相同名字的内部函数，这种使用不会互相干扰。

外部函数用关键字 extern 来声明。如果不加关键字 extern，在 C 语言中是隐含其为外部函数的。

类似外部变量，外部函数在所有使用它的源文件中也只能定义一次，要在其他文件中调用该函数，须用 extern 加函数原型予以说明。

5.7.4 头文件

当按照功能划分，一个程序分割成几个源文件时，会面临以下问题：源文件 A 中的函数如何调用定义在其他文件中的函数？函数如何使用其他源文件中的外部变量？这些问题的解决依赖 #include 命令，该命令使得在任意数量的源文件中共享信息成为可能，这些信息包括函数原型和变量声明。

如果想让几个源文件可以访问相同的信息，可以把这些信息放在一个文件中，然后利用 #include 命令把该文件的内容在编译时带进每个源文件中。这类文件就是头文件，其扩展名为 .h。

#include 命令有两种格式：

```
#include <文件名>   /* 库文件的头 */
#include "文件名"   /* 用户自定义的头文件 */
```

两种格式的差别在于编译器定位头文件的方法。第 1 种格式（<文件名>）使用一对尖括号把头文件名括起来，编译器只搜索系统头文件所在的目录（可能有多个目

录），如 GCC 的安装目录下的 include 文件夹。第 2 种格式（“文件名”）使用一对双引号把头文件名括起来，编译器先搜索当前目录，然后搜索系统头文件所在的目录。

为了解决程序 5-8 的溢出问题，我们设计了检测加法和乘法的函数，并将这两个函数单独作为一个源文件，命名为 intoverflow.c.

【例 5-9】利用宏实现加法和乘法，并检测运算溢出。

思路分析：设计一个加法宏、一个乘法宏，同时设计两个函数检测加法运算的溢出检测和乘法运算的溢出检测，主函数负责两个整数的输入和运算结果的输出。

程序代码（5-9.c）：

```
1.  #include <stdio.h>
2.  #include <limits.h>
3.
4.  int U_OF_Add(unsigned int a, unsigned int b)
5.  {
6.      return UINT_MAX - a < b;
7.  }
8.
9.  int U_OF_Multiply(unsigned int a, unsigned int b)
10. {
11.     return a == 0 ? 0 : UINT_MAX / a < b;
12. }
```

Intaddmult.c

```
1.  #include <stdio.h>
2.
3.  int U_OF_Add(unsigned int a, unsigned int b);      /* 声明外部函数 */
4.  int U_OF_Multiply(unsigned int a, unsigned int b); /* 声明外部函数 */
5.
6.  #define IntADD(x, y) ((x) + (y))    /* 带参的加法宏 */
7.  #define IntMulti(x, y) ((x) * (y)) /* 带参的乘法宏 */
8.
9.  int main(void)
10. {
11.     unsigned int x, y, z;
12.
13.     printf("input two integers:  ");
14.     scanf("%u%u", &x, &y);
15.
16.     if (U_OF_Add(x, y))
17.     {
18.         printf("\n%u+%u is overlow", x, y);
19.     }
20.     else
21.     {
22.         z = IntADD(x, y);
23.         printf("The sum of %u + %u is: %u\n", x, y, z);
24.     }
25.
26.     if (U_OF_Multiply(x, y))
27.     {
28.         printf("\n%u*%u is overlow", x, y);
29.     }
30.     else
31.     {
```

```
32.         z = IntMulti(x, y);
33.         printf("The multiplicaion of %u + %u is: %u\n", x, y, z);
34.     }
35.
36.     return 0;
37. }
```

程序经过 GCC 编译链接执行的结果：

```
input two integers: 4294967295 1
4294967295+1 is overlow
The multiplicaion of 4294967295 * 1 is: 4294967295
```

intoverflow.c 可能会被其他程序调用，为此建立一个专用的头文件 intoverflow.h：

```
#ifndef  _INT_OVERFLOW_H_
#define  _INT_OVERFLOW_H_

int U_OF_Add( unsigned int a, unsigned int b );    /* 声明外部函数 */
int U_OF_Multiply(unsigned int a, unsigned int b);/* 声明外部函数 */

#endif /*_INT_OVERFLOW_H_*/
```

同时，把 Intaddmult2.c 头部内容：

```
#include <stdio.h>

int U_OF_Add( unsigned int a, unsigned int b );    /* 声明外部函数 */
int U_OF_Multiply(unsigned int a, unsigned int b);/* 声明外部函数 */
```

替换为

```
#include <stdio.h>
#include "intoverflow.h" /* 自定义头文件 */
```

一个大程序将由多个文件组成，每个文件包含若干函数。多文件实现了函数定义、函数声明、函数调用位于不同的文件中。图 5-8 描述函数三要素文件分离与联系的情况。

Intaddmulti2.c

```
#include "intoverflow.h"
int main(void)
{
……
U_OF_Add(x,y);
U_OF_Multiply(x,y);
……
}
```

(a) 函数调用

intoverflow.h

```
#ifndef _INT_OVERFLOW_H_
#define _INT_OVERFLOW_H_
int U_OF_Add(\
 unsigned int a, unsigned int b);
int U_OF_Multiply(\
unsigned int a, unsigned int b);
#endif/*_INT_OVERFLOW_H_*/
```

(b) 函数声明

intoverflow.c

```
int U_OF_Add(\
unsigned int a, unsigned int b)
{  return UINT_MAX- a < b;}

int U_OF_Multiply(\
unsigned int a, unsigned int b)
{  return a == 0 ? \
  0 : UINT_MAX/ a < b;}
```

(c) 函数定义

图 5-8　函数三要素分离与联系

把程序分成多个源文件有以下优点。

（1）把相关的函数和变量分组放在同一个文件中可以使程序的结构清晰。

（2）可以分别对每一个源文件进行单独编译。这样，只须编译修改的源文件，减少编译时间。

（3）把函数分组放在不同的源文件中更利于重复使用。

5.8 安全缺陷分析

一个程序包含一个或多个函数，函数是程序的基本单元。函数的形参和实参必须类型一致、参数个数一致。一旦出现参数个数不一致，则出现安全缺陷。例如，printf 是一个参数变长的库函数，其格式化字符串中“%”个数比后面的参数个数多，则出现信息泄露。如果实参类型和形参类型不一致，则会出现类型强制转换，引发安全缺陷。例如形参为 unsigned int，而实参为 int。请思考：如果实参值为 -1，则函数的形参值为多少？

函数会进行算术运算，如常见的加法和乘法。这些算术运算会存在溢出，即运算结果超过了计算机的存储单元。

本章存在算术运算溢出的代码如下。

- 程序 5-1 中：`c_area= radius/2.0*radius*PI;`
- 程序 5-2 中：`z=x+y;`
- 程序 5-4 中：`return n*(n+1)*(n+1);` 和 `return rGetSerial(n-1)+n*(3*n+1);`
- 程序 5-7 中：`nRet *= n;`
- 程序 5-8 中：`z=IntADD(x+4,y);` 和 `z=IntMulti(x+4,y);`

为此，程序 5-9 提供了两个函数 `U_OF_Multiply` 和 `U_OF_Add` 分别检测乘法溢出和加法溢出。

此外，任何程序都有输入和输出代码。常见的输入函数为 scanf，该输入函数对输入数据类型有严格的限制。例如，格式化输入串为“%d”和“%f”要求输入只包含数字，当然浮点数输入可以包含小数点。如果输入包含字符或其他非法字符，则系统会截断输入或终止输入，最终导致接受输入的变量值为异常，严重的情况会使程序异常结束。

本章存在输入缺陷的代码如下。

- 程序 5-1 中：`scanf("%f",&i_radius);`
- 程序 5-2 中：`scanf("%d", &num);`

为此，程序 5-3 提供一个解决输入有效的方法：`while(2 != scanf("%d%d", &a, &b));`。其基本思路是利用 scanf 函数的返回值。如果有两个输入变量，则其返回值必为 2；否则，就是输入异常。另外，如果输入变量既有数字型，也有字符型，则判断输入异常的条件会更加复杂，程序员需要细心的设计，本章不展开该类异常的处理。

5.9 本章小结

函数是 C 语言程序设计的基本单元。中学阶段的初等函数都可以用 C 语言函数实现，其中与浮点数相关的函数，在计算时存在误差，此时需要确定误差范围。该现象在本章习题第 5 题求 sin（x）时会遇到。

函数有函数声明、函数定义和函数调用 3 个基本要素。函数被调用时，其实参与形参的数量和类型必须一致，否则会出现错误的结果。同时，函数被调用的左值变量的类型也需要与函数的返回类型一致。当一个函数调用外部文件的函数时，需要首先声明这些外部函数。

函数之间可以相互调用，形成一种嵌套调用关系。如果函数体的定义中出现调用函数自身，则称为递归函数。设计递归函数时，需要设计终止条件和递归条件，然后开始代码的编写和测试。

static 可以修饰变量和函数。静态局部变量在函数内部声明，其作用域属于函数域可见，但在程序的整个生存周期内有效。静态全局变量和静态函数仅限在文件内部可见，其作用域属于文件域。全部变量和函数都在整个程序可见，其作用域是程序域。static 修饰仅作用于编译器，对进程中的程序代码没有约束作用。

宏可以用来标记常量和表达式，在程序的编译阶段代入代码中。带参宏中的形参必须用圆括号括起来，否则运算符的优先级可能会引发结果错误。条件编译命令有条件选择程序中相关代码编译进可执行代码中，常用于代码调试和差异化可执行文件的版本发布。

习题

1. 设计两个骰子的游戏。给定每一面的概率（1，2，3，4，5，6），两个骰子的数字之和为 0~9。游戏者各掷一次，和为大的胜；游戏进入下一轮。

2. 设计函数，求斐波那契数（Fibonacci）。Fib(0)=fib(1)=1；fib(n)=fib(n−1)+fib(n−2)。

3. 设计函数，求任意两个正整数的最大公约数。

4. 设计函数，求 ax2+bx+c=0 的根。

5. 设计函数，求 sin(x) 的值。sin(x)=x−x3/3!+x5/5!−x7/7!+……，其精度小于 1e−6。

6. 请分别用递归和迭代技术，实现将一个十进制的长整数，以七进制形式打印在控制台。此外，对七进制数两位一组交换顺序，并打印在控制台。

第6章 数　　组

前面已经学习了C语言中的一些基本数据类型，如整型、实型和字符型等，用这些数据类型定义的变量只能保存一项数据。前面程序实现过3个数中找最大数，3个数由小到大输出，程序中的3个数用3个变量表示，如果有更多数呢。例如：一个班级50个学生，将其课程成绩从高到低排序显示学生成绩。

如果用单个的变量来解决上述问题，需要定义50个变量，代码将非常冗长，程序可读性和维护性差。这样的情形可以用数组来处理。定义一个名为score的数组，将50个学生的成绩赋给该数组中的50个数组元素score[0]，score[1]，score[2]…保存。这样的表示类似数学中的a_1，a_2，…，用下标区分一组同名的数。

本章将介绍C语言的一种构造类型数据——数组。构造类型数据是由基本类型数据按一定规则组成的。什么是数组?

数组是数目固定、类型相同的一组数据的有序集合。数组中的每个数据（变量）称为数组元素，数组中的所有元素都是同一种数据类型，数组在内存中占有一段连续的存储空间。使用数组可以方便地实现大量数据的存储和处理。

C语言中的数组有两个特点：一是数组元素的个数是确定的，二是数组元素的类型必须一致。

本章介绍的主要内容包括：

- 一维数组的定义、初始化和引用方法。
- 二维数组的定义、初始化和引用方法。
- 字符数组的定义、初始化、输入输出及常用字符串处理库函数。
- 数组作为函数的参数。
- 数组的安全缺陷。

6.1 一维数组

6.1.1 一维数组的定义和初始化

1. 一维数组的定义

数组必须先定义后使用。在定义数组时，应该说明数组的类型、名称、维数和大小。

一维数组是指带一个下标的数组，定义一维数组的一般形式为

```
类型说明符    数组名 [ 数组长度 ]
```

（1）类型说明符为C语言的关键字，说明数组中每个数组元素的数据类型，如：整型、实型或字符型等。

（2）数组名是数组的名称，是一个合法的标识符，其命名方式与变量名相同。

（3）[ ] 是下标运算符，其个数反映了数组的维数，一维数组只有一个下标运算符，下标运算符的优先级别最高，为1级，可以保证其与数组名紧密结合在一起。

（4）数组长度，指明了数组中数组元素的个数。C 89 规定数组长度必须是常量表达式。

（5）数组下标从0开始，合法的数组下标是从0~数组长度-1，表示所有数组元素。

例如：

```
int array[10];
float score[100];
```

定义了两个一维数组：一个名为array的整型数组，其有10数组元素，分别是：array[0],array[1],…,array[9]，这样的10个数组元素；第2个名为score的实型数组，其有100个单精度实型的数组元素，分别是：score [0],score [1],…,score [99] ，这样的100个数组元素。

再如：

```
#define MAX 15
int a[MAX], b[2*MAX];
```

定义了a和b两个整型数组，a中有15个数组元素，b中有30个数组元素。

数组在定义时应注意以下几点。

（1）数组的类型实际上是指数组元素的取值类型。对于同一个数组，其所有元素的数据类型都是相同的。

（2）数组名不能与程序中的其他变量名相同。

以下语句是错误的：

```
int a;
float a[10];        //  错误，数组名不能与程序中的其他变量名相同；
float c[2*3-10];    // 错误，数组长度 2*3-10 的结果为 -4;
```

2. 一维数组的存储

数组定义以后，编译系统将在内存中分配一块连续的存储空间用于存放所有数组元素。C语言中，数组名表示内存中的一个地址，是数组中所有元素（一片连续存储空间）的首地址，存储单元的数量由数组元素的类型和数组的大小决定。

例如：short a[15];

数组a有15个元素，假定short型变量在内存中占有2字节的存储单元，则数组a在内存中连续占用30字节的存储单元，如图6-1所示，假设数组首地址为2000H。

注意，数组名代表的是数组在内存中存储单元的首地址，因此数组名 a 表示地址 2000H，而不是数组的值。

3. 一维数组的初始化

所谓数组的初始化就是在定义数组的同时给数组元素赋初值。数组初始化是在编译阶段进行的，这样可以减少运行时间，提高效率。对数组进行初始化，其一般形式如下：

```
类型说明符　数组名 [ 数组长度 ] = { 初值表 }
```

初值表为数组元素的初值数据，多个数据时，其间用逗号分开。一维数组可以用以下几种方式对数组元素进行初始化。

（1）对全部或部分数组元素赋初值。

例如：

```
int x[8] = {1, 2, 3, 4, 5, 6, 7, 8};
```

由于数组的长度与花括号中数据的个数相等，这样对数组中所有元素均赋予初值，赋值后，数组元素的值分别为：x[0]=1，x[1]=2，x[2]=3，x[3]=4，x[4]=5，x[5]=6，x[6]=7，x[7]=8。

再如：

```
int x[8] = {1, 2, 3, 4, 5};
```

由于数组的长度与花括号中数据的个数不等，花括号中的 5 个数据，只能对 x 数组的前 5 个元素赋初值，后 3 个元素的初值，系统将自动赋初值 0，结果为：x[0]=1，x[1]=2，x[2]=3，x[3]=4，x[4]=5，x[5]=0，x[6]=0，x[7]=0。

（2）对全部数组元素赋初值时，可以不指定数组的长度，系统将根据初值数据个数确定数组长度。

例如：

```
int x[] = {1, 2, 3, 4, 5};
```

由于定义数组时省略了数组的长度，则依据花括号中数据的个数，系统自动定义数组的长度为 5，并自动给全部元素赋初值。

（3）对全部数组元素初始化为 0 时，可以写成：

```
int x[5] = {0, 0, 0, 0, 0};
```

或更简单地：

```
int x[5] = {0};
```

注意：如果不对数组元素赋初值，系统不保证数组元素具有特定的值，但即使仅给一个数组元素赋了初值，其余的数组元素会得到特定的值 0。

6.1.2　一维数组的引用

一维数组的引用方式为

数组名 [下标]

对数组元素进行引用时应注意下标的取值范围。C 语言规定，下标的范围为

0 ≤下标≤数组长度 -1。

例如，若有数组定义为“int a[100];”，则该数组的下标的范围为：0 ≤下标≤ 99。在引用数组元素 a[0]，a[1]，a[2]，…，a[99] 时均是合法、正确的，而 a[100] 的引用是错误的，但系统不报告错误，这种引用不能保证得到正确的值。a[0] 表示引用数组 a 的第 1 个元素，a[1] 表示引用数组 a 的第 2 个元素，a[2] 表示引用数组 a 的第 3 个元素……a[99] 表示引用数组 a 的最后一个元素，即第 100 个元素。C 语言编译器不检查引用数组元素时的下标是否超出范围，如果在程序执行时下标超出了范围，会得到错误的数据，可能因为引用了禁止访问的内存区而导致程序被中断等严重错误。

引用数组元素时的下标，可以是整型常量，也可以是整型变量或表达式。例如：使用 a[i] 的形式引用数组元素，当然，整型变量 i 有明确的赋值。

例如：

```
int a = 10;
for (i = 0; i < 10; i++)
    printf("%d", a[i]);
```

而不能使用如下语句输出整个数组：

```
printf("%d", a); // 错误，a 是数组名，数组名是内存单元地址
```

数组名代表的是数组在内存中的首地址，因此不能用数组名一次引用整个数组，只能逐个引用数组元素。注意：下面整体赋值语句，也是初学者容易犯的错误。

```
float b[4],a[4];
b[0] = 1.0;
b[1] = 7.6;
b[2] = b[0]+b[1];
b[3] = b[1]+b[2];
a = b;          // 错误！
```

数组在引用时应注意以下两点。

（1）数组必须先定义后使用。

（2）在 C 语言中只能逐个地引用数组元素，而不能一次引用整个数组。

6.1.3　一维数组元素的输入和输出

一维数组元素取得值的方式可以通过初始化或赋值语句来实现。最灵活、最常用的一维数组的输入输出则是通过使用 C 语言基本输入输出函数配合循环结构进行的。

【例 6-1】计算一组成绩的和。

下面是程序的源代码（6-1.c）：

```
1.  #include <stdio.h>
2.  #define N 10
3.
```

```
4.  int main(void)
5.  {
6.      float score[N], sum = 0.0;
7.      int i;
8.
9.      printf("请输入 %d 个成绩(实型):\n", N);
10.
11.     for (i = 0; i < N; i++)
12.     {
13.         scanf("%f", &score[i]); /* 通过键盘,依次输入每个数组元素 */
14.         sum += score[i];        /* 每输入一个成绩,加入变量 sum 中求和值 */
15.     }
16.
17.     for (i = 0; i < N; i++) /* 结合循环结构,依次输出每个数组元素 */
18.         printf("score[%d]=%6.2f\n", i, score[i]);
19.     printf("sum=%.2f\n", sum); /* 输出累计值 */
20.     return 0;
21. }
```

执行该程序得到下面的运行结果:

```
请输入 10 个成绩(实型):
90.5 88.0 56.5 78.0 100.0 76.5 89.5 85.0 45.0 98.0
score[0]= 90.50
score[1]= 88.00
score[2]= 56.50
score[3]= 78.00
score[4]=100.00
score[5]= 76.50
score[6]= 89.50
score[7]= 85.00
score[8]= 45.00
score[9]= 98.00
sum=807.00
```

【例 6-2】用交换法对任意 N 个数按由小到大方式进行排序。

交换法排序的算法思路是：通过比较和交换，将符合要求的最小的数，放在前头，每轮确定一个数；以后，在剩下的数中，依次解决；N 个数需 N-1 轮方能排定最后的顺序。

图 6-2 给出了对任意 6 个数进行排序的第 1 轮比较及交换的过程，图中共有 6 个数，第 1 次将第 1 个数 11 与第 2 个数 6 进行比较，11 比 6 大，两数交换位置；第 2 次将 6 与 10 进行比较，6 比 10 小，不用交换位置；第 3 次将 6 与 7 进行比较……此轮共进行 5 次比较，能将最小数 2 排在最上面。然后对除了 2 以外的余下的后 5 个数继续进行第 2 轮比较，得到次小数，排定位置……如此进行，每轮可以固定一个小数，共经过 5 轮比较及交换，使 6 个数按由小到大的顺序排列。在比较过程中第 1 轮经过了 5 次比较，第 2 轮经过了 4 次比较……第 5 轮经过了一次比较。如果需对 k 个数进行排序，则要进行 k-1 轮的比较，每轮分别要经过 k-1, k-2, k-3, …, 1 次比较就可使数据完全排序。流程图如图 6-3 所示。

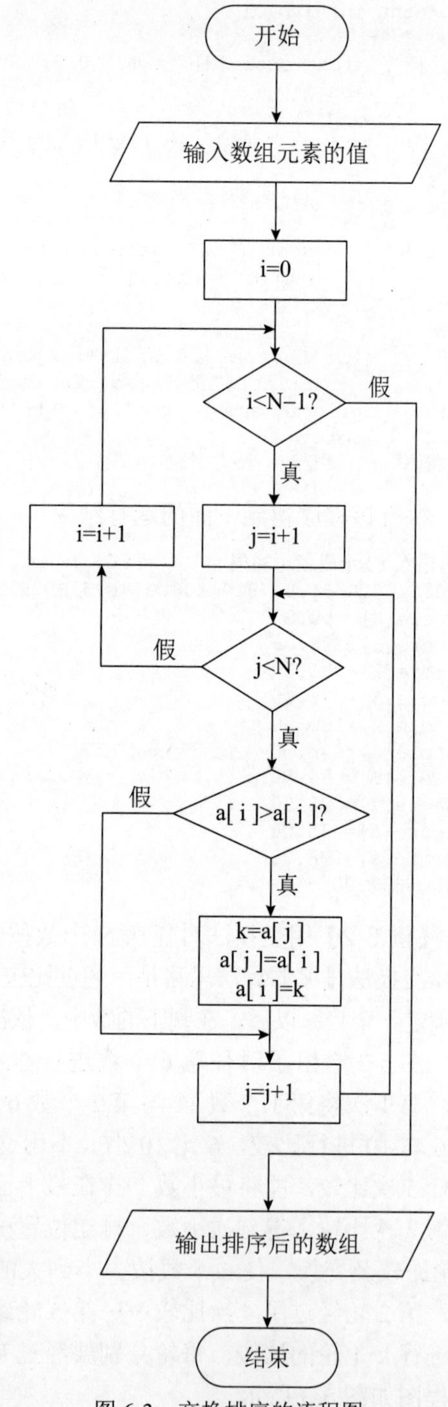

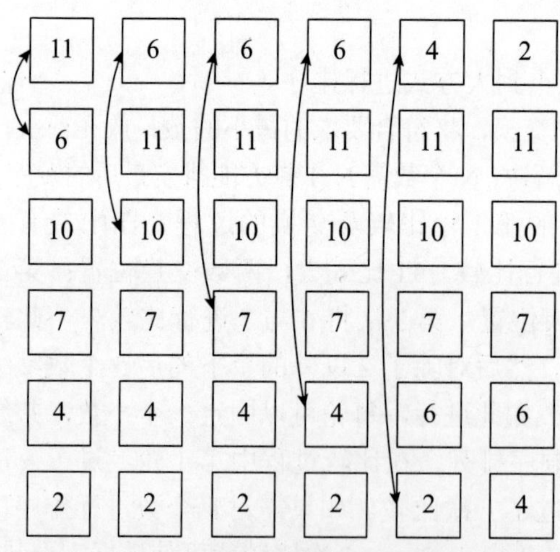

图 6-2　排序的第 1 轮比较及交换的过程

图 6-3　交换排序的流程图

下面是程序的源代码（6-2.c）：

```
1.  #include <stdio.h>
2.  #define N 6
3.
4.  int main(void)
```

```
5.  {
6.      int a[N], i, j, k;
7.
8.      printf(" 请任意输入 %d 个整数: \n", N);
9.
10.     for (i = 0; i < N; i++)
11.         scanf("%d", &a[i]);
12.
13.     printf("\n");
14.
15.     for (i = 0; i < N - 1; i++) /* 对数组进行排序 */
16.     {
17.         for (j = i + 1; j < N; j++)
18.             if (a[j] < a[i])
19.             {
20.                 k = a[j];
21.                 a[j] = a[i];
22.                 a[i] = k;
23.             }
24.     }
25.
26.     printf(" 按由小到大的顺序输出 %d 个整数是: \n", N);
27.
28.     for (i = 0; i < N; i++)
29.         printf("%d, ", a[i]);
30.
31.     printf("\n");
32.
33.     return 0;
34. }
```

执行该程序得到下面的运行结果：

```
请任意输入 6 个整数:
11 6 10 7 4 2
按由小到大的顺序输出 6 个整数是:
2,4,6,7,10,11,
```

【例 6-3】把一个整数依序插入已排序的数组，设数组已按从大到小顺序排序。

分析：设已排序的数有 10 个，放在数组 a 中，待插入的数存放在变量 x 中。欲将数 x 按顺序插入数组 a 中，只须满足以下条件：a[i] ≥ x ≥ a[i+1]。

下面是程序的源代码（6-3.c）：

```
1.  #include <stdio.h>
2.
3.  int main(void)
4.  {
5.      int s, t, x, a[11];
6.
7.      printf(" 请按由大到小顺序输入 10 个整数: \n");
8.
9.      for (s = 0; s <= 9; s++)
10.         scanf("%d", &a[s]);
11.
12.     printf(" 请输入要插入的整数: ");
13.     scanf("%d", &x);
14.
15.     for (s = 0, t = 10; s <= 9; s++)
```

```
16.         if (x > a[s])
17.         {
18.             t = s;
19.             break;
20.         }
21.
22.     for (s = 10; s > t; s--)
23.         a[s] = a[s - 1];
24.
25.     a[t] = x;
26.     printf("\n 结果为: \n", a[s]);
27.
28.     for (s = 0; s <= 10; s++)
29.         printf("%d,", a[s]);
30.
31.     printf("\n");
32.
33.     return 0;
34. }
```

执行该程序得到下面的运行结果：

```
请按由大到小顺序输入 10 个整数:
30 26 23 19 16 12 9 6 5 2
请输入要插入的整数: 15

结果为:
30,26,23,19,16,15,12,9,6,5,2,
```

【例 6-4】将两个有序的数组合并成一个新的有序数组。

下面是程序的源代码（6-4.c）：

```
1.  #include <stdio.h>
2.
3.  #define M 8
4.  #define N 5
5.
6.  int main(void)
7.  {
8.      int a[M] = {3, 6, 7, 9, 11, 14, 18, 20};
9.      int b[N] = {1, 2, 13, 15, 17}, c[M + N];
10.     int i = 0, j = 0, k = 0;
11.
12.     while (i < M && j < N)
13.         if (a[i] < b[j])
14.         {
15.             c[k] = a[i];
16.             i++;
17.             k++;
18.         }
19.         else
20.         {
21.             c[k] = b[j];
22.             j++;
23.             k++;
24.         }
25.
26.     while (i < M)
27.     {
```

```
28.         c[k] = a[i];
29.         i++;
30.         k++;
31.     }
32.
33.     while (j < N)
34.     {
35.         c[k] = b[j];
36.         j++;
37.         k++;
38.     }
39.
40.     printf("有序数组1为: \n");
41.     for (i = 0; i < M; i++)
42.         printf("%d ", a[i]);
43.
44.     printf("\n有序数组2为: \n");
45.     for (i = 0; i < N; i++)
46.         printf("%d ", b[i]);
47.
48.     printf("\n合并后的新有序数组为: \n");
49.     for (i = 0; i < M + N; i++)
50.         printf("%d  ", c[i]);
51.
52.     return 0;
53. }
```

执行该程序得到下面的运行结果：

```
有序数组1为:
3 6 7 9 11 14 18 20

有序数组2为:
1 2 13 15 17

合并后的新有序数组为:
1  2  3  6  7  9  11  13  14  15  17  18  20
```

【例6-5】设某班有30名学生，在期末考试后，需统计各分数段学生人数，编写程序完成此操作。

分析：定义一维数组用于存放学生期末考试成绩，依次遍历各数组元素，判断其属于哪一个分数段，并将对应分数段的计数器加1，最后输出统计结果。

下面是程序的源代码（6-5.c）：

```
1.  #include <stdio.h>
2.  #define NUM 30 /* 学生人数 */
3.
4.  int main(void)
5.  {
6.      float score[NUM] = {0}; /* 用于存放学生成绩 */
7.      int n[5] = {0};         /* 用于各分数段人数统计 */
8.      int i;
9.
10.     printf("请输入%d名学生的成绩: \n", NUM);
11.     for (i = 0; i < NUM; i++)
12.     {
13.         printf("请输入第%d个学生的成绩: ", i + 1);
```

```
14.         scanf("%f", &score[i]);
15.
16.         while (score[i] > 100 || score[i] < 0) /* 检验输入是否合法 */
17.         {
18.             printf("输入成绩应在0~100,请重新输入:\n");
19.             scanf("%f", &score[i]);
20.         }
21.     }
22.
23.     for (i = 0; i < NUM; i++) /* 统计各分数段人数 */
24.         if (score[i] >= 90)
25.             n[0]++;
26.         else if (score[i] >= 80)
27.             n[1]++;
28.         else if (score[i] >= 70)
29.             n[2]++;
30.         else if (score[i] >= 60)
31.             n[3]++;
32.         else
33.             n[4]++;
34.
35.     printf("\n统计结果如下:"); /* 输出统计结果 */
36.     printf("\n分数在%d~%d的学生人数为%d人", 90, 100, n[0]);
37.
38.     for (i = 1; i < 4; i++)
39.        printf("\n分数在%d~%d的学生人数为%d人", 90 - i * 10, 99 - i * 10,
  n[i]);
40.     printf("\n有%d人不及格", n[4]);
41.
42.     return 0;
43. }
```

执行该程序得到下面的运行结果：

```
请输入30个学生的成绩:
请输入第1个学生的成绩: 82
请输入第2个学生的成绩: 91
……
请输入第30个学生的成绩: 79

统计结果如下:
分数在90~100的学生人数为3人
分数在80~89的学生人数为12人
分数在70~79的学生人数为9人
分数在60~69的学生人数为4人
有2人不及格
```

6.2 二维数组

6.1节的程序举例针对多个学生的某门成绩，进行排序等处理操作；如果是多个学生的多门课程，则可以定义二维数组或多维数组。

6.2.1　二维数组的定义和存储

1. 二维数组的定义

二维数组是指带两个下标的数组，在逻辑上可以将二维数组看作一张具有行和列的表格或一个矩阵，第 1 个下标表示行号，第 2 个下标表示列号。定义二维数组的一般形式为

类型说明符　数组名 [第 1 维长度] [第 2 维长度]

各组成部分的作用同一维数组。

例如：

```
#define M 3
#define N M + 2

int a[3][4];
double s[5][5], u[N][N];
```

定义了 3 个二维数组，一个名为 a，数组元素的个数为 12（3 行 4 列）；一个名为 s，数组元素的个数为 25（5 行 5 列）；一个名为 u，数组元素的个数为 15（3 行 5 列）。

注意，不要把 s[5][5] 写成 s[5，5]，因为 C 语言会把逗号看成逗号运算符，所以 s[5，5] 就等同 s[5] 了。

2. 二维数组的存储

C 语言规定，同一个数组的元素内存中占用连续的存储单元。逻辑结构上，可视二维数组的元素是按行的顺序依次存放的，二维数组 a[3][4] 的数组元素在内存中的存储示意图如图 6-4 所示，a[0][3] 元素在内存空间中的邻居是 a[0][2] 和 a[1][0]。在内存中，先顺序存放二维数组第一行的元素，再顺序存放二维数组第二行的元素，以此类推。

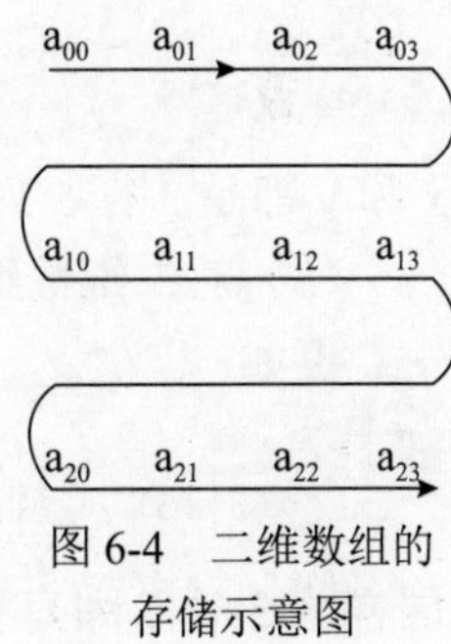

图 6-4　二维数组的存储示意图

3. 二维数组元素的引用

二维数组元素的引用与一维数组相似，其一般形式为

数组名 [下标 1] [下标 2]

数组在引用时下标的范围应满足如下条件：0 ≤下标 1 ＜第 1 维长度，0 ≤下标 2 ＜第 2 维长度。

例如：

```
int  x[5][6];
```

定义了一个整型的 5 行 6 列二维数组 x，可以合法引用的数组元素共 30 个，分别如下：

x[0][0]　x[0][1]　x[0][2]　x[0][3]　x[0][4]　x[0][5]
x[1][0]　x[1][1]　x[1][2]　x[1][3]　x[1][4]　x[1][5]
x[2][0]　x[2][1]　x[2][2]　x[2][3]　x[2][4]　x[2][5]
x[3][0]　x[3][1]　x[3][2]　x[3][3]　x[3][4]　x[3][5]
x[4][0]　x[4][1]　x[4][2]　x[4][3]　x[4][4]　x[4][5]

6.2.2 二维数组的初始化

二维数组可以用以下几种方式进行初始化。

（1）对二维数组的全部元素赋初值。

例如：

```
int  x[2][4]={{1,2,3,4},{6,7,8,9}};
```

在初始化格式的一对花括号内，初值表中每行数据另用一对花括号括住，此方式一目了然，通过赋值，在二维数组 x 中，各元素的初始化值如下：

x[0][0]=1，x[0][1]=2，x[0][2]=3，x[0][3]=4，

x[1][0]=6，x[1][1]=7，x[1][2]=8，x[1][3]=9

又如：

```
int  y[2][4]=(1,2,3,4,5,6,7,8);
```

此方式表示从 y 数组首地址开始依次存放数据，通过赋值，在二维数组 y 中，各元素的初始化值如下：

y[0][0]=1，y[0][1]=2，y[0][2]=3，y[0][3]=4，

y[1][0]=5，y[1][1]=6，y[1][2]=7，y[1][3]=8

（2）给二维数组的全部元素赋初值，也可以不指定第一维的长度，但第二维的长度不能省略。

例如：

```
int x[][5] = {{1, 2, 3, 4, 5}, {6, 7, 8, 9, 10}, {11, 12, 13, 14, 15}};
int y[][5] = {1, 2, 3, 4, 5, 6, 7, 8, 9, 10, 11, 12, 13, 14, 15};
```

x 和 y 都是 3 行 5 列的二维数组，且每一数组元素的取值是同样的。

（3）对二维数组的部分元素赋初值。

例如：

```
int x[3][5] = {{1}, {6, 7}, {0}};
int y[3][5] = {1, 6, 7};
```

同样为 3 行 5 列有 15 个数组元素的二维数组，在数组 x 中元素赋初值为：x[0][0]=1，x[1][0]=6，x[1][1]=7，其余元素均为 0；而在数组 y 中为：y[0][0]=1，y[0][1]=6，y[0][2]=7，其余元素均赋初值 0；作为行标志的花括号在此所起的作用是明显的。

6.2.3 二维数组常用操作

二维数组与一维数组一样，其数组元素的取值可以通过初始化方式得到。除此之外，使用赋值语句也可以赋予或改变数组元素的值。但最灵活、最常用的二维数组的输入输出还是通过使用 C 语言基本输入输出函数配合循环结构来进行的。

【例 6-6】 打印 N 行阳辉三角。

杨辉三角形是（a+b）的 n 次幂展开后各项的系数。

例如：

（a+b）的 0 次幂展开后各项的系数为：1

（a+b）的 1 次幂展开后各项的系数为：1，1

（a+b）的 2 次幂展开后各项的系数为：1，2，1

（a+b）的 3 次幂展开后各项的系数为：1，3，3，1

（a+b）的 4 次幂展开后各项的系数为：1，4，6，4，1

分析：杨辉三角各行的系数有如下规律。

（1）各行第一个数都是 1；

（2）各行最后一个数为 1；

（3）从第 3 行起，除了上面指出的第一个数和最后一个数外，其余各数是上一行同列和前一列两个数之和。

下面是程序的源代码（6-6.c）：

```
1.  #include <stdio.h>
2.  #define N 10
3.
4.  int main()
5.  {
6.      int i, j, a[N][N];
7.      for (i = 0; i < N; i++)
8.      {
9.          a[i][i] = 1;
10.         a[i][0] = 1;
11.     }
12.     for (i = 2; i < N; i++)
13.         for (j = 1; j <= i - 1; j++)
14.             a[i][j] = a[i - 1][j] + a[i - 1][j - 1];
15.     for (i = 0; i < N; i++)
16.     {
17.         for (j = 0; j <= i; j++)
18.             printf("%6d", a[i][j]);
19.         printf("\n");
20.     }
21.     return 0;
22. }
```

【例 6-7】将一个二维数组的行和列元素互换，存到另一个二维数组中。

$$a=\begin{vmatrix} 1 & 2 & 3 & 4 \\ 5 & 6 & 7 & 8 \\ 9 & 10 & 11 & 12 \end{vmatrix} \qquad b=\begin{vmatrix} 1 & 5 & 9 \\ 2 & 6 & 10 \\ 3 & 7 & 11 \\ 4 & 8 & 12 \end{vmatrix}$$

分析：二维数组的行列互换，就是求它的转置矩阵。

例如：a 数组是一个 3 行 4 列的矩阵，通过行、列互换，得到的 b 数组应为 4 行 3 列。两个数组的元素对应关系为：a[i][j]=b[j][i]。

下面是程序的源代码（6-7.c）：

```
1.  #include <stdio.h>
2.
3.  int main(void)
```

```
4.  {
5.      int a[3][4] = {{1, 2, 3, 4}, {5, 6, 7, 8}, {9, 10, 11, 12}};
6.      int b[4][3], m, n;
7.
8.      printf("转置前的数组：\n");
9.
10.     for (m = 0; m < 3; m++)
11.     {
12.         for (n = 0; n < 4; n++)
13.         {
14.             printf("%5d", a[m][n]); /* 输出a数组内容 */
15.             b[n][m] = a[m][n];      /* 行列互换 */
16.         }
17.         printf("\n");
18.     }
19.
20.     printf("转置后的数组：\n");
21.
22.     for (m = 0; m < 4; m++)
23.     {
24.         for (n = 0; n < 3; n++)
25.             printf("%5d", b[m][n]); /* 输出b数组内容 */
26.         printf("\n");
27.     }
28.
29.     return 0;
30. }
```

执行该程序得到下面的运行结果：

```
转置前的数组：
1   2   3   4
5   6   7   8
9   10  11  12
转置后的数组：
1   5   9
2   6   10
3   7   11
4   8   12
```

【例6-8】有一个3×4的矩阵，试求该矩阵中具有最大值的元素，输出其值并指出该元素所在的行号和列号。

分析：求矩阵中具有最大值的元素，和求一列数中最大的数方法一样。首先设矩阵的第一个元素为最大值，分别与矩阵中的其他数进行比较，从而找出最大数，并记下此时的行号和列号。

下面是程序的源代码（6-8.c）：

```
1.  #include <stdio.h>
2.  int main(void)
3.  {
4.      int a[3][4], i, j, row, col, max;
5.
6.      row = col = 0;
7.      printf("请输入3行4列的二维数组：\n");
8.
9.      for (i = 0; i < 3; i++)
```

```
10.         for (j = 0; j < 4; j++)
11.             scanf("%d", &a[i][j]);
12.
13.     max = a[0][0];            /* 将a[0][0]设定为最大数 */
14.     for (i = 0; i < 3; i++)  /* 寻找最大数 */
15.         for (j = 0; j < 4; j++)
16.             if (a[i][j] > max)
17.             {
18.                 max = a[i][j];
19.                 row = i;
20.                 col = j;
21.             }
22.
23.     printf("max = %d,row = %d,col = %d\n", max, row, col);
24.     return 0;
25. }
```

执行该程序得到下面的运行结果：

```
请输入3行4列的二维数组:
1  2  3  9
7  12 6  11
4  10 5  8
max = 12, row = 1, col = 1
```

【例6-9】输入5个学生3门功课的考试成绩，计算并输出每个学生3门功课的平均成绩。

分析：需要定义一个二维数组score[5][3]来存放学生的成绩，定义一个一维数组average[5]计算并存储每个学生3门功课的平均分。

下面是程序的源代码（6-9.c）：

```
1.  #include <stdio.h>
2.
3.  int main(void)
4.  {
5.      int score[5][3], i, j;
6.      float average[5] = {0};
7.
8.      for (i = 0; i < 5; i++)
9.      {
10.         printf("请输入第%d个学生3门功课的考试成绩:\n", i + 1);
11.         for (j = 0; j < 3; j++)
12.         {
13.             scanf("%d", &score[i][j]);
14.             /*判断输入的数据是否满足条件*/
15.             while (score[i][j] > 100 || score[i][j] < 0)
16.             {
17.                 printf("成绩应在0~100,请重新输入:\n");
18.                 scanf("%d", &score[i][j]);
19.             }
20.         }
21.     }
22.
23.     for (i = 0; i < 5; i++)
24.     {
25.         for (j = 0; j < 3; j++)
26.             average[i] += score[i][j]; /*计算3门功课的总成绩*/
```

```
27.
28.             average[i] = average[i] / 3;
29.         }
30.
31.         printf("\n成绩单如下：\n", i + 1);
32.         for (i = 0; i < 5; i++)
33.         {
34.             printf("第%d个学生的考试成绩：", i + 1);
35.             for (j = 0; j < 3; j++)
36.                 printf("%4d", score[i][j]);
37.             printf("\t平均成绩：%.1f\n", average[i]);
38.         }
39.         return 0;
40. }
```

执行该程序得到下面的运行结果：

```
请输入第1个学生3门功课的考试成绩：
88 87 92
请输入第2个学生3门功课的考试成绩：
79 81 85
请输入第3个学生3门功课的考试成绩：
89 68 78
请输入第4个学生3门功课的考试成绩：
75 83 88
请输入第5个学生3门功课的考试成绩：
90 89 90

成绩单如下：
第1个学生的考试成绩：  88  87  92        平均成绩：89.0
第2个学生的考试成绩：  79  81  85        平均成绩：81.7
第3个学生的考试成绩：  89  68  78        平均成绩：78.3
第4个学生的考试成绩：  75  83  88        平均成绩：82.0
第5个学生的考试成绩：  90  89  90        平均成绩：89.7
```

6.3 字符数组和字符串

字符数组是C语言实现字符串的方法之一，也是常见的数组。

字符串常量是用双引号括起来的字符序列。存储字符串常量时，系统会在字符序列后自动加上 '\0'，标志字符串的结束。'\0' 是ASCII码值为0的字符，从ASCII码表中可以了解到，ASCII码为0的字符不是一个可以显示出来的字符，而是一个“空操作符”，表示什么都不做。

字符串的长度定义为字符串的有效字符数，不包括结束标志 '\0' 和双引号。例如，字符串 "China" 的长度是5，而非6。

在C语言的数据类型中，将整型常量赋值给整型变量存储，实型常量赋值给实型变量存储，字符常量赋值给字符型变量存储，那么，字符串常量呢？C语言没有字符串变量这种数据类型，字符串是用字符型数组存储的。本节介绍字符数组，以及常用于字符串处理的库函数。

6.3.1　用字符数组表示字符串

1. 字符数组的定义

字符数组是用来存放字符型数据的数组，在字符数组中，每个数组元素只能存放一个字符。字符数组有两种用法：一是当作字符的数组来使用，对字符数组的输入、输出、赋值、引用等都是针对单个元素进行；二是用于存储和处理字符串，可以把字符串作为一个整体进行操作。

字符数组的定义格式和数值型数组的定义格式相同。不同的是，字符数组的每个元素都是 char 类型，每个元素只能存储一个字符。

例如：`char add[30];`
定义了包含 30 个元素的一维字符数组 add，其中每个元素都可用来存放一个字符。因此，一维字符数组常用来存放单个字符串。

再例如：`char  stu_add[10][30];`
定义了一个包含 300（10 行 30 列）个元素的二维字符数组 stu_add。

由于二维数组可以看作由一维数组组成的特殊数组，每个元素都是一个一维数组。因此，二维字符数组可以看作特殊的一维字符数组，每个元素都是一个一维字符数组。在处理字符串数据时，正是应用了以上思想，由于一维字符数组可以用来存放单个字符串，所以二维字符数组可以作为存放多个字符串的字符数组。例如，可以用上面定义的一维字符数组 add 存储字符串 "Wuhan"，则二维字符数组 stu_add 可以存储 "Beijing" "Wuhan" 等 10 个字符串。因此，二维字符数组也可称为字符串数组。

2. 字符数组的引用

字符数组元素逐个地引用，依次访问一个一个的字符。

【例 6-10】分别输出 26 个英文字母的大小写。

下面是程序的源代码（6-10.c）：

```
1.  #include <stdio.h>
2.
3.  int main(void)
4.  {
5.
6.      char i, upp[26], low[26];
7.      upp[0] = 'A';
8.      low[0] = upp[0] + 32;
9.
10.     for (i = 1; i <= 25; i++)
11.     {
12.         upp[i] = upp[i - 1] + 1;
13.         low[i] = low[i - 1] + 1;
14.     }
15.
16.     for (i = 0; i <= 25; i++)
17.         printf("upp[%d]=%-3c", i, upp[i]);
18.
19.     printf("\n");
20.
```

```
21.     for (i = 0; i <= 25; i++)
22.         printf("low[%d]=%-3c", i, low[i]);
23.
24.     return 0;
25. }
```

程序定义了两个一维字符数组，分别存储 26 个大写字母和 26 个小写字母。结合循环结构，逐个地赋值，逐个地输出显示。读者可以尝试定义一个二维字符数组存储 26 个大小写英文字母并输出。

6.3.2 字符数组的初始化

字符数组的初始化，指在定义字符数组的同时，给该字符数组的元素赋初值。与一般数组初始化不同的是，字符数组初始化不仅可以用字符常量逐个给数组元素赋初值，也可以用字符串常量整个给数组元素赋初值。

1. 用字符常量对字符数组初始化

将每个字符常量逐个赋值给每个数组元素。例如：

```
char s1[7] = {'s', 't', 'r', 'i', 'n', 'g', '!'};
```

在字符数组 s1 的 7 个元素中分别存放了 7 个字符常量。如果初值表中的字符个数与定义的数组长度相同，在定义时可以省略数组长度，系统会自动根据初值个数确定数组长度。例如：

```
char s2[] = {'s', 't', 'r', 'i', 'n', 'g', '!'};
```

字符数组 s2 的长度自动定义为 7。这种方式不用先数字符个数，再定义数组的长度。尤其对字符个数较多时，由系统自动定义数组的长度显得更为方便。

字符数组 s1 和字符数组 s2 的存储形式完全一致，如图 6-5 所示，7 个字符常量赋给了 7 个数组元素。字符数组并不要求它的最后一个元素为 '\0'，但是，用户可以人为地在初始化列表末尾加上 '\0'。例如：

```
char s3[8] = {'s', 't', 'r', 'i', 'n', 'g', '!', '\0'};
```

或

```
char s4[] = {'s', 't', 'r', 'i', 'n', 'g', '!', '\0'};
```

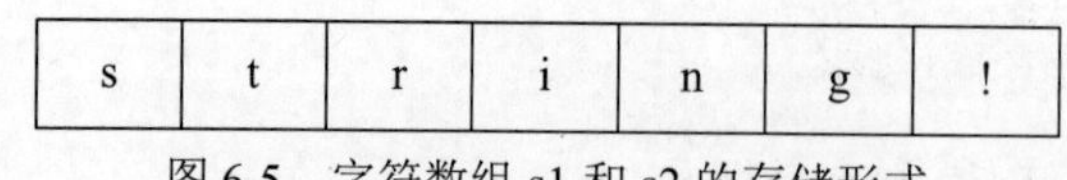

图 6-5　字符数组 s1 和 s2 的存储形式

图 6-6 为字符数组 s3 和 s4 的存储形式。

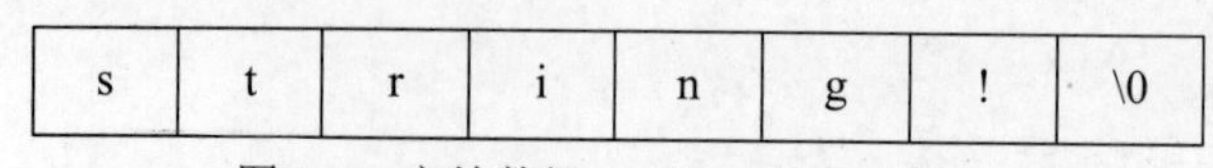

图 6-6　字符数组 s3 和 s4 的存储形式

如果初始化列表中的字符常量个数小于数组长度，则只将这些字符常量赋给数组中前面的元素，其余的元素都自动定义为空字符 '\0'。例如：

```
char s5[10] = {'s', 't', 'r', 'i', 'n', 'g', '!', '\0'};
```

图6-7为字符数组s5的存储形式。系统会自动将s5[8]和s5[9]这两个元素赋给空字符。如果在定义字符数组时不进行初始化，数组元素则不会被赋予默认初值'\0'。

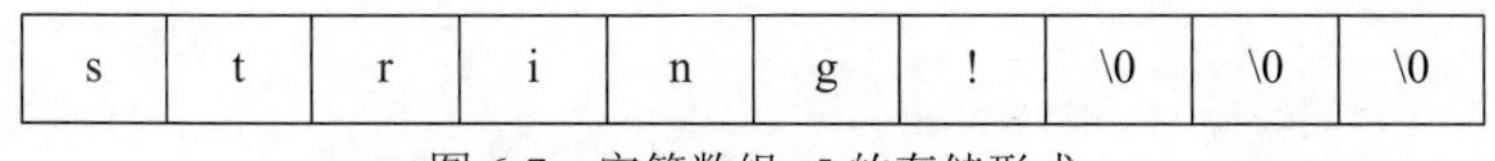

s	t	r	i	n	g	!	\0	\0	\0

图6-7　字符数组s5的存储形式

如果初始化列表中的字符常量个数大于数组长度，则出现语法错误。

2. 用字符串常量对字符数组初始化

用字符串常量对字符数组初始化，初始化列表的花括号中是用双引号括起来的字符串常量，此时，也可以缺省初始化列表的花括号。例如：

```
char t1[8] = {"string!"};
char t2[8] = "string!";
char t3[] = "string!";
```

这3个字符数组的存储形式完全等效，也如同图6-6所示的字符数组s3和s4的存储形式，数组长度均为8。字符串常量在存储时，系统会自动添加一个字符串结束标志'\0'。因此，建议在利用字符串常量对字符数组初始化时，字符数组的长度应不小于字符串有效字符的个数加1。

同样地，可以定义和初始化二维字符数组。例如：

```
char m1[2][3] = {{'0', '1', '2'}, {'3', '4', '5'}};
```

或者，给二维字符数组的部分元素赋初值，其余元素获得默认初值'\0'。

```
char m2[2][3] = {'0', '1', '2', '3'};
```

也可以在省略行下标的情况下，对二维字符数组进行初始化。例如：

```
char m3[][3] = {{'0', '1', '2'}, {'3', '4', '5'}};
```

也可以利用字符串常量对二维字符数组进行初始化。例如：

```
char name[4][8] = {"ZHAO", "QIAN", "SUN", "LI"};
```

这里，二维字符数组name可看成一维字符串数组，包含name[0]~name[3]共4个数组元素，每个元素都是一维字符数组，其中分别存放了字符串常量"ZHAO""QIAN""SUN"和"LI"。

注意：字符数组只有在初始化时可以用字符串赋初值，除此之外，只能逐个元素赋值。

6.3.3　字符数组元素的输入输出

可以利用格式输入输出函数来完成字符数组的输入输出操作。

1）利用格式字符 %c 对字符数组元素逐个输入和输出字符

【例6-11】定义一个字符数组，依次对数组元素赋值并输出。

下面是程序的源代码（6-11.c）：

```
1.  #include <stdio.h>
2.
3.  int main(void)
4.  {
5.      char s[20];
6.      int i, j;
7.
8.      printf("请输入一行字符串：\n");
9.      for (i = 0; i < 20; i++) /* 向字符数组中逐个输入字符 */
10.     {
11.         scanf("%c", &s[i]);
12.         if (s[i] == '\n')
13.             break;
14.     }
15.
16.     printf("输出字符串如下：\n");
17.     for (j = 0; j < i; j++) /* 逐个输出字符数组元素 */
18.         printf("%c", s[j]);
19.
20.     printf("\n");
21.
22.     return 0;
23. }
```

执行该程序得到下面的运行结果：

```
请输入一行字符串：
Welcome to China
输出字符串如下：
Welcome to China
```

2）利用格式字符 %s 对字符数组整体输入和输出字符串

【例 6-12】定义一个字符数组，对数组所有元素整体执行输入并输出。

下面是程序的源代码（6-12.c）：

```
1.  #include <stdio.h>
2.
3.  #define M 30
4.
5.  int main(void)
6.  {
7.      char str[M];
8.
9.      printf("请输入一行字符\n");
10.     scanf("%s", str); /* 向字符数组中输入字符串 */
11.
12.     printf("输出字符串如下：\n");
13.     printf("%s", str); /* 输出字符数组中存放的字符串 */
14.
15.     return 0;
16. }
```

执行该程序得到下面的运行结果：

```
请输入一行字符串：
Welcome to China
```

```
输出字符串如下：
Welcome
```

3）利用 gets( ) 函数和 puts( ) 函数完成字符串整体输入 / 输出

例如，程序 6-12 第 10 行替换为 "gets(str); " 语句，第 13 行替换为 "puts(str); " 语句。

注意：

（1）由于 scanf 函数要求给出变量地址，因此在输入字符串时，直接使用字符数组名（数组首地址）作为函数实参。下面的写法都是错误的：

```
scanf("%s", &str[0]);
scanf("%s", &str);
```

（2）scanf 函数读入的字符串开始于第一个非空白符，包括下一个空白符（空格、Tab 键、回车键）之前的所有字符，最后自动加上字符串结束标志 '\0'。

因此，例 6-12 中的 scanf 函数只读入了第一个空格前的 "Welcome"，若要正确读入 3 个词串，则可用如下语句：

```
char  s1[10], s2[10], s3[10];
scanf("%s%s%s", s1, s2, s3);
```

scanf 函数读入第一个空格符前的 "Welcome" 送到数组元素 s1[0]~s1[6] 中，"to" 送到数组元素 s2[0]~s2[1] 中，"China" 送到数组元素 s3[0]~s3[4] 中，其余元素均为 '\0'。

（3）gets 函数读入一行字符串，可以读入包含空格在内的字符串，遇到 '\n' 结束读入。

（4）printf 函数在输出字符串时一边检测一边输出，一旦碰到 '\0'，便认为字符串已经结束，随即停止工作。一旦由于某种原因字符串中的 '\0' 被改为其他值，字符串就无法终止，printf 函数也无法输出正确的结果。

6.3.4 字符串处理函数

C 语言提供了丰富的字符串处理函数，大致可分为字符串的输入、输出、合并、修改、比较、转换、复制、搜索几类。使用这些函数可大大减轻编程的负担。用于输入输出的字符串函数，在使用前应包含头文件 stdio.h；使用其他字符串函数则应包含头文件 string.h。列举几个常用的字符串函数，如表 6-1 所示。

表 6-1 常用的字符串函数

函数名	函数原型	功 能	说 明
strcat	char *strcat（char *str1，char *str2）	把字符串 str2 接到 str1 后面	返回 str1
strchr	char *strchr（char *str，int ch）	找出 str 指向的字符串中第一次出现字符 ch 的位置	返回指向该位置的指针；如果找不到，则返回 NULL
strcmp	int strcmp（char *str1，char *str2）	按字典顺序比较字符串 str1 和 str2 的大小	str1<str2，返回负数；str1=str2，返回 0；str1>str2，返回正数

续表

函数名	函数原型	功　能	说　明
strcpy	char * strcpy（char *str1，char *str2）	把 str2 指向的字符串复制到字符串 str1 中去	返回 str1
strlen	unsigned int strlen（char *str）	统计字符串 str 中字符的个数（不包括 '\0'）	—
strstr	char * strstr（char *str1，char *str2）	找出 str2 字符串中第一次出现字符串 str1 的位置	返回指向该位置的指针；如果找不到，则返回 NULL

下面举例说明几个常用的字符串函数。

1. gets 函数

一般形式：gets (str);

参数：str 可以是字符数组名或字符串指针变量名。

功能：通过标准输入设备向字符数组中输入一个字符串，当遇到回车符时结束输入，系统会自动在所有有效字符后加上结束符 '\0'。函数返回值是字符数组的首地址。

例如：

```
char str[30];
printf("Please input string\n");
gets(str);
printf("%s\n", str);
```

执行该段程序得到下面的结果：

```
Never give up
Never give up
```

gets 函数与使用格式说明“%s”的 scanf 函数相比，有以下值得注意的地方。

（1）gets 函数一次只能输入一个字符串，而 scanf 函数可利用多个格式说明“%s”来一次输入多个字符串。

例如：

```
char str1[30], str2[30], str3[30];
gets(str1);
scanf("%s%s", str2, str3);
```

（2）使用格式说明“%s”的 scanf 函数以空格、Tab 键或回车键作为输入字符串时的分隔符或结束符，所以空格、Tab 键不能出现在字符串中；而利用 gets 函数输入字符串时没有此限制。例如：

```
char str1[20], str2[20];
gets(str1);
scanf("%s", str2);
printf("%s\n", str1);
printf("%s\n", str2);
```

执行该段程序得到下面的结果：

```
Wuhan University
```

```
Wuhan University
Wuhan University
Wuhan
```

2. puts 函数

一般形式：puts (str);

参数：str 可以是字符数组名或字符串指针变量名。

功能：将字符串 str 输出到终端，遇到结束符 '\0' 时终止。puts 函数一次只能输出一个字符串，字符串中可以包含转义字符。

例如：

```
char str[] = "China\nWuhan\tUniversity";
puts(str);
```

执行该段程序得到下面的结果：

```
China
Wuhan University
```

puts 函数与使用格式说明“%s”的 printf 函数相比，有以下值得注意的地方。

（1）puts 函数一次只能输出一个字符串，而 printf 函数可利用多个格式说明“%s”来一次输出多个字符串。

例如：

```
char str1[] = "East Lake", str2[] = "Yellow Crane Tower";
char str3[] = "Guiyuan Temple";
puts(str1);
printf("%s\n%s\n", str2, str3);
```

执行该段程序得到下面的结果：

```
East Lake
Yellow Crane Tower
Guiyuan Temple
```

（2）puts 函数在输出时将结束符 '\0' 转换成 '\n'，即输完后自动换行；利用格式说明“%s”输出字符串的 printf 函数没有此功能。例如：

```
char str1[20] = "Program Design", str2[20] = "C language ";
puts(str1);
printf("%s", str2);
```

执行该段程序得到下面的结果：

```
Program Design
C language Press any key to continue
```

3. strlen 函数

一般形式：strlen (str);

参数：str 可以是字符数组名、字符串指针变量名或字符串常量。

功能：计算并返回字符串 str 的有效长度（不包含结束符 '\0'）。

例如：

```
char str[] = "computer";
printf("%d\n", strlen(str));
printf("%d\n", strlen("computer"));
```

二次输出的字符串有效长度均为 8, 结束符 "\0" 不计在内。

4. strcat 函数

形式：strcat (str1, str2);

参数：str1 可以是字符数组名或字符串指针变量名，str2 可以是字符数组名、字符串指针变量名或字符串常量。

功能：将字符串 str1 与字符串 str2 尾首相接，原 str1 末尾的结束符 '\0' 被自动覆盖，新串的末尾自动加上结束符 '\0'，生成的新串存于 str1 中。函数返回值是字符串 str1 的首地址。

例如：

```
char str1[80] = "Good ";
char str2[8] = "luck ";
strcat(str1, str2);
strcat(str1, "for you!");
printf("%s\n", str1);
```

执行该段程序得到下面的结果：

```
Good luck for you!
```

注意：str1 必须有足够的长度以容纳 str2 的内容，否则会因越界产生错误。

5. strcpy 函数

一般形式：strcpy (str1, str2);

参数：str1 可以是字符数组名或字符串指针变量名，str2 可以是字符数组名、字符串指针变量名或字符串常量。

功能：将字符串 str2 的内容连同结束符 '\0' 一起复制到 str1 中，并返回字符串 str1 的首地址。

例如：

```
char str1[50], str2[] = "Welcome to ", str3[] = "Wuhan University";
strcpy(str1, str2);
strcpy(str2, str3);
strcat(str1, str2);
printf("%s\n", str1);
```

执行该段程序得到下面的结果：

```
Welcome to Wuhan University
```

注意：str1 必须有足够的长度以容纳 str2 的内容，否则会因越界产生错误。

6. strcmp 函数

一般形式：strcmp (str1, str2);

参数：str1 和 str2 均可以是字符数组名、字符串指针变量名或字符串常量。

功能：比较 str1 和 str2 两个字符串的大小。比较方法：对两个字符串的对应字符逐一进行比较，只有当两个字符串中的所有对应字符都相等（包括结束符 '\0'）时，才认定两者相等。否则当第一次出现不相同的字符时，就停止比较过程，依据这两个字符的 ASCII 码值大小决定所在字符串的大小。如果 str1 等于 str2，函数返回值为 0；如果 str1 大于 str2，函数返回值为 1；如果 str1 小于 str2，函数返回值为 -1。

【例 6-13】用函数 strcmp 进行两个字符串的比较，判断用户登录账号是否正确。

下面是程序的源代码（6-13.c）：

```
1.  #include <stdio.h>
2.  #include <string.h>
3.
4.  int main()
5.  {
6.      char username[10], name[10] = "zhangsan";
7.      gets(username);
8.      if (strcmp(username, name))
9.         printf(" Username are wrong !\n");
10.     else
11.         printf("You are right !\n");
12.     puts(username);
13.     return 0;
14. }
```

7. strlwr 函数

一般形式：strlwr (str);

参数：str 只能是字符数组名。

功能：将字符串 str 中的大写字母转换成小写字母。

例如：

```
char str[] = "Enjoy Every Day";
printf("%s\n", strlwr(str));
```

执行该段程序得到下面的结果：

```
enjoy every day
```

8. strupr 函数

一般形式：strupr (str);

参数：str 只能是字符数组名。

功能：将字符串 str 中的小写字母转换成大写字母。

例如：

```
char str[] = "Have a good day!";
printf("%s\n", strupr(str));
```

执行该段程序得到下面的结果：

```
HAVE A GOOD DAY!
```

【例 6-14】编写一个程序，输入一行字符，统计其中单词的数目。

下面是程序的源代码（6-14.c）：

```
1.  #include <stdio.h>
2.  #include <stdlib.h>
3.
4.  int main()
5.  {
6.      char string[81];
7.      int i, num = 0, word = 0;
8.      char c;
9.
10.     printf("\n统计单词个数\n\n");
11.     printf("请输入一行字符\n");
12.     gets(string);
13.     for (i = 0; (c = string[i]) != '\0'; i++)
14.         if (c == ' ')
15.             word = 0;
16.         else if (word == 0)
17.         {
18.             word = 1;
19.             num++;
20.         }
21.
22.     printf("There are %d words in the line\n", num);
23.
24.     return 0;
25. }
```

结果如下：

```
统计单词个数

请输入一行字符
I love our hometown.
There are 4 words in the line
```

6.4 数组作为函数的参数

数组元素和数组名都可以作为函数的参数以实现函数间数据的传递和共享。

由于实参可以是变量、常量及表达式，因此，数组元素自然也可以作为函数的实参，在主调用函数与被调用函数间传送数据。它们均遵从“传值”，即单向从实参向形参传送数据的特性。

另外，由于引进了数组这种数据结构，如果仅允许数组元素作为实参传送数据，在很多情况下，会感到使用起来不方便，有时甚至会感到非常困难。为了方便整个数组作为传送参数，C 语言规定数组名也可以作为实参和形参，在主调用函数与被调用函数间进行整个数组的传送。

1. 数组元素作为函数参数

数组元素实质上是一个同类型的普通变量，凡是可以使用该类型变量的场合，都可以使用数组元素。因此，用数组元素作为函数的实参，在主调用函数与被调用函数间传送数据，是一种“传值”方式，即单向从实参向形参传送数据。

2. 数组名作为函数参数

数组名实质上是数组的首地址，所以，作为参数时传递的是“地址”。

如果用数组名作函数参数，则实参和形参都应该是数组名（或用指针变量，详见指针一章），且类型相同。

数组名作函数参数时应注意以下方面。

（1）数组名作函数参数时，应在主调用函数和被调用函数中分别定义数组。

（2）实参数组与形参数组的类型必须相同，但大小可以不同。

（3）形参数组的一维下标可以省略。

（4）数组名表示的是数组元素的首地址，数组名作函数参数时，传递的是整个数组。实参与形参之间的数据传递是地址传递。

【例 6-15】 自驾出游，计算驾驶时间。

问题定义：自驾出游，计算累计驾驶时间。

输入：每两个城市之间驾驶时间；以分钟为单位。

限制：共 5 个城市；本次出游从第 1 个城市出发，到第 2 个城市，到第 3 个城市旅行后返回第 1 个城市。

输出要求：累计驾驶时间 ；单位：分钟。

数据结构：旅行时间表如下；采用二维数组实现。

	0 武汉	1 岳阳	2 长沙	3 南昌	4 九江
武汉 0	0	194	330	264	182
岳阳 1	194	0	145	265	475
长沙 2	330	145	0	210	403
南昌 3	264	265	210	0	90
九江 4	182	475	403	90	0

```
void inputTimeTable(int time[ ][NTOWNS], char towns[ ][10], int ntown);
```

返回结果：旅行时间表，由形参数组 time 对应的实参数组带出。

```
int selectCity(char towns[ ][10], int ntown);
```

返回结果：selectCity 函数返回值代表用户选择的城市编号。

```
1.  #include <stdio.h>
2.  #include <stdlib.h>
3.  #define NTOWNS 5 /* 城市个数 */
4.
5.  void inputTimeTable(int time[][NTOWNS], char towns[][10], int ntown);
6.  int selectCity(char towns[][10], int ntown);
7.
8.  int main()
```

```
9. {
10.     char towns[NTOWNS][10] = {"武汉", "岳阳", "长沙", "南昌", "九江"};
11.     /*旅行时间表*/
12.     int timeTable[NTOWNS][NTOWNS];
13.     int row, col;
14.     int city1, city2, city3; /*本次旅行的3个城市编号*/
15.     int time;                /*累计出游时间*/
16.
17.     printf("\n自驾出游，计算累计驾驶时间。\n\n");
18.
19.     printf("输入旅行时间表：\n");
20.     inputTimeTable(timeTable, towns, NTOWNS);
21.
22.     /*选择出游的3个城市*/
23.     city1 = selectCity(towns, NTOWNS);
24.     city2 = selectCity(towns, NTOWNS);
25.     city3 = selectCity(towns, NTOWNS);
26.     /*计算累计出游时间*/
27.     time = timeTable[city1][city2] + timeTable[city2][city3] + timeTable
  [city3][city1];
28.
29.     /*输出累计出游时间*/
30.     printf("\n从%s、%s到%s之间的旅行时间共计："
31.            "%d\n",
32.            towns[city1], towns[city2], towns[city3], time);
33.
34.     return 0;
35. }
36.
37. /*inputTimeTable函数：输入旅行时间表*/
38. void inputTimeTable(int time[][NTOWNS], char towns[][10], int ntown)
39. {
40.     int row, col;
41.
42.     for (row = 0; row < ntown; row++)
43.     {
44.         time[row][row] = 0;
45.         for (col = row + 1; col < ntown; col++)
46.         {
47.             printf("请输入%s到%s的旅行时间：", towns[row], towns[col]);
48.             scanf("%d", &time[row][col]);
49.             time[col][row] = time[row][col];
50.         }
51.     }
52.
53.     printf("\n");
54. } /*end inputTimeTable*/
55.
56. /*selectCity函数：选择一个旅行的城市*/
57. int selectCity(char towns[][10], int ntown)
58. {
59.     int select, row;
60.
61.     for (row = 0; row < ntown; row++)
62.         printf("%d: %s\t", row, towns[row]);
63.     printf("\n");
64.
65.     do
66.     {
```

```
67.         printf("请在城市 0~4 中，选择出游的一个城市编号：");
68.         scanf("%d", &select);
69.         if (select < 0 || select >= ntown)
70.             printf("Error：城市编号必须在 0~%d 范围内\n", ntown - 1);
71.     } while (select < 0 || select >= ntown);
72.
73.     printf("\n你选择的出游城市是：%s\n\n", towns[select]);
74.
75.     return select;
76. } /*end selectCity*/
```

6.5 数组的安全缺陷

C 语言中数组的安全缺陷是指在处理数组时可能导致的安全问题或程序错误，常见的有：数组越界访问内存、数组的初始化、字符串的输入、字符串处理函数等引发的错误和安全问题。

6.5.1 数组越界访问内存

当程序尝试访问数组中超出其有效索引范围的元素时，会发生数组越界访问。这可能导致程序行为不确定，甚至造成安全问题。其次，刚开始指向的是数组的开始地址，随着访问增加，可以指向数组内存区域之外。

1. 错误引用数组下标

在进行数组访问时，未对数组进行边界检查，导致其越界访问。例如：

```
int a[3];
for (int i = 0; i <= 3; ++i)
{
    a[i] = a[i] + 1;
}
```

在定义数组 a[3] 时，表示的是数组元素的个数，在 C 语言中数组下标是从 0 开始的，因此 i 的取值范围是 0~2，最后一个数组元素是 a[2]，但本题中循环语句的最后一次循环访问的是数组元素 a[3]。这种错误，C 语言编译时不会提示、也不会报错；编译系统会将 a[2] 的下一个内存单元的值，当作 a[3] 的内容。所以，要注意数组下标的引用范围，不要越界访问。

2. 错误初始化数组

在进行程序开发的过程中，声明时分配数组大小时没有考虑到特殊情况或者突然决策变化，若此时数组的大小分配没有及时修改，将会导致数组的越界。因此，在数组分配大小时，最好采用定义变量值的方式或动态分配大小，当决策发生变化时，可以很容易修改代码，动态分配不仅能够节省内存，还能找出隐藏的越界问题。例如：

```
int a[3] = {1, 2, 3, 4}; // 错误，初始化列表中有 4 个整数
char str[5] = "china";
char string[5];
```

```
scanf("%s", string); // 用户输入 hello
```

上述 3 个数组的定义和初始化，犯了同一个类型的错误。对字符数组定义时，尤其注意其数组长度，要为字符串结束标记预留 1 字节，即用户最多只能使用比该长度少 1 字节的存储空间。上面的定义的 2 个字符数组，数组长度至少为 6。

6.5.2 缓冲区溢出

缓冲区是程序运行时机器内存中的一个连续块。在程序运行过程中动态地将数据放到内存中的某个位置，但如果此时没有足够的空间将会发生缓冲区溢出现象。多输入的数据将会覆盖缓冲区前或后（视具体系统而定）内存单元的内容，引起的后果视系统所处的状态而定。①若缓冲区后是无用数据，此时不会引起系统故障；②若缓冲区后是有用数据，使用数据的程序会得到错误的结果；③若缓冲区后面是指令则系统会崩溃。例如：

```
char str[10];
scanf("%s", str);
printf("%s\n", str);
```

上述代码超过 10 的部分并不会报错，会继续执行，在缓冲区中分配新的内存空间为其进行输入，可以通过下面这个操作，保证缓冲区的安全性。

```
char str[10] ;
scanf("%10s",str);          //保证缓冲区的安全性
printf("%s\n",str);
```

同时，若直接对 str 进行赋值超过 9 个字符：

```
char str[10] = "sadjasjdjasjdjasjdjasjdj";
```

则系统会显示如下警告，告诉你超过其数组空间。

```
initializer-string for array of chars is too long
```

6.5.3 未初始化数组

数组定义时可以不作初始化，未初始化的数组和变量一样，受存储类别的限制，全局数组或静态数组未初始化，其初始值自动设置为 0；自动数值未初始化，其初始值是未知的。如果程序读取到未初始化的值，会造成程序错误。例如：

```
int numbers[5];
int sum = 0;
for (int i = 0; i < 5; i++)
{
    sum += numbers[i]; // 未初始化的数组元素
}

printf("%d\n", sum);
```

此时输出为一个随机值。

未初始化数组会导致数据值随机性，进而可能导致系统的崩溃，在进行数组计算时，应该按如下方式对其进行初始化操作。

```
int numbers[5] = {0};  // 初始化数组元素 numbers[0] 值为 0，其余元素自动初始化为 0
```

6.5.4　字符串的相关安全

C 语言提供了丰富的字符串处理函数，不同函数功能不同，参数的定义也不同。当调用这些字符串处理函数时，容易忽视细节导致错误。

1. 字符串连接 strcat 函数

```
strcat(str1, str2);
```

功能：将字符串 str1 与字符串 str2 尾首相接，原 str1 末尾的结束符 '\0' 被自动覆盖，新串的末尾自动加上结束符 '\0'，生成的新串存于 str1 中。函数返回值是字符串 str1 的首地址。

函数参数 str1 必须有足够的长度以容纳 str2 的内容，否则会因越界产生错误。

2. 字符串复制 strcpy 函数

```
strcpy(str1, str2);
```

功能：将字符串 str2 的内容连同结束符 '\0' 一起复制到 str1 中，并返回字符串 str1 的首地址。

函数参数 str1 必须有足够的长度以容纳 str2 的内容，否则会因越界产生错误。

6.5.5　数组名的相关安全

数组名是数组的首地址，也是第 1 个数组元素的地址。简言之，其是地址，是一个表示内存单元的整数。

```
int a[10];
scanf("%d",&a);          // 错误使用取地址符号
```

上面这种情形是容易出错的地方。除此之外，数组名作为函数调用的实参时，要注意形参也必须是数组名，实参向形参“传址”。

数组以及字符串是 C 语言中安全陷阱较多之处，应该谨慎处理数组的访问操作，确保下标值在有效范围内，并采取适当的措施来防止数组越界访问带来的潜在问题。对于静态数组，在声明时确保分配的空间足够存放实际需要存储的数据，避免越界访问和缓冲区溢出。对于需要大量数组空间的情况，考虑使用动态内存分配，但要注意及时释放内存，避免堆栈溢出。同时，数组初始化、字符串的输入也需多加注意，防患于未然。

6.6　本章小结

数组是程序设计中最常用的数据结构。数组是由一定数目、类型相同的数据组成的有序集合。数组可分为数值数组（整型数组和实型数组）、字符数组、指针数组和结构

体数组等。数组可以是一维的、二维的或多维的。

数组名中存放的是一个地址常量，它代表整个数组的首地址。数组要先定义后使用。定义时要指定其元素类型和数组大小，要特别注意 C 语言数组的下标取值范围是 0~N-1（N 为数组大小）。

同一数组中的所有元素，按其下标的顺序占用一段连续的存储单元。一个数组元素实质上就是一个变量，它具有和相同类型单个变量一样的属性，可以对它进行赋值和参与各种运算。对数组的赋值可以用数组初始化赋值、赋值语句赋值和输入函数动态赋值 3 种方法实现。对数值数组不能用赋值语句整体赋值、输入或输出，而必须用循环语句逐个对数组元素进行操作。

二维数组的数组元素在内存中的排列顺序为“按行存放”，即先顺序存放第 1 行的元素，再存放第 2 行，以此类推。可以把二维数组看作一种特殊的一维数组：它的元素又是一个一维数组。对基本数据类型的变量所能进行的操作，也都适合于相同数据类型的二维数组元素。

本章详细介绍了用以存储字符串的字符数组，阐述了字符串的基本概念和字符串结束标志 '\0'，讲解了字符数组的定义、引用、初始化和输入输出的操作方法；介绍了一些常用的字符串处理函数，介绍了这些函数的一般形式、参数类型、基本功能并举例说明。介绍了数组作为函数参数的两种方式：“传值”和“传址”。数组元素作为函数调用的实参，和基本型变量一样，是“传值”方式；而数组名是数组的首地址，作为函数调用的实参，则是“传址”方式，并举例说明。最后列举了使用数组时容易产生的程序漏洞以及导致的安全问题。

习题

1. 将 Fibonacci 数列前 20 项中的偶数找出来，存放到一维数组中。

2. 将一个一维数组中的数按逆序重新存放并输出。

3. 有 30 个数已按降序排列，分别使用顺序法和折半法找出指定的数值，并计算各用了多少步数值比较就找到该数。

4. 一个 5×5 的整数矩阵，对应该矩阵打印一个图形，元素值为正时打印 1，为负时打印 0，为零时打印“*”。

5. 有一个 3×4 的二维整型数组，求该数组中所有正数之和。

6. 有一个 4×4 的二维整型数组，将数组中各元素的值按从大到小的顺序排列并重新输出。

7. 简述你对字符串结束标记的理解。

8. 用字符数组存储字符串时，必须有一个数组元素存储字符串结束标记吗？请给出理由。

9. 用字符数组输出字符串有哪几种方式？请举例说明。

10. 请不使用 strcat( ) 函数，请编程将两个字符串连接成一个字符串。

11. 全班有30个学生，输入每个学生的姓名、学号、程序设计成绩、高等数学成绩等信息。请编程实现：

（1）显示全班同学的成绩表、每人的平均成绩、每门课程的全班平均成绩；

（2）实现查找学生的操作，要求输入待查找的学生学号时，输出该学生的基本信息；输出全班程序设计最高分、高等数学最高分学生的基本信息。

第7章 指 针

计算机的内存空间以线性方式组织。计算机会给程序的变量、函数代码等对象分配内存空间，并以指针表示其位于内存空间中的地址。指针变量是一种特殊的变量，其值的含义是内存空间中的特定地址。总的来说，指针为C语言操作内存空间提供灵活方便的方式，而本章介绍以内存地址为基础的指针、指针变量，并阐述指针变量的类型与应用，以及与数组、字符串的关系。

7.1 指针的含义

本节从内存对象的地址出发，介绍指针的语义、指针与地址的关系。同时，引出一种新型变量——指针变量。

7.1.1 变量地址

假设信息安全1班有30个同学。假设每个学生住一间宿舍，安排信息安全1班同学的住宿需要30间宿舍，宿舍的编号为：7000~7029。所有同学分配完宿舍后，会构建一个学生姓名与宿舍编号的映射表，如{小郑，7001}、{小张，7007}等。每间宿舍可以存放学生的物品，如书籍、计算机、书包等。每个房间既可以用学生的姓名标记，如小郑；也可以用房间号标记，如小郑的房间号7001。这样当老师需要查询学生物品时，就可以用学生的姓名查询，利用姓名与房间号的对应关系，查询到学生的房间号。接着，根据房间号，就可以查询到该学生物品。

这里，我们可以把学生的姓名理解为程序中的变量名，学生所在的房间号即该变量的内存地址，该内存地址存放的就是学生的计算机。此时，变量名与内存地址是一一对应的，即由变量名马上就可以找到需要的物品。

在32位系统中，整个内存空间的容量为32GB。按照房间号的编码，其内存空间的地址号码从0x00000000~0xFFFFFFFF。当程序加载到内存时，程序中的变量和常量都会占据相应的内存地址。如程序7-1中，输出变量a的内存地址为0x0061FF1C。

【例7-1】设计一个加法程序，并输出其变量的内存地址。

思路分析：采用&算子获得变量的地址。

程序代码（7-1.c）:

```
1.  #include <stdio.h>
2.  #define PRT_ADDRESS
3.
4.  int main(int argc, char *argv[])
5.  {
6.      int a, b, sum = 0;
7.      printf("Please input two integers: ");
8.      while (2 != scanf("%d%d", &a, &b))
9.      {
10.         printf("\rPlease input two integers: ");
11.         fflush(stdin);
12.     }
13.     sum = a + b; /* 算术运算可能溢出 */
14.     printf("\r%d+%d =%d", a, b, sum);
15.
16. #ifdef PRT_ADDRESS
17.     printf("\r\nthe Addresses of argc and argv are %p and %p", &argc, argv);
18.     printf("\r\nthe Addresses of a, b, sum are %p, %p and %p", &a, &b, &sum);
19.     printf("\r\nthe Addresses of main, printf,scanf and fflush are %p,%p,%p
  and %p", main, printf, scanf, fflush);
20. #endif
21.     return 0;
22. }
```

该程序经过GCC编译后的一次运行结果：

```
Please input two integers: 40 60
40+60 =100
the Addresses of argc and argv are 0061FEE0 and 00BE2EF0
the Addresses of a, b, sum are 0061FECC, 0061FEC8 and 0061FEC4
the Addresses of main, printf,scanf and fflush are 004015C0,00402684,0040267C
and 004026B4
```

再次运行的结果：

```
Please input two integers: 1 9
1+9 =10
the Addresses of argc and argv are 0061FEE0 and 00732EF0
the Addresses of a, b, sum are 0061FECC, 0061FEC8 and 0061FEC4
the Addresses of main, printf,scanf and fflush are 004015C0,00402684,0040267C
and 004026B4
```

程序7-1有5个局部变量和4个函数。其中，argc和argv的值是从操作系统传递过来的；a和b的值是从控制台输入的；sum的值是计算得到的。从上述运行结果看，其变量名和内存地址关系是不变的，变化的是内存中的变量内容。例如，第2次输入a和b为1和9，则sum值为10。此外，4个函数名对应的地址也不变，这些地址存放就是这些函数执行开始代码，或者是函数执行的跳转代码。

每个变量包括变量名、变量地址和变量值3类信息。如果变量声明时没有赋初值，则变量值是不确定的。程序7-1的5个变量关联的要素见图7-1，变量名可以是数据存储空间的一种抽象，便于程序员对内存空间的标记、引用、赋值。

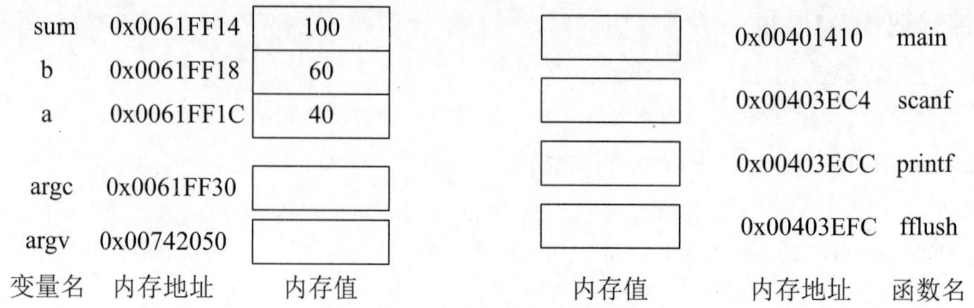

变量名	内存地址	内存值		内存值	内存地址	函数名
sum	0x0061FF14	100			0x00401410	main
b	0x0061FF18	60			0x00403EC4	scanf
a	0x0061FF1C	40			0x00403ECC	printf
argc	0x0061FF30				0x00403EFC	fflush
argv	0x00742050					

图 7-1　变量和函数的地址

7.1.2　指针与地址

计算机的内存是由连续的存储单元组成的，每个存储单元都有唯一确定的编号，这个编号就是“地址”。图 7-1 的变量地址由 32 位构成。如变量 a 的地址为 0x0061FF1C，该地址为变量 a 的首地址。变量 a 为整型数，占据 4 字节，且占据的内存空间是连续的，其内存地址为 0x0061FF1C~0x0061FF1F。虽然变量 a 有连续的 4 个内存地址 0x0061FF1C、0x0061FF1D、0x0061FF1E、0x0061FF1F，但一般只把该连续空间的首地址（低地址）0x0061FF1C 称为该变量地址。

如果程序中定义了一个变量，编译系统在编译程序时，会根据变量的类型给这个变量分配一定长度并且连续的存储单元。例如，定义 cv、sv、iv 3 个不同类型的变量，如下所示：

```
char cv = 'A';        // 1B
short int sv = 65; // 2B
int iv = 65;          // 4B
printf("cv(%p)=%d,sv(%p)=%d,iv(%p)=%d", &cv, cv, &sv, sv, &iv, iv);
```

把 3 个变量声明和初始化，然后构建一个完整的程序，并输出这些变量值、变量地址，其运行结果为

```
cv(0061FF1F)=65,sv(0061FF1C)=65,iv(0061FF18)=65
```

这些变量的变量值如图 7-2 所示。注意，X86 计算机为小端（little endian）模式，即高位在高地址、低位在低地址。变量 iv 占据 4 个内存基本单元（即 1 字节），其变量值为 0x00000041；变量 sv 占据两个内存基本单元，其变量值为 0x0041；变量 cv 占据一个内存基本单元，其变量值为 0x41。同时，变量 sv 和变量 cv 之间有一个空暇的内存单元 0x0061FF1E 没有使用，这是编译器优化的结果，使得 3 个局部变量占据 8 个基本内存单元。

我们利用学生姓名（小郑）查询到该学生的宿舍号（7001），然后利用该宿舍号查询到宿舍内的计算机型号（Intel_i5），这就是直接查询。这类比到程序上，就是小郑是变量名，7001 是变量地址，Intel _i5 是变量值。如果上述查询的变量值不是 Intel_i5，而是 7007。而 7007 好像是宿舍号，即小张的宿舍号，然后查询得到小郑的计算机型号与小张一样，都是 Intel_i5。这种查询称为间接查询，间接查询利用第一查询结果 7007 继续查询得到了想要的结果。因此，7001 房间中存放的 7007 就是一种指针，它指向我们想要结果的位置。

内存地址	内存值	变量名
0061FF18	0x41	iv
0061FF19	00	
0061FF1A	00	
0061FF1B	00	
0061FF1C	0x41	sv
0061FF1D	00	
0061FF1E		
0061FF1F	0x41	cv

图 7-2　变量值在内存单元中的布局

我们将 { 学生姓名，宿舍号，学生计算机型号 } 映射到程序中 { 变量名，变量地址，变量值 }。如果变量值为某一个变量地址（即内存地址），那么该值就是指针。

C 语言中引入了新的变量类型用于表示这种对特定内存地址的指向关系，称该类型为指针类型。用指针类型修饰的变量就是指针变量，是一种专门用来存放存储单元地址的特殊变量。与一般变量不同的是：指针变量中存放的是相应目标变量的地址，而不是存放变量的值。

从计算机系统角度看程序，需要了解程序的数据和代码在内存中的位置，以及访问数据的方式。为此，总结与地址相关的概念。

（1）存储单元：存放 1 字节的空间称为一个基本存储单元。变量和常量占据至少一个基本存储单元。即 1 字节的存储单元是内存中分配的最小单位。变量和常量占据存储单元或内存单元的长度与该变量 / 常量的数据类型相关。一般讲，char 型变量的存储单元为 1 字节，int 型变量的存储单元为 4 字节。

（2）存储单元的地址：存储单元的编号即存储单元的地址，其值为非负，常用十六进制表示。地址的编码长度取决于计算机单位时间内处理的字长。如 32 位计算机的地址编码为：0x00000000 ~ 0xFFFFFFFF。地址的编码长度独立于变量的数据类型。

（3）存储单元的内容：存储单元中存放的数据，即变量的值。例如图 7-2 中的 0x41，0x00。

（4）变量的地址：变量占据的连续存储单元的起始地址，简称变量的地址。如程序 7-1 中变量 a 有 4 个连续的内存地址 0x0061FF1C、0x0061FF1D、0x0061FF1E、0x0061FF1F，一般仅把该连续空间的首地址（低地址）0x0061FF1C 称为该变量地址。

（5）指针：存储单元的地址就是指针。如果一个地址值保存在一个指针变量中，就可以通过该变量访问所指向的存储单元。

（6）指针变量：一种用于存储指针值的变量。该变量只用来存储指针，且依据当前所使用的硬件架构占用固定大小的存储单元（通常在 32 位架构下占用 4 字节，64 位架构下占用 8 字节）。类似使用变量名来访问内存对象，指针变量中一旦记录了某个内存对象的地址，接下来就可以通过该指针变量间接访问目标对象。

7.2 指针变量

指针变量是一种变量，具有变量的要素和属性。指针变量需要声明和赋值后，才可以使用。同时，指针变量具有变量类型、变量名和变量值。

7.2.1 指针变量的声明

int 变量用于表示一个整型数。程序 7-1 中声明了局部变量 a 和 b：

```
int a, b;
```

int 指针变量则用于表示一个整型数在内存空间中地址。换句话说，指针是用来存放其他变量地址的特殊变量。而且，任何变量的地址都可以用与其对应的指针变量来存放。例如，我们可以声明如下两个 int 型的指针变量 pa 和 pb：

```
int *pa, *pb;
```

指针变量 pa、pb 的声明与变量 a、b 的声明唯一不同是指针变量名前多了一个“*”。指针变量限定了该变量的取值范围，为存储单元的地址。

指针变量声明的一般形式为

```
类型说明符   * 指针变量名；
或       TYPE * pointer_name;
```

其中，类型说明符指的是指针变量所指向变量的数据类型，“*”表示随后的变量是指针变量。

说明：

（1）定义中的“*”是一种标记符号，表示随后的变量是指针变量。例如，定义了“int *pa；”后，指针变量名是 pa。

（2）指针变量不能和整型变量混淆。在 32 位系统中，指针变量和整型变量都是 4 字节长度，但前者用来存放地址（指针），而后者用来存放整型值。

（3）一个指针变量的类型通常应该与所指向的内存对象类型一致。例如，整型指针变量用于记录整型变量的地址，而字符型指针变量则用于记录字符变量的地址。需要注意的是，尽管整型指针变量和字符型指针变量在 32 位系统中都采用 4 字节长度表示，但使用正确的类型区分它们对于编译器如何处理指针运算相当重要，我们会在 7.3 节介绍这一概念。

7.2.2 指针变量的赋值和使用

指针变量在使用前必须赋值，否则会出现指针变量未初始化的内存错误。

指针变量可通过以下语句初始化名为 pointer_name 的 TYPE 类型指针：

```
1. TYPE * pointer_name = NULL;
2. TYPE * pointer_name = &variable;
3. TYPE * pointer_name = pvariable;
```

第 1 种方式表示指针变量初始化为 NULL（通常来说，NULL 表示指针变量中存储了零地址，0x0)，即空指针。显然，空指针不表示任何有效地址，也访问不到任何变量，因此空指针不能被引用。即便如此，引入NULL，即空指针这一概念的意义在于帮助开发者定义指针变量在特定时间段内的有效性，以规范程序运行时的内存状态。

第2种方式是一种常见指针赋值方式。variable是TYPE类型的变量，而该操作将variable变量的地址取出（通过&运算符），然后赋值给名为pointer_name的指针变量。

第3种方式是把一个已经初始化的指针变量赋值给pointer_name变量。

【例7-2】设计一个计算“程序设计”课程的平均成绩和方差。

思路分析：计算公式：

$$\mu=\frac{1}{n}*\sum_1^n x;\ \sigma^2=\frac{\sum_1^n (x-\mu)^2}{n} \tag{7-1}$$

程序代码（7-2.c）：

```
1.  #include <stdio.h>
2.  #include <math.h>
3.  #define MAX_NUM 6
4.
5.  int main(void)
6.  {
7.      float score[MAX_NUM], average = 0, variance = 0, temp;
8.      int istep = 0;
9.      float *pscore = &score[0]; /* 取变量的地址 */
10.     while (istep < MAX_NUM)     /* 输入所有成绩 */
11.     {
12.         printf("\rplease input a score: ");
13.         scanf("%f", pscore);
14.         average += *pscore; /* 指针解引用，算术运算可能溢出 */
15.         pscore++;
16.         istep++;
17.     }
18.     istep = 0;
19.     pscore = &score[0];
20.     average = average / MAX_NUM;
21.
22.     while (istep < MAX_NUM)
23.     {
24.         temp = *pscore - average; /* 指针解引用 */
25.         variance += temp * temp;  /* 算术运算可能溢出 */
26.         pscore++;
27.         istep++;
28.     }
29.     variance /= MAX_NUM;
30.     variance = sqrt(variance);
31.
32.     printf("\nAverage=%f,variance=%f", average, variance);
33.     return 0;
34. }
```

该程序经过GCC编译链接后的一次运行结果如下：

```
please input a score: 80
please input a score: 82
please input a score: 83
please input a score: 84
```

```
please input a score: 90
please input a score: 88

Average=84.500000,variance=3.452053
```

程序 7-2 有两个一元运算符：“&”和“*”。

（1）一元运算符“&”，取地址运算符，取变量的地址，它将返回操作对象的内存地址。& 只能用于具体的变量或数组元素，而不能用于表达式或常量。例如：

```
pscore = &score[0];  /* 取数组 score 的第一个元素的地址，并赋值给 pscore*/
```

（2）一元运算符“*”，指针运算符，间接存取指针变量所指向变量的值。例如：

```
average += *pscore;  /* 获取 pscore 指向内存地址的值，并赋值 average 变量 */
```

程序 7-2 利用了 while 实现了两个循环，一个循环接收成绩的输入和成绩累加，另一个循环计算成绩的方差。第 1 个循环结束后 istep=MAX_NUM，pscore 指向 score[MAX_NUM]。此时，pscore 已经指向非法内存区域。为此，两个循环之间必须对 istep 和 pscore 进行重新赋值，确保 istep=0，pscore 指向 score[0]。

说明：

（1）指针变量在使用之前要进行赋值，没有合法的、有效的指向关系的指针变量禁止使用。

（2）定义指针变量中的“*”和引用指针变量中“*”的意义是不一样的。定义中的“*”是一种类型标记符号，表示随后的变量是指针类型变量；引用中的“*”是一种运算符号，表示从指针变量所指向的内存地址中取出变量的值。例如，pscore 指针变量的类型是 float*，“*”运算符会访问 pscore 记录的内存地址，并用 float 类型来解释 pscore 记录的内存地址为首地址的这段内存空间中的数据。

（3）确定指针变量的指向关系。例如，“pscore = &score[0]；”而不是“*pscore= &score[0]”。编程测试程序 7-2 中“*pscore = &score[0]”的结果是什么。

7.2.3 指针变量形参

程序 7-2 利用指针变量 pscore 遍历数组 score 的每一个元素，可以便捷地计算成绩的平均值。变量可以作为函数调用中的函数参数。同样，指针变量也能作为函数参数。

程序 7-1 中有一行代码“while（2 != scanf（"%d%d"，&a，&b））”，把变量地址作为形参，完成 scanf 的调用。scanf 的作用是从控制台把数据输入一个内存单元中。其实质是被调用函数 scanf 可以修改调用函数 main 中局部变量 a 和 b 的值。同样，可以利用指针变量作为形参，间接修改指针变量指向内存空间的值。

【例 7-3】利用指针变量作为形参实现两个整数的交换。

思路分析：设计一个交换函数 swapint，交换两个整数。

程序代码（7-3.c）：

```
1.  #include <stdio.h>
2.
3.  void swapint(int *x, int *y);
4.
```

```
5.  /* 利用指针变量为形参，交换形参指向地址的值 */
6.  void swapint(int *x, int *y)
7.  {
8.      int temp;
9.      temp = *y;
10.     *y = *x;
11.     *x = temp;
12. }
13.
14. int main(void)
15. {
16.     int a, b, *pa, *pb;
17.     pa = &a;
18.     pb = &b;
19.     printf("please input two integers: ");
20.     scanf("%d%d", pa, pb); /* 输入可能非法 */
21.     swapint(pa, pb);
22.     printf("a=%d, b=%d\n", a, b);
23.     return 0;
24. }
```

该程序经过GCC编译链接后的一次运行结果如下：

```
please input two integers: 25 52
a=52, b=25
```

程序7-3的main函数调用swapint函数实现a和b的数据交换。实参pa、pb与形参x、y位于不同的地址空间。调用发生时，参数传递仍然是值传递，即把实参pa的值复制给形参x，把实参pb的值复制给形参y。程序的功能实现原理可以参见图7-3。

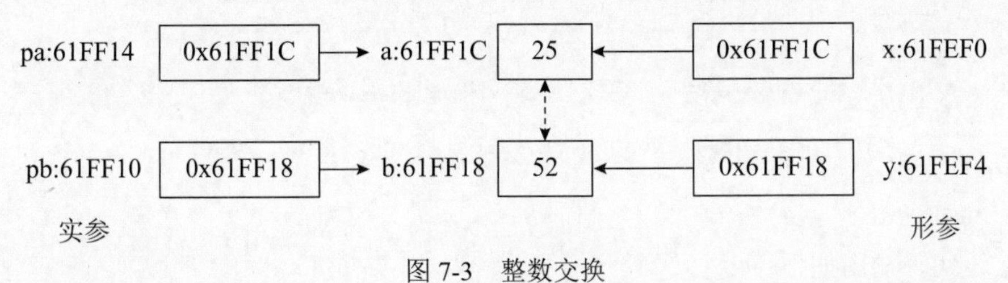

图7-3 整数交换

如果把swapint替换为下面的形式，请思考和测试程序的运行结果。

```
1. void swapint(int *x, int *y)
2. {
3.     int *temp;
4.     temp = x;
5.     x = y;
6.     y = temp;
7. }
```

7.3 指针运算

指针变量的值可以看作无符号的整数，有特定的值域。指针变量作为变量，一样可以参与算术运算、比较运算，当然也可以做赋值运算。

7.3.1 指针赋值运算

指针赋值运算是向指针变量传递某个内存对象的地址，如语句“`pa = &a;`”。需要注意的是，为了保证程序运行状态的可控性，指针变量的赋值运算最好在相同的数据类型之间进行，除非采用编译器定义的强制类型状态等特殊操作。可以利用指针变量解释浮点数的3部分：符号位、指数位和尾数位。

我们知道浮点数在计算机中是采用IEEE 754标准表示的：对于单精度浮点数来说，首先最高位为符号位，其次是8位的指数位，最后是23位的尾数位。既然了解到指针类型可以影响特定地址所表示的值，可以尝试通过如下方法验证单精度浮点数在内存中的表示方法。

【例7-4】单精度浮点数的内存表示。

思路分析：用无符号整数指针变量指向单精度浮点数，然后利用按位与取得对应符号位、指数位、尾数位。

程序代码（7-4.c）：

```
1.  #include <stdio.h>
2.
3.  int main(int argc, char *argv[])
4.  {
5.      float f = -1.5;
6.      unsigned int sign_flag = 0x80000000, exp_flag = 0x7f800000,
7.                   frac_flag = 0x007fffff;
8.      unsigned int float_pattern = *(unsigned int *)&f;
9.      unsigned int float_sign = (float_pattern & sign_flag) >> 31,
10.                  float_expo = ((float_pattern & exp_flag) >> 23) - 127,
11.                  float_frac = float_pattern & frac_flag;
12.     printf(
13.         "f as unsigned int: %X\nsign bit : %d\nexp  bits: %d\nfrac bits: 
    0x%X\n",
14.         float_pattern, float_sign, float_expo, float_frac);
15.     return 0;
16. }
```

上述代码输出如下：

```
f as unsigned int: BFC00000
sign bit : 1
exp bits: 0
frac bits: 0x400000
```

经简单计算可以验证得到该单精度浮点数确实遵从IEEE 754标准。同样地，也可以验证双精度浮点数的内存表示。请同学们验证双精度浮点数 f = -2.125 的符号位、指数位和尾数位。

第8行代码“`unsigned int float_pattern = *(unsigned int *)&f;`”的含义为取浮点数f的地址，然后把该地址转换为一个无符号整数指针，然后把该指针对应的无符号值赋值给float_pattern。

7.3.2 指针算术运算

指针变量的算术运算只有两种：指针变量与一个整数的加减，以及两个指针变量之间的减法。两个指针的加法、乘法、除法没有实际意义。如果代码存在这类运算，则是无效的。

当指针变量指向某存储单元 A 时，指针变量加（减）一个整数，使指针变量相对存储单元 A 移动一定的偏移量，从而指向另一个存储单元 B。

例如：程序 7-2 中的指针移动语句：

```
average += *pscore;      /* 指针解引用，算术运算可能溢出 */
pscore++;
```

pscore 指针在数组 score 间移动，方便遍历数组的所有元素。如果第 1 句 pscore 的值为 0x0061FF10，则程序执行 pscore++ 后，pscore 值是多少？按照惯性思维，pscore 加 1，其结果为 0x0061FF11。该结论显然是错误的，其实际结果为 0x0061FF14。如何解释？

从程序 7-2 的代码看，pscore 开始指向数组元素 score[0]（该数组元素的地址为 0x0061FF10），语句 {pscore++; } 执行后，pscore 指向数组元素 score[1]。而 score[1] 的地址为 0x0061FF14，因此，此时 pscore 值是 0x0061FF14。

对于程序 7-2 中定义的 pscore 指针变量来说，语句 {pscore += d; } 中，d 为一个常量或变量。该语句执行后，pscore 的值为 pscore 原有的值加上 d * sizeof（int）。即 pscore 的地址偏移量为 d 与 pscore 类型长度的乘积。

注意：一般化表示：

```
TYPE * pointer_name;
```

pointer_name + d 的值等于 pointer_name + d * sizeof（TYPE）。

指针变量与整数的加减可以用于指针在数组间的移动。即指针变量移动的范围是固定的，移动前后指向的存储单元是同一数据类型。如果指针移出了给定范围，则会指针越界。

当两个指针变量指向同一数组的不同元素时，两个指针变量相减的差值即为两个指针相隔的元素个数。

例如：

```
int *pscore1, *pscore2;
pscore1 = pscore2 = & score[0];
pscore2+=4;
```

此时，假设 pscore1 为 0x0061FF10，pscore2 为 0x0061FF20。思考 pscore2 - pscore1= 16 对吗？

pscore2-pscore1 实际值为 4，与指针加常量一样，pscore2-pscore1 实际值为两个地址之差再除以 sizeof（int）。更一般形式：

$$\text{pscore2-pscore1}=\frac{\text{(pscore2-pscore1) 的地址差}}{\text{sizeof(TYPE)}}$$

7.3.3 指针比较

两个指向相同类型变量的指针变量可以使用关系运算符进行比较运算，对两个指针变量中存放的地址进行比较。

假设程序的两个指针 pa 和 pb 经过初始化与赋值后，就可以进行关系运算符的运算。

```
pa < pb;    /* 当pa所指向变量的地址位于pb所指向变量的地址之前时为真 */
pa > pb;    /* 当pa所指向变量的地址位于pb所指向变量的地址之后时为真 */
pa == pb;   /* 当pa与pb所指向变量的地址相同时为真 */
pa != pb;   /* 当pa与pb所指向变量的地址不同时为真 */
```

指针变量的比较运算用于判定两个指针变量所指向同一个数组的不同数组元素的位置先后，才有意义；而将指向两个简单变量的指针变量进行比较或两个不同类型指针变量之间的比较是没有意义的。指针变量与非指针变量的比较也没有意义，只有常量 0 例外。一个指针变量为 0（NULL）时表示该指针变量为空，没有被初始化，被禁止参与指针比较运算、算术运算。

栈是一种先进后出的数据结构。程序的函数调用需要用栈实现实参的入栈和出栈（赋值给形参），调用函数的返回地址也会入栈。

【例 7-5】模拟栈操作。

思路分析：设计一个出栈操作和入栈操作，主函数负责数据和命令的输入，以及出栈数据的显示。设计时，需要考虑数据与命令的识别、栈满、栈空，确保程序的健壮性。

程序代码（7-5.c）：

```
1.  #include <stdio.h>
2.  #define STACK_SIZE 3
3.  #define END_EMULATION -1
4.  #define STACK_FULL -1
5.  #define STACK_EMPTY -1
6.  #define POP_STACK 0
7.
8.  int push(int); /* 入栈函数声明 */
9.  int pop(void); /* 出栈函数声明 */
10.
11. int *EBP, *ESP, stack[STACK_SIZE]; /*EBP=栈底、ESP=栈顶 */
12.
13. int main(void)
14. {
15.     int param, odata;
16.     EBP = stack;
17.     ESP = NULL;
18.     printf("command: (0)-pop, (-1)-exit, other data-push\n");
19.
20.     do
21.     {
22.         printf("please Input an integer (0,-1,data): ");
23.         scanf("%d", &param);
24.         if (param == END_EMULATION)
25.             break;
26.
27.         if (param != POP_STACK)
28.         {
29.             if (push(param) == STACK_FULL)
30.                 printf("This stack is full\n");
```

```
31.         }
32.         else
33.         {
34.             odata = pop();
35.             if (odata != STACK_EMPTY)
36.                 printf("pop data is %d\n", odata);
37.             else
38.             {
39.                 printf("no data in stack\n");
40.             }
41.         }
42.     } while (1);
43. 
44.     return 0;
45. } /*end main*/
46. 
47. /* 入栈操作 */
48. int push(int idata)
49. {
50.     if (ESP == NULL) /* 栈中数据为空 */
51.     {
52.         ESP = stack;
53.     }
54.     else
55.     {
56.         ESP++;
57.     }
58. 
59.     if (ESP == (EBP + STACK_SIZE)) /* 判断栈是否已满 */
60.     {
61.         ESP--;
62.         return STACK_FULL;
63.     }
64.     else
65.     {
66.         *ESP = idata;
67.         return idata;
68.     }
69. } /*end push*/
70. 
71. /* 出栈操作 */
72. int pop(void)
73. {
74.     int odata;
75.     if (ESP == NULL) /* 判断堆栈是否为空 */
76.         return STACK_EMPTY;
77.     odata = *ESP--;
78.     if (ESP < stack)
79.         ESP = NULL;
80.     return odata;
81. } /*end pop*/
```

该程序经过GCC编译链接后的一次运行结果：

```
command: (0)-pop, (-1)-exit, other data-push
please Input an integer (0,-1,data): 0
no data in stack
please Input an integer (0,-1,data): 1
please Input an integer (0,-1,data): 2
please Input an integer (0,-1,data): 3
```

```
please Input an integer (0,-1,data): 4
This stack is full
please Input an integer (0,-1,data): 0
pop data is 3
please Input an integer (0,-1,data): -1
```

7.3.4 指针转换

指针变量声明的一般形式为

```
TYPE * pointer_name;
```

此处，TYPE 可以是 int，float，unsigned，short int，char 等简单或复合数据类型。此外，C 语言引入了一种特殊的 TYPE：void，即空类型指针。

指针赋值的基本原则如下。

（1）任何指针可以直接赋值给同类型的指针。

（2）任何类型的指针可以直接赋值给空类型的指针。

（3）空类型指针和空指针（NULL）可以直接赋值给其他类型的指针。

（4）将一个类型的指针赋值给另一个类型的指针时，可以使用强制类型转换，简称为指针转换。如程序 7-4 的中第 8 行代码“`unsigned int float_pattern = *(unsigned int *)&f;`”。**注意**：如果把短类型的指针强制转换为长类型的指针，则有可能产生内存越界访问的缺陷。例如，把 char * 的指针赋值给 int *。

前面介绍过地址与指针的关系，指针就是地址。内存单元的任何地址都是指针，对指针指向内存地址的内容可以根据指针类型解释。指针变量的类型为字符型，则指针指向地址的内容被解释为字符，即取该地址开始的 1 字节，然后按照字符输出。指针变量的类型为整型，则指针指向地址的内容被解释为整数，即取该地址开始的连续 4 字节，然后按照整数输出。

既然指针是地址的表现形式，地址是无符号整数，那么为什么不直接用无符号整数这一数据类型来表示地址，而要引入指针这一新的数据类型呢？事实上，任何数据类型的指针的实质就是无符号长整数，我们也可以直接将无符号长整数强制类型转换为指针变量。更进一步，同一台主机上任何类型的指针变量的大小都是一样的，因为它们都是变量的内存地址。但与整数不同的是，当对指针进行间接寻址时，程序会将指针所指向的地址处的值强制转换为与指针对应的数据类型。

【例 7-6】字符组的整数解释。

思路分析：直接把不同类型的指针指向字符数组的地址，获得不同的解释。

程序代码（7-6.c）：

```
1.  #include <stdio.h>
2.
3.  int main(int argc, char *argv[])
4.  {
5.      char mem[4];
6.      void *pvoid = mem;
7.      unsigned char *pchar = pvoid;
8.      unsigned short *pshort = pvoid;
9.      unsigned int *pint = pvoid;
```

```
10.
11.     mem[0] = 0xCA; /*202*/
12.     mem[1] = 0x72; /*114*/
13.     mem[2] = 0x40; /*62*/
14.     mem[3] = 0x2;  /*2*/
15.     printf("mem as  char: %p=%x\nmem as short: %p=%x\n \
16.             mem as   int: %p=%x\n",
17.            pchar, *pchar, pshort, *pshort, pint, *pint);
18.     printf("%p: %p: %p", &pchar, &pshort, &pint);
19.
20.     return 0;
21. }
```

该程序经过GCC编译链接后的一次运行结果：

```
mem as  char: 0061FF08=ca
mem as short: 0061FF08=72ca
mem as   int: 0061FF08=24072ca
0061FF04: 0061FF00: 0061FEFC
```

上述代码对连续的4字节分别进行赋值，之后将数组首地址分别转换为字符型（1字节）、短整型（2字节）和整型（4字节）指针。这时3个指针变量指向的地址是相同的，但当间接寻址时，指针将从数组首地址开始的1/2/4字节解释为字符型/短整型/整型变量，最后再输出其16位表示形式，如图7-4所示。

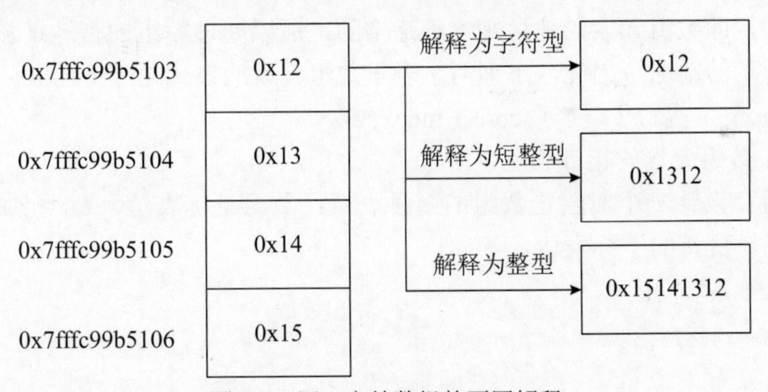

图7-4　同一字符数组的不同解释

如果main函数返回前增加一行语句“*pint=*pint+10;”，思考mem数组各元素的值是多少？

根据上述输出可发现，指针除了可以指向特定地址，它还包含了关于特定地址值的类型信息。不同类型指针指向相同地址，但指向的变量值却大不相同。更进一步，可发现程序将多字节解释为整型时高地址字节表示数值高位，而低地址字节表示低位，这种形式的内存表示被称为小端序（另外还有大端序，即低地址字节表示高位，高地址字节表示低位）。这其实是由主机处理器架构决定的，因此不同主机上多字节整数字节顺序可能存在差异。

7.4 指针和数组

程序7-2和程序7-6都是利用指针灵活地访问数组元素。因此，数组与指针有天然的关系。本节继续介绍数组元素与指针的关系，并延伸到字符串。接着，引入以数组名为形参的函数调用，以及指针数组。最后，讨论指针越界访问的危害。

7.4.1 数组元素的指针表示

在程序 7-2 中，借用指针变量对数组元素的间接访问，可以便利地计算成绩的均值和方差。除此之外，指针变量编译后产生的代码占用空间少，执行速度快、效率高。

数组的指针是指数组的起始地址，数组元素的指针是指数组元素的地址。换言之，数组名可以作为指针被引用，出现在等号的右边。但是，数组名是一种常量指针，不能出现在等号的左边。

得到变量的地址就能间接访问变量，同理，如果知道一维数组首元素的地址，通过改变这个地址值就能间接访问数组中的任何一个数组元素。因此，可以利用数组名以指针方式引用数组的任意元素。

1. 一维数组与指针

一维数组在内存中占用一片连续的存储空间。C 语言规定，一维数组名代表数组的首地址，也就是一维数组中第 1 个元素的地址。如果定义了一个一维数组 score，则数组名 score 和& score [0] 均表示该一维数组的首地址。由于在内存中数组的所有元素都是连续排列的，即数组元素的地址是连续递增的，所以通过数组的首地址加上偏移量就可得到其他元素的地址。因此，下列两个表示数组元素的方式是等价的。

score[index]　　等价于　*（score + index）

【例 7-7】数组元素的指针表达。

思路分析：设计一个对给定数组的多种表达：数组下标表达，数组名的指针表达，指针表达，指针变量的下标表达。

程序代码（7-7.c）：

```
1.  #include <stdio.h>
2.
3.  int main(void)
4.  {
5.      short int score[] = {0x50, 0x54, 0x56, 0x5a, 0x5c, 0x5f, 0x00};
6.      short int *pshort = score;
7.      int *pint = (int *)score;
8.      short int index = 0;
9.
10.     while (*pshort)
11.     {
12.         printf("%d's element in score with short int: %x: %x: %x: %x\n",
13.                index, score[index], *(score + index),
14.                *pshort, pshort[index]); /* 指针运算可能越界 */
15.         printf("%d's element in score with int: %x: %x\n",
16.                index, *pint, pint[index]);
17.         index++;
18.         pshort++;
19.         pint++; /* 指针运算可能越界 */
20.     }
21.     printf("size of score is %d", sizeof(score));
22.     return 0;
23. }
```

该程序经过 GCC 编译后的运行结果：

```
0's element in score with short int: 50: 50: 50: 50
0's element in score with int: 540050: 540050
1's element in score with short int: 54: 54: 54: 56
1's element in score with int: 5a0056: 5f005c
2's element in score with short int: 56: 56: 56: 5c
2's element in score with int: 5f005c: 61ff10
3's element in score with short int: 5a: 5a: 5a: 0
3's element in score with int: 30000: 2a3000
4's element in score with short int: 5c: 5c: 5c: ffffff18
4's element in score with int: 61ff18: 61ff80
5's element in score with short int: 5f: 5f: 5f: ffffff12
5's element in score with int: 61ff12: 1
size of score is 14
```

当 pshort = score，且对给定的 index 而言，score[index]、*（score + index）、*pshort、pshort[index] 是等价的。试分析程序 7-7 的运行结果，特别是当 index 发生变化后，它们的值为什么不同？当 index 为 –3 时，pshort[index] 表示什么？

2. 二维数组与指针

二维数组与一维数组的存储结构都是占用一片连续的存储空间。二维数组包含若干行，每行由若干数组元素构成。二维数组的每行就是独立的一维数组。从数组元素的内部布局看，把二维数组的行首尾相接就构成一个大的一维数组。因此，指针变量可以指向一维数组，也可以指向二维数组。但由于在构造上二维数组比一维数组复杂，二维数组的指针及其指针变量也相对一维数组的指针复杂些。

二维数组的存储结构是按行顺序存放的。二维数组的地址有两种，一是行地址，即每行都有一个确定的地址；二是列地址（数组元素的地址），即每个数组元素都有一个确定的地址。二维数组的行地址在数值上与行中首元素的地址相等，但意义是不同的。对行地址进行指针运算得到的是同一行的首元素地址，对列地址进行指针运算得到的是数组元素。

定义如下二维数组来说明问题：

```
int d2Array[3][4]={{0, 1, 2, 3},  {4, 5, 6, 7},  {8, 9, 10, 11}};
```

d2Array 为二维数组名，此数组有 3 行 4 列，共 12 个元素。对于数组 d2Array，可以这样来理解：数组 d2Array 由 d2Array [0]、d2Array [1] 和 d2Array[2]3 个元素组成，这 3 个元素都是一维数组，且都含有 4 个元素（相当于 4 列）。例如 d2Array[0] 所代表的一维数组包含的 4 个元素为 d2Array[0][0]，d2Array[0][1]，d2Array[0][2] 和 d2Array[0][3]。图 7-5 描述了二维数组 d2Array 在内存的表示。

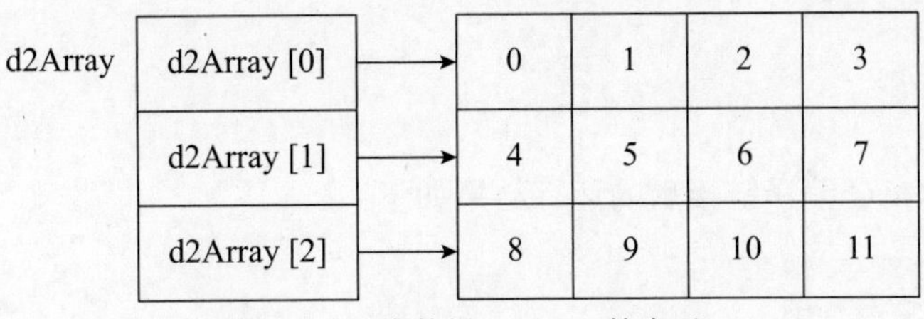

图 7-5　二维数组 d2Array 的表示

从二维数组的角度来看，d2Array 代表二维数组的首地址，也可看作二维数组第 0 行的地址。d2Array+1 代表第 1 行的地址，d2Array+2 代表第 2 行的地址。

既然把 d2Array[0]、d2Array[1] 和 d2Array[2] 看作一维数组名，可以认为它们分别代表其对应的一维数组的首地址。也就是说，d2Array[0] 代表第 0 行中第 0 列元素的地址，即 &a[0][0]，d2Array[1] 是第 1 行中第 0 列元素的地址，即 &d2Array[1][0]。根据地址运算规则，d2Array[0] + 1 即代表第 0 行第 1 列元素的地址，即 &a[0][1]。一般而言，d2Array [i] + j 即代表第 i 行第 j 列元素的地址，即 &a[i][j]。

在二维数组中，还可用指针的形式来表示各元素的地址。如前所述，d2Array[0] 与 *（d2Array +0）等价，d2Array[1] 与 *（d2Array +1）等价。因此 d2Array[i] + j 就与 *（d2Array +i）+ j 等价，它表示数组元素 d2Array[i][j] 的地址。因此，二维数组元素 d2Array[i][j] 可表示成 *（d2Array[i] + j）或 *（*（d2Array + i）+ j），它们都与 d2Array[i][j] 等价，另外也可写成（*（a + i））[j]。

【例 7-8】二维数组元素的表示。

思路分析：直接用 sizeof 获取数组的长度，以及数组的指针表示。

程序代码（7-8.c）：

```
1.  #include <stdio.h>
2.
3.  int main(void)
4.  {
5.      int d2Array[3][4] = {{0, 1, 2, 3}, {4, 5, 6, 7}, {8, 9, 10, 11}};
6.      int i, j;
7.      int *pint;
8.
9.      pint = d2Array[0];
10.     printf("Size of d2 array is %d\n", sizeof(d2Array));
11.     printf("Size of d1 array is %d\n", sizeof(d2Array[0]));
12.     printf("Size of array element is %d\n", sizeof(d2Array[0][0]));
13.
14.     printf("\nThe elements of d1 array are below: \n");
15.     for (i = 0; i < 12; i++)
16.         printf("%3d", *pint++); /* 二维数组的一维表达 */
17.
18.     pint = d2Array[0];
19.     printf("\nThe elements of d2 array are below: \n");
20.     for (i = 0; i < 3; i++)
21.     {
22.         for (j = 0; j < 4; j++)
23.         {
24.             printf("%3d%3d", d2Array[i][j], pint[i * 4 + j]);
25.         }
26.         printf("\r\n");
27.     }
28.     return 0;
29. }
```

该程序经过 GCC 编译链接后的运行结果如下：

```
Size of d2 array is 48
Size of d1 array is 16
Size of array element is 4
```

```
The elements of d1 array are below:
   0   1   2   3   4   5   6   7   8   9  10  11
The elements of d2 array are below:
   0   0   1   1   2   2   3   3
   4   4   5   5   6   6   7   7
   8   8   9   9  10  10  11  11
```

7.4.2 指针数组

指针数组是一个数组，其每个数组元素都是指针变量。指针数组定义的一般形式为

```
类型说明符  * 数组名 [ 常量表达式 ];
```

例如：int *d1Array[3]；定义了一个指针数组 d1Array。其下标运算符 [ ] 的优先级高于指针运算符 *，因此 d1Array 先与 [3] 形成 d1Array[3]，表明数组有 3 个元素（d1Array[0]、d1Array[1]、d1Array[2]）；其后再与 * 结合，表明这 3 个数组元素均是指针变量。

与一般数组一样，同一个数组的每个元素类型必须一致。指针数组的每个元素（指针变量）都指向相同数据类型的变量。

同样指针数组的每个元素必须初始化或赋值后才能使用。可以利用程序 7-8 中的二维数组的行名给 d1Array 赋值。如：

```
d1Array[0] = d2Array[0];
d1Array[1] = d2Array[1];
d1Array[2] = d2Array[2];
```

7.4.3 字符串的指针表示

字符串就是连续存储的一串字符。C 语言没有专门的字符串表达，而是采用字符数组。第 6 章描述了字符串在字符数组中的表达，即在字符数组的最后元素用 '\0' 填充。字符指针指向字符数组的第 1 个元素的地址，然后利用该指针可以访问整个字符数组的元素或字符串中每个字符。

字符指针声明的一般形式为

```
char *string_name;
```

string_name 是字符指针变量名，存放字符串的首地址。字符指针在使用前必须初始化。初始化方式如下所示：

```
// initialization1 表达式可以是字符串常量、字符数组名或动态分配的内存地址
char *string_name = initialization1;
```

或者：

```
//initialization2 表达式可以是字符数组名或动态分配的内存地址
string_name = initialization2;
```

修改字符指针指向内存地址的值，可以用单个字符方式逐一修改，也可以采用函数修改。如 memcpy 或 strcpy。

Base64 是一种以 64 个可打印字符对二进制数据进行编码的编码算法。Base64 在

对数据进行编码时以3个8位字符型数据为一组，取这3个字符型数据的ASCII码，然后以6位为一组分割为4个新的数据，这4个新的数据有6位，所以它的最大值为2^6=64。以4个6位数据的十进制数从Base64表中得到最终编码后的字符。如果给定的字符串只有1字节，该字节按照每6位分割得到两个Base64的编码，另外补两个“=”，使得输出的编码个数为4的倍数。如果给定的字符串只有2字节，按照每6位分割得到3个Base64的编码，另外补一个“=”，使得输出的编码个数为4的倍数。因此，经过Base64编码后的字符串比原有字符串长33.33%。发电子邮件时，可以观察到发送附件时附件长度的这种变化。

【例7-9】Base64编码。

思路分析：利用移位运算、字符串指针实现该编码。设计Base64编码时，处理输入字符串的长度非对齐的情况。当长度模3余1时，需要补充两个尾码（即“=”），当长度模3余2时，需要补充一个尾码。

程序代码（7-9.c）:

```
1.  #include <stdio.h>
2.  #include <stdlib.h>
3.  #include <string.h>
4.
5.  /* 定义base64编码表 */
6.  unsigned char *base64_table =
7.      "ABCDEFGHIJKLMNOPQRSTUVWXYZabcdefghijklmnopqrstuvwxyz0123456789+/";
8.
9.  unsigned char *base64_encode(unsigned char *str); /* 函数声明 */
10.
11. int main(void)
12. {
13.     unsigned char *codingstr = "wuhan university", *codedstr;
14.     codedstr = base64_encode(codingstr);
15.     printf("coding str is: %s\n"
16.            "coded  str is: %s",
17.            codingstr, codedstr);
18.     free(codedstr);
19.     return 1;
20. }
21.
22. /* 字符串的Base64编码
23. 输入：待编码的字符串
24. 输出：编码好的字符串（以动态内存存放）*/
25. unsigned char *base64_encode(unsigned char *str)
26. {
27.     int len;
28.     int str_len;
29.     unsigned char *enres, index1, index2, index3, index4;
30.     int i, j;
31.
32.     str_len = strlen(str);
33.     /*base64编码后的字符串长度 */
34.     if (str_len % 3 == 0)
35.         len = str_len / 3 * 4;
36.     else
37.         len = (str_len / 3 + 1) * 4;
38.
```

```
39.     /* 内存分配可能失败 */
40.     enres = malloc(sizeof(unsigned char) * len + 1);
41.     enres[len] = '\0';
42.
43.     /* 以 3 个字符为一组进行编码：6：{2+4}：{4+2}：6*/
44.     for (i = 0, j = 0; i < len - 2; j += 3, i += 4)
45.     {
46.         /*8bits=6：2*/
47.         index1 = str[j] >> 2;
48.         /*6：2+4：4*/
49.         index2 = (str[j] & 0x03) << 4 | (str[j + 1] >> 4);
50.         /*4：4+2：6，可能越界访问 */
51.         index3 = (str[j + 1] & 0x0f) << 2 | (str[j + 2] >> 6);
52.         /*2：6，可能越界访问 */
53.         index4 = str[j + 2] & 0x3f;
54.         enres[i] = base64_table[index1];
55.         enres[i + 1] = base64_table[index2];
56.         enres[i + 2] = base64_table[index3];
57.         enres[i + 3] = base64_table[index4];
58.     }
59.
60.     switch (str_len % 3)
61.     {
62.     case 1:
63.         enres[i - 2] = '=';
64.         enres[i - 1] = '=';
65.         break;
66.     case 2:
67.         enres[i - 1] = '=';
68.         break;
69.     }
70.     return enres;
71. }
```

该程序经 GCC 编译链接后的运行结果：

```
coding str is: Wuhan University
coded str is: d3VoYW4gdW5pdmVyc2l0eQ==
```

程序 7-9 可能存在越界访问，试分析对哪个变量越界访问，以及越界访问的危害。同时，试着编写 Base64 的解码函数。

C 语言库函数提供了字符串的处理函数，如 strlen( )，strcpy( )，strcat( )，strcmp( )，strncpy( )。另外，还有字符串与整数、浮点数转换的标准函数，如 atoi( )，atof( )，itoa( )。

同学们可以自己编写这些函数，然后与标准库函数进行比较。

例如：

```
void uf_strcpy(char *dst, char *src)
{
    while(*dst++=*src++);
}
```

7.4.4 数组形参

指针可以作为函数的形参，实现调用函数和被调用函数之间数据的双向传递，解决了函数仅靠函数返回值的单一性。数组名是一种常量地址，一样可以作为函数参数，这种“传址”方式确保形参数组与实参数组共用一段内存空间。因此，对修改形参数组元素的值实际上改变的是实参数组元素的值。

数组作为函数参数时，数组形参对应的实参是数组名，数组名表示该数组的首地址，而形参是用来接收从实参传递过来的数组的首地址，只有指针变量才能存放地址，因此，形参应该是一个指针变量。

我们模拟用户在蛋糕店选择蛋糕的过程，学习二维数组名和指针数组作为实参的异同。这里分别用二维数组和指针数组标记蛋糕的种类，用一维数组标记蛋糕的价格。当数组的下标一致时，就实现蛋糕名称和蛋糕价格的关联。

【例 7-10】模拟用户选择蛋糕。

程序代码（7-10.c）：

```
1.  #include <stdio.h>
2.  #include <stdlib.h>
3.  // #define DIMENSION2_ARRAY
4.  #define CHOICES 6 /* 蛋糕种类 */
5.
6.  int menu(char title[], int, char *menu_list[]);
7.
8.  int main(void)
9.  {
10.     char *pGreeting = "Welcome to our cake store\n";
11.     int price[CHOICES] = {179, 159, 89, 169, 91, 0};
12.     int choice;
13.
14. #ifdef DIMENSION2_ARRAY
15.     char pFlavor[][CHOICES * 2] = {"Fruits", "Banana",
16.                             "Tiramisu", "Strawberry", "Melon", "Quit"};
17. #else
18.     char *pFlavor[CHOICES] = {"Fruits", "Banana",
19.                             "Tiramisu", "Strawberry", "Melon", "Quit"};
20. #endif
21.
22.     choice = menu(pGreeting, CHOICES, (char **)pFlavor);
23.     if (choice != (CHOICES - 1))
24.         printf("\nYour's choice is %s, and its price is $%d\n",
25.                pFlavor[choice], price[choice]);
26.
27.     puts("\nThank you. Please come again!");
28.     return 0;
29. } /*end main*/
30.
31. /* 选择蛋糕的菜单函数 */
32. int menu(char title[], int choices, char *menu_list[])
33. {
34.     int choice;
35.     int n = 0; /* 显示菜单的循环计数器 */
36.
37.     printf("\n%s", title);
38.     for (n = 0; n < CHOICES; ++n)
39.         printf("\t%i.%s\n", n, menu_list[n]);
40.
41.     printf("Please select your favorite: ");
```

```
42.     while (1)
43.     {
44.         scanf("%i", &choice);
45.         if (choice >= 0 && choice < choices)
46.             break;
47.         printf("Your choice should be in 0 and %d: ", choices - 1);
48.     }
49.     return choice;
50. } /*end menu*
```

该程序经 GCC 编译后的一次运行结果：

```
Welcome to our cake store
        0.Fruits
        1.Banana
        2.Tiramisu
        3.Strawberry
        4.Melon
        5.Quit
Please select your favorite: 3

Your's choice is Strawberry, and its price is $169

Thank you. Please come again!
```

如果我们程序 7-10 中编译指示 {#define DIMENSION2_ARRAY} 打开，该程序的结果为

```
Welcome to our cake store
```

该程序被操作系统意外终止。请分析其原因。

7.5 指针与函数

程序 7-1 打印出 main( )、printf( )、scanf( )、circlearea( ) 4 个函数的地址。这里函数名就是一种地址常量。像指针变量一样，C 语言引入了一类特殊的指针变量，该变量的值为函数地址，即函数的首地址。这种特殊的指针变量就是函数指针，或称为函数指针变量。

7.5.1 函数指针

所有类型的变量都在内存中占用一定的连续空间，该空间有相应的起始地址和结束地址。同样地，一个函数在编译后被放入内存中，这片内存区域从一个特定的地址开始，这个地址就称为该函数的入口地址，也就是该函数地址（指针）。可以定义一个指针变量，让它指向某个函数，这个变量就称为指向函数的指针变量。利用指向函数的指针变量可以更灵活地选择被调用的函数：让程序从若干函数中选择一个比较适宜当前情况的函数予以执行。

第 5 章介绍了函数的声明、定义和调用。其函数声明和函数指针声明形式如下：

- 函数声明：RETURN_TYPE func_var（ARGS...）；

- 函数指针声明：RETURN_TYPE（* func_ptr）(ARGS...)；

“函数类型”（RETURN_TYPE）说明函数返回值的类型，“形参列表”（ARGS...）说明形参的个数和形参的类型，这些跟函数声明一样。与函数声明相比，函数指针变量声明多了圆括号和“*”，圆括号说明是函数，“*”说明是指针，且“( )”的优先级高于“*”，所以指针变量名外的括号必不可少。

例如：

```
void notify_maintainer(int bad_data);   /* 函数声明 */
void (*handling)(int bad_data);        /* 函数指针声明 */
```

注意：

（1）指向函数的指针变量和它指向的函数的参数个数和类型都应该是一致的。

（2）指向函数的指针变量的类型和函数的返回值类型必须是相同的。

指向函数的指针变量不仅在使用前必须声明，而且也必须赋值，使它指向某个函数。由于C编译对函数名的处理方式与对数组名的处理方式相似，即函数名代表了函数的入口地址。因此，利用函数名对相应的指针变量赋值，使得该指针变量指向这个函数。

下面以一个应急处理为例，说明函数指针的声明、赋值、应用。在软件工程中，当函数调用者不关心被调用函数实现细节，但希望被调用函数在特定事件发生时通知主调用函数时，函数指针将是一种绝佳的解决方案。例如，想在电商平台预约某款缺货商品，电商平台知道商品何时补货，而消费者希望在商品补货后第一时间得到通知。这时，消费者可以在平台留下手机号，当商品补货后，电商就可以在第一时间通知消费者。该例中，电商平台就是函数，消费者传入的手机号便是函数指针（指向函数地址），电商平台则负责在特定事件发生时通知消费者。

下面程序示例将模拟某数据处理程序，运维人员希望程序在处理到特定数据时得到通知。

【例 7-11】利用函数指针处理事件通知。

思路分析：定义一个函数指针变量，然后设计一个带函数指针的函数。该函数指针告诉被调用函数对特定事件的处理方式。

程序代码（7-11.c）：

```
1.  #include <stdio.h>
2.  #include <stdlib.h>
3.  #include <time.h>
4.  #include <unistd.h>
5.
6.  /* 异常处理函数 */
7.  void notify_maintainer(int bad_data);
8.
9.  /* 业务处理流程 */
10. void process_data(void (*on_bad_data)(int bad_data))
11. {
12.     int received;
13.     int i = 0;
14.     /* 初始化随机化函数的种子 */
15.     srand(time(NULL));
```

```
16.     while (1)
17.     {
18.         i++;
19.         sleep(1);
20.         received = rand() % 100;
21.         if (received < 10)
22.         {
23.             /*the possibility of bad data ocurrence is 10%*/
24.             on_bad_data(received);
25.             printf("The possibility of failure is %f", 1.0 / (float)i);
26.             break;
27.         }
28.     }
29. }
30.
31. void notify_maintainer(int bad_data)
32. {
33.     /* 异常处理仅仅是输出异常事件号 */
34.     printf("[WARN] Bad data received: %d\n", bad_data);
35. }
36.
37. int main(int argc, char *argv[])
38. {
39.     void (*Handling_Exception)(int);
40.     Handling_Exception = notify_maintainer;
41.     process_data(Handling_Exception);
42.     return 0;
43. }
```

该程序经 GCC 编译链接后的一次运行结果：

```
[WARN] Bad data received: 5
The possibility of failure is 0.047619
```

上述模拟程序每 1 秒产生一个随机数，该随机数有 10% 的可能性是异常数据，当数据出现异常时，数据处理函数将调用用户传入的函数指针通知运维人员。如此设计，当我们对异常事件的处理需要改变（如发送邮件）时，仅需要改变传入的函数指针即可。

7.5.2 回调函数

C 语言规定整个函数不能作为参数在函数间进行传送，但可以把一个函数指针作为实参传给被调用函数，由被调用函数再调用该函数指针指向的函数。

例如，程序 7-11 中“`process_data(Handling_Exception);`”这里调用函数、被调用函数、函数指针指向的函数都是程序员设计的。程序代码容易调试。

回调函数（callback）本质上就是一种函数。从概念上讲，回调函数与普通函数的本质在于：调用者的不同。普通函数由程序员代码调用，而回调函数由操作系统或库函数在适当的时间调用。

回调函数主要用于各种事件处理。由于 Windows 系统中存在大量程序员事先不可知的事件，如鼠标的单击，程序员事先无法得知终端用户何时会发出此动作，因此只能：

- 定义事件的处理逻辑，与普通函数的编程一样；
- 告之操作系统自己的处理逻辑，即通知操作系统函数指针，利用注册机制把该回调函数的指针传递给系统；
- 操作系统在事件出现时，调用程序员指定的函数（**回调函数**的概念）处理，这一步完全由系统负责。

回调函数在各种操作系统中普遍存在，是现代操作系统为程序员提供处理异步事件的基本机制之一，在不同的系统中的具体实现方式各不相同。

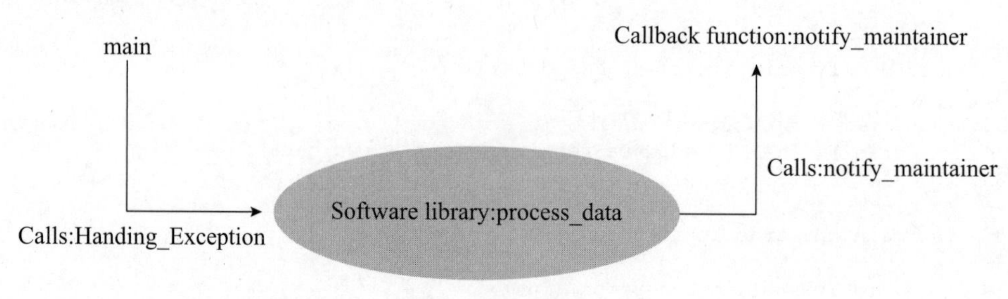

图 7-6　回调函数

7.5.3　返回指针的函数

一个函数不仅可以返回一个整型值、字符型值、实型值等，也可以返回指针型的数据。如果一个函数的返回值是一个指针，即某个对象的地址，那么这个函数就是返回指针的函数。

返回指针的函数的一般定义形式为

```
类型标识符  * 函数名 ( 参数表 );
```

例如，程序 7-12 中的“float *GetScore(int arr_len);”。

```
1. float *GetScore(int arr_len)
2. {
3.      float *pscores;
4.      int icounter = 0;
5.      /* 可能分配失败 */
6.      pscores = (float *)malloc(arr_len * sizeof(float));
7.
8.      while (icounter < arr_len)
9.      {
10.         printf("please input a score: ");
11.         /* 输入可能非法 */
12.         scanf("%f", pscores++);
13.         icounter++;
14.      }
15.      return (pscores - arr_len);
16. }
```

注意：在定义返回指针的函数中，一切要确保函数返回的指针所指向的对象在函数调用结束后依然存在，可以被访问。

7.6 动态内存分配

变量的存储类型包括静态存储和动态存储。栈区和堆区都采用动态存储方式。栈区主要存放函数的参数、非静态局部变量。函数执行时，非静态局部变量被保存到栈区，函数结束执行时，释放栈区的存储单元，这些非静态局部变量随之消失。栈区空间的申请和释放由编译器根据程序代码处理，不用程序员显式说明。

堆区是提供给数据临时存储的动态存储区，需要时随时申请使用，使用结束时由程序员控制释放，而不是等待函数结束时自动释放。堆区空间的申请和释放是在程序运行时才发生，而不是在编译时处理。因此，堆区空间的申请和释放由程序员调用库函数进行管理。

7.6.1 动态内存的管理

内存的动态分配是通过系统提供的库函数实现的，主要有malloc、calloc、free、realloc这4个函数。这4个函数的声明在stdlib.h头文件中，在用这些函数时，应当用“#include <stdlib.h>”指令将stdlib.h头文件包含到程序文件中。

1. malloc 函数

其函数原型是：

```
void  *malloc(unsigned int size);
```

其作用是在内存的动态存储区中分配长度为size的连续空间，形参size不允许为负数，定义为无符号整型。该指针型函数的返回值是指针，即分配存储区的第1字节的地址。或者说，该指针型函数返回的指针指向分配的动态存储区的开始位置。

例如：`int *pint = (int*) malloc(10 * sizeof(int));`
该语句的作用是在内存的动态存储区中分配一个长度为40字节的连续存储空间。

需要说明的是，返回的指针指向变量的类型为void，即不指向确定类型，只提供一个地址。如果此函数因内存不足等原因分配内存失败，则返回空指针（NULL）。此时，`(pint == NULL)`为真。

2. calloc 函数

其函数原型是：

```
void  *calloc (unsigned int n, unsigned int size);
```

其作用是在内存的动态存储区中分配n个长度为size的连续空间。用这个函数可以为有n个元素的一维数组开辟动态存储区，每个数组元素长度为size，这就是动态数组。

例如，`int *pint = (int*) calloc (10, sizeof(int));`
该语句开辟10个（每个长度为4字节）连续临时存储区，函数值为分配存储区的起始地址。如果函数因内存不足等原因分配失败，则返回空指针（NULL）。

3. free 函数

其函数原型是：

```
void  *free(void  *p);
```

其作用是释放指针变量p指向的动态存储空间。其中，p应该是调用malloc函数或calloc函数时得到的函数返回值。

例如，free(pint);

其作用是释放指针变量pint指向的已分配的动态存储空间。free函数没有返回值。

4. realloc 函数

其函数原型是：

```
void  *realloc (void  *p, unsigned  int  size);
```

其作用是重新分配存储空间，并保留原有数据。如果p指向的存储区后面有足够的空闲区域，则把存储区扩大到size；否则，重新分配一块大小为size的存储区，并把原来的数据复制进去。注意，如果size小于原存储区的大小，则会丢失数据。

例如，pint = (int*)realloc(pint, 100);

其作用是将pint指向的已经分配的（用malloc或calloc函数）动态空间大小改为100字节。如果重新分配失败，返回NULL。

7.6.2　动态分配的数组

void指针类型是空类型指针，只表示用来指向一个抽象类型的数据。

动态内存管理的4个函数返回的指针均为void指针类型，这种“指向void类型”不要理解成“指向任何类型”或“指向不确定类型”的数据，在实际应用中应该转换为一种具体的指针类型。

程序7-2计算学生的平均成绩。程序定义一个宏设定输入学生人数：

```
#define MAX_NUM  6
```

此时，最多只能输入6个学生的成绩。如果需要输入10个学生的成绩，则需要修改MAX_NUM值，并重新编译该程序。另外，如果学生人数少于6人，则程序会剩余部分内存，造成内存空间的空闲。因此，需要一种动态分配内存的方式，按照学生人数，动态分配成绩数组的内存空间，使得该空间没有任何闲置。

【例7-12】动态分配的数组。

思路分析：根据用户的输入的学生人数，利用malloc动态分配内存存放学生成绩。

程序代码（7-12.c）：

```
1.  #include <stdio.h>
2.  #include <stdlib.h>
3.
4.  /* 从控制台获得学生的成绩 */
5.  float *GetScore(int);
6.
7.  int main(void)
8.  {
9.      /* 准备指向数组的首地址 */
10.     float *pscore = NULL;
```

```
11.     float average = 0;
12.     int istep = 0;
13.     int stu_num = 0;
14.
15.     printf("please input the number of students: ");
16.     /* 输入可能非法，或小于 1*/
17.     scanf("%d", &stu_num);
18.     pscore = GetScore(stu_num);
19.
20.     /* 输入所有成绩 */
21.     while (istep < stu_num)
22.     {
23.         /* 指针解引用，算术运算可能溢出 */
24.         average += *pscore;
25.         pscore++;
26.         istep++;
27.     }
28.     average = average / stu_num;
29.     printf("\nAverage=%f", average);
30.     free(pscore);
31.     return 0;
32. }
33.
34. /* 动态分配数组，从控制台获得学生的成绩 */
35. float *GetScore(int arr_len)
36. {
37.     float *pscores;
38.     int icounter = 0;
39.     /* 可能分配失败 */
40.     pscores = (float *)malloc(arr_len * sizeof(float));
41.
42.     while (icounter < arr_len)
43.     {
44.         printf("please input a score: ");
45.         /* 输入可能非法 */
46.         scanf("%f", pscores++);
47.         icounter++;
48.     }
49.     return (pscores - arr_len);
50. }
```

该程序经 GCC 编译链接后的一次运行：

```
please input the number of students: 5
please input a score: 82
please input a score: 88
please input a score: 94
please input a score: 92
please input a score: 86
Average=88.400002
```

7.7 多级指针

指针变量存放的是地址。指针变量本身同样占据内存空间，即指针变量自身的地址也可以赋值给指针变量。指向指针变量的指针称为多级指针，多级指针可以改变所指向指针的值，也可以改变最终被指向的值。

指针变量声明的一般形式为

```
类型说明符  * 指针变量名 ; 或        TYPE  *pointer_name;
```

二级指针变量声明的一般形式为

```
类型说明符  ** 指针变量名 ; 或        TYPE **pointer_name;
```

二级指针变量是在一级指针变量名前面增一个“*”的标记。同理，可以定义三级指针、四级指针等多级指针。

可以从寻宝电影中宝藏的线索依赖关系理解多级指针。寻宝电影的最终目的是需要寻找宝藏的所在地址，电影会从一本古籍或图书中给出基本线索，这个线索就是一个地址（指针），然后引导寻宝者根据该线索找到该地点，遗憾的是该地点并没有宝藏，但会有一个线索（地址），指引寻宝者继续按线索寻宝。寻宝过程中，线索不断，遇到的阻碍和惊喜不断，最终发现宝藏。

程序 7-8 中定义了一个二维数组：

```
1. int d2Array[3][4] = {{0, 1, 2, 3},  {4, 5, 6, 7},  {8, 9, 10, 11}};
2. int *prow = d2Array[0];/* 第一行的地址 */
3. int **pd2 = &prow;
```

二级指针 pd2 的值为 prow 的地址，则 **pd2 可以引用 d2Array[0] 的值。

7.7.1 多级指针与多维数组

数组的本质是指针，多维数组的本质是多级指针。在 C 语言中，二维数组是先存行再存列的。逻辑上，二维数组首地址指向的是第一行数组。因此其首地址加 1 后，指针将指向第 2 行数组。这也是为什么二维数组初始化和声明时行数可以省略，但列数不可省略。所以二维数组的步长是列数与数组单元类型之积。高维数组以此类推。

程序 7-13 将演示多维数组中指针的步长。

【例 7-13】多维数组的指针步长。

思路分析：利用 printf 直接输出数组的步长。

程序代码（7-13.c）：

```
1.  #include <stdio.h>
2.  #include <stdlib.h>
3.
4.  int main(int argc, char* argv[])
5.  {
6.      int d2Array[3][4] = {{0, 1, 2, 3},  {4, 5, 6, 7},  {8, 9, 10, 11}};
7.
8.      printf(
9.          " d2Array        = %p\n"
10.         " d2Array + 1    = %p\n"
11.         "*d2Array        = %p\t**d2Array        = %d\n"
12.         "*d2Array + 1    = %p\t*(*d2Array + 1) = %d\n"
13.         "*(d2Array + 1) = %p\t**(d2Array + 1) = %d\n",
14.          d2Array, d2Array + 1, *d2Array, **d2Array, \
15.         *d2Array + 1, *(*d2Array + 1), *(d2Array + 1), **(d2Array + 1)
```

```
16.     );
17.     return 0;
18. }
```

该程序经GCC编译链接后的一次运行结果：

```
 d2Array        = 0061FE90
 d2Array + 1    = 0061FEA0
*d2Array        = 0061FE90        **d2Array        = 0
*d2Array + 1    = 0061FE94        *(*d2Array + 1) = 1
*(d2Array + 1) = 0061FEA0        **(d2Array + 1) = 4
```

由于d2Array是二级指针，其步长为二维数组中行的大小（即列数与整型字节数之积），因此d2Array + 1指向的地址与d2Array相差16字节，指向第2行。而*d2Array是一级指针，虽然其指向的地址与d2Array相同，但逻辑上它指向二维数组的第1行，是第1行数组的首地址，因此其步长与整型大小相同。

7.7.2　数组指针

程序7-13中d2Array是二维数组名，本质上是一个二级指针，其步长为二维数组中行的长度。因此，d2Array + 1与d2Array相差16字节。这里，数组名为常量。如果希望这类指针是变量，则利用这种指针变量访问数组的不同行。为此，C语言引入一种特殊指针类型，即数组指针。

C语言中提供了一种专门指向具有m个元素的一维数组的指针变量，该指针变量能够直接指向二维数组的行，但不能直接指向具体的数组元素。定义的格式为

```
类型说明符  (*指针变量名)[常量表达式];
```

其中，常量表达式为指针变量指向的一维数组中的数组元素个数。这个一维数组实际上是二维数组的行。在定义中，圆括号是不能少的，否则它是指针数组。

例如：

```
int d2Array[3][4] = {{0, 1, 2, 3},  {4, 5, 6, 7},  {8, 9, 10, 11}};
int (*ArrayPtr)[4] = d2Array; /* 第一行的地址 */
```

其中，指针ArrayPtr为指向一个由4个元素组成的整型数组的指针变量。

这种数组指针变量不同于前面介绍的整型指针变量。当整型指针变量指向一个整型数组元素时，进行指针（地址）加1运算，表示指向数组的下一个元素，此时地址值增加了4（因为一个整型数据占4字节）；而ArrayPtr指向一个由4个元素组成的整型数组的指针变量，进行地址加1运算时，其地址值增加了16（4*4=16）。利用这种数组指针变量访问二维数组时很方便（本质上就是d * sizeof（type））。

【例7-14】利用数组指针计算每行数组元素的平均值。

程序代码（7-14.c）：

```
19. #include <stdio.h>
20.
21. int main(int argc, char *argv[])
22. {
23.     int rowcounter = 0, columncounter;
24.     int d2Array[3][4] = {{80, 95, 92, 84},
```

```
25.                          {84, 95, 96, 85},
26.                          {80, 90, 100, 87}};
27.     int(*ArrayPtr)[4] = d2Array;
28.     float averagerow;
29.     while (rowcounter < 3)
30.     {
31.         columncounter = 0;
32.         averagerow = 0;
33.         while (columncounter < 4)
34.         {
35.             averagerow += *(*ArrayPtr + columncounter++);
36.         }
37.         printf("The average of %d row is %f\n",
38.                 rowcounter, averagerow / 4);
39.         ArrayPtr++;
40.         rowcounter++;
41.     }
42.     return 0;
43. }
```

可以编译和测试程序7-14。从程序7-14看出，数组指针ArrayPtr需要经过两个“*”运算才能访问到数组元素。因此，二维数组名指针本质是二级指针。

7.7.3 命令行参数

主函数是任何程序执行的第1个函数，该函数不用声明，也不需要被调用，是程序缺省执行的函数。

主函数的定义有几种：

```
1. void main(void) {}
2. int main(void)  {}
3. int main(int argc, char *argv[]) {}
4. int main(int argc, char **argv) {}
```

主函数的形参为程序与操作系统交互控制台传递过来的参数。其中，argc为程序从控制台执行时控制台中输入的字符串的个数，argv为输入的字符串。argv[0]表示指向第1个字符串，argv[1]指向第2个字符串，等等。

【例7-15】命令行参数。

程序代码（7-15.c）：

```
1.  #include <stdio.h>
2.  #include <stdlib.h>
3.
4.  int main(int argc, char **argv)
5.  {
6.      int a, b, arg_count=0;
7.
8.      while(*argv)
9.          printf("%dth argument is: %s\n", arg_count++, *argv++);
10.
11.     if (argc == 3)
12.     {
13.         argv -= 3;
14.         a = atoi(argv[1]);
15.         b = atoi(argv[2]);
```

```
16.         printf("%d+%d =%d", a, b, a+b);
17.     }
18.     return 0;
19. }
```

该程序经 GCC 编译链接后的一次运行如下，用户输入可执行文件名，后面带两个参数 40 和 60：

```
./7-15.exe 40 60
```

其结果：

```
0th argument is: 7-15.exe
1th argument is: 40
2th argument is: 60
40+60 =100
```

另一次运行如下，用户输入可执行文件名，后面带 4 个参数 This is C language:

```
./7-15.exe This is C language
```

其结果：

```
0th argument is: 7-15.exe
1th argument is: This
2th argument is: is
3th argument is: C
4th argument is: Language
```

7.7.4　变长数组

多级指针是指向指针的指针。在指针的函数调用时，指针可以利用参数列表实现多返回值，那么利用同样的思路，可以利用多级指针将相关指针变量按地址传递的方式传入被调用函数，从而使主调用函数得以保留被调用函数对指针变量的改变。

程序 7-16 将以不定长数组为例演示多级指针和内存的动态分配。该不定长数组遵循以下特点：

- 原则上数组长度不限，且按需增长；
- 允许在末尾追加数据或空间，但不允许间隔追加。

为了方便大家理解，该变长数组所用的数据结构如图 7-7 所示。数组的总容量和已使用容量存放在数组的前两个单元，以方便变长数组空间的管理，因此用户写入的第 i 个元素实际存放在第 i + 2 个单元。为了避免过于频繁的数组空间调整，每当容量不足时，数组将成倍增长。每次扩容时增长的倍数被称为增长因子，该增长因子取 2。至于二级指针 p，由于数组扩容时数组首地址可能发生改变，为了避免每次数组写入扩容时都返回新的数组地址，因此此处利用一个二级指针来保持对实际数组的引用。换句话说，*p 的值在变长数组扩容时会发生改变，但 p 的值是恒定不变的，因为 p 永远指向内存中一个存放整型指针的空间，只须保证 p 指向的内存空间一直保存着最新的数组地址就行。当数组被扩张或缩小时，数组的首地址会发生改变，并记录到 *p 中。

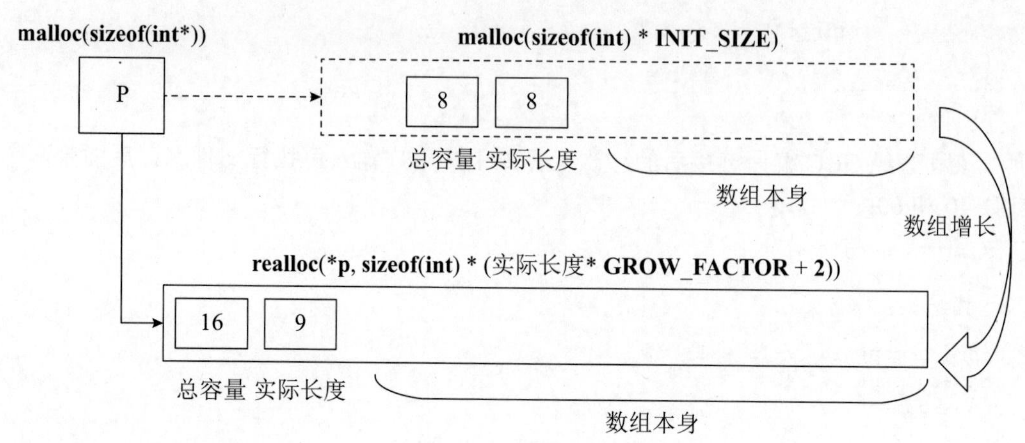

图 7-7 变长数组

【例 7-16】变长数组。

程序代码（7-16.c）:

```
1.  #include <stdbool.h>
2.  #include <stdio.h>
3.  #include <stdlib.h>
4.  #include <time.h>
5.
6.  #define INIT_SIZE 8
7.  #define GROW_FACTOR 2
8.
9.  int **init_array();
10. void free_array(int **);
11. bool write(int **p, int index, int data);
12. bool read(int **p, int index, int *pdata);
13. void truncate(int **p, int size);
14.
15. /* 初始化数组空间 */
16. int **init_array()
17. {
18.     /* 指向存储动态数组的指针变量 */
19.     int **p = (int **)malloc(sizeof(int *));
20.     /* 为数组动态分配空间 */
21.     int *a = (int *)malloc((INIT_SIZE + 2) * sizeof(int));
22.     /* 总容量 */
23.     a[0] = INIT_SIZE;
24.     /* 使用长度 */
25.     a[1] = 0;
26.     *p = a;
27.     return p;
28. }
29.
30. /* 释放数组的空间，以及指向数组首地址的空间 */
31. void free_array(int **p)
32. {
33.     free(*p);
34.     free(p);
35. }
36.
37. /* 从数组指定位置写入数据 */
38. bool write(int **p, int index, int data)
```

```
39. {
40.     int *a = *p;
41.     if (index > a[1])
42.     {
43.         /* 允许追加，不允许间隔追加 */
44.         return false;
45.     }
46.
47.     if (index >= a[0])
48.     {
49.         /* 按照 GROW_FACTOR 倍数增长数组长度 */
50.         a[0] *= GROW_FACTOR;
51.         a = (int *)realloc(a, (a[0] + 2) * sizeof(int));
52.     }
53.
54.     if (a[1] < index + 1)
55.     {
56.         /* 更新使用量 */
57.         a[1] = index + 1;
58.     }
59.
60.     a[index + 2] = data;
61.     *p = a;
62. }
63.
64. /* 从数组指定位置读入数据 */
65. bool read(int **p, int index, int *pdata)
66. {
67.     int *a = *p;
68.     if (index + 1 > a[1])
69.     {
70.         return false;
71.     }
72.     else
73.     {
74.         *pdata = a[index + 2];
75.         return true;
76.     }
77. }
78.
79. /* 缩小数组的空间 */
80. void truncate(int **p, int size)
81. {
82.     int *a = *p;
83.     if (size < 0)
84.     {
85.         return;
86.     }
87.
88.     a[0] = size;
89.     if (a[1] > size)
90.     {
91.         a[1] = size;
92.     }
93.
94.     *p = (int *)realloc(a, (a[0] + 2) * sizeof(int));
95. }
96.
97. int main(int argc, char *argv[])
```

```
98. {
99.     int **p;
100.      int i, data;
101.      srand(time(NULL));
102.      p = init_array();
103.      for (i = 0; i < 100; i++)
104.      {
105.          /* 数组扩容：8,16,32,64,128*/
106.          write(p, i, rand() % 2999);
107.      }
108.      /* 数组压缩到 30 个元素 */
109.      truncate(p, 30);
110.      for (i = 0; i < 50; i += (rand() % 15) + 1)
111.      {
112.          if (read(p, i, &data))
113.          {
114.              printf("a[%d] = %d\n", i, data);
115.          }
116.          else
117.          {
118.              printf("a[%d] BUFFER OVERFLOW\n", i);
119.          }
120.      }
121.      free_array(p);
122.      return 0;
123. }
```

该程序经 GCC 编译链接的一次运行结果：

```
a[0] = 1362
a[14] = 957
a[26] = 2814
a[39] BUFFER OVERFLOW
a[40] BUFFER OVERFLOW
```

7.8 指针的安全缺陷

指针变量在使用前一定要初始化。如果指针变量没有初始化，则该指针变量的指针值可能是一个随机数，此时对该指针的引用会出现访问异常。常见的指针缺陷包括指针未初始化导致的不确定行为、指针类型转换导致的解释错误、指针运算错误导致的越界访问、指针管理错误导致的动态内存缺陷等。

7.8.1 指针非法访问

指针非法访问是指指针以非预期的方式访问其指向的目标对象。例如，当指针没有初始化时，直接使用指针会出现没有定义的情况；当指针被修改为非法值时，会出现指向的对象不存在，没有访问权限、越界访问等情况。

1）指针未初始化

指针未初始化发生在指针变量声明后，该变量被直接引用。例如：

```
1. int *pint;
2. scanf("%d", pint);
```

对于上面第2行代码，此时指针变量pint的值没有初始化，为一个随机值，其指向的内存地址有可能不能写，这个时候程序就会引发“Page fault”故障，直接中止并退出。

2）指针类型混淆

C语言提供了简单的数据类型，如字符型、整数型、浮点型，也提供了复杂的数据类型，如联合体、结构体等。不同的数据类型的变量可以相互转换，数值转换可以直接赋值，但是指针的转换如果不注意则会引发数值和语义的混淆。例如：

```
char a = 'C';
int ia = a;          // 数值转换，即把 'C' 赋值给变量 ia
int *pa = (int*)&a;  // 指针转换，存在类型混淆缺陷
if (ia != *pa) printf("This is a type confusion!\r\n");
```

&a的指针类型为char*，pa的指针类型为int*。当把&a的值赋给pa后，引用*pa的值会获取4字节的内存单元值，但只有开始的1字节的内存单元值是有效的。

3）指针运算越界

指针变量之间可以做减法运算，指针变量自身也可以做加法、减法运算。如果指针指向一个合法的内存区域，如一个整数、一个数组等，那么当这个指针运算后则可能会指向合法内存区域之外的地址，此时通过该指针进行内存操作则有可能会引发指针越界错误。

例如，程序7-2利用指针的灵活性可以遍历数组score[ ]的元素。指针变量pscore指向score的首地址，然后pscore++，pscore接着指向score的下一个元素。如果把声明{float score[MAX_NUM]; }改为{float score[MAX_NUM-1]}，则pscore++会越界，pscore指向score数组之外的内存区域。

程序7-6模拟栈的出栈、入栈操作，如ESP--、ESP++等，需要测试ESP指向区域的有效性。

4）指针解释错误

当指针初始化后，该指针会指向一个内存区域。不同类型的指针可以指向同一个内存地址，对该指针变量引用时会得到不同的结果。如果该结果不是程序员所期望的，则会出现指针解释错误。

程序7-6声明了unsigned char*、unsigned short*、unsigned int*三种类型的指针，这些指针同时指向mem数组的首地址。其解引用获得的值分别为0xca，0x72ca，0x024072ca。如果程序员希望的值是0x72ca，而实际引用的值为0x024072ca，则该程序运行结果会异常。

程序7-10根据用户的输入值选择不同类型的蛋糕，并输出选中蛋糕的价格。这里给出了两种方式描述蛋糕的种类：

```
1. #ifdef DIMENSION2_ARRAY
2.     char pFlavor[][CHOICES * 2] = {"Fruits", "Banana",
3.                                   "Tiramisu", "Strawberry", "Melon", "Quit"};
4. #else
5.     char *pFlavor[CHOICES] = {"Fruits", "Banana",
6.                                   "Tiramisu", "Strawberry", "Melon", "Quit"};
7. #endif
```

char pFlavor[][CHOICES * 2] 是二维字符数组，*pFlavor[CHOICES] 是指针数组。程序把该数组的地址作为实参传递给 menu(pGreeting, CHOICES, (char **)pFlavor) 函数。menu 函数直接以数组元素方式引用 pFlavor 元素。

```
printf("\t%i.%s\n", n , menu_list[n]);
```

函数 menu 的声明如下：

```
int menu(char title[ ], int choices, char *menu_list[ ])
```

char *menu_list[ ] 是一个指针数组，其类型与 char *pFlavor[CHOICES] 是一致的。因此，程序 7-10 运行正常。如果把程序 7-10 中编译指示 {#define DIMENSION2_ARRAY} 打开，则程序运行异常。此时 char *menu_list[ ] 是一个指针数组，其类型与 char pFlavor[][CHOICES * 2] 不一致。这种类型不一致引发了指针解释错误。这种类型不一致源于 pFlavor 解引用时报错。图 7-8 给出了 menu_list 对 *pFlavor[] 和 pFlavor[][] 的解释结果，对 pFlavor[][] 的解释会引发指针引用时失败。

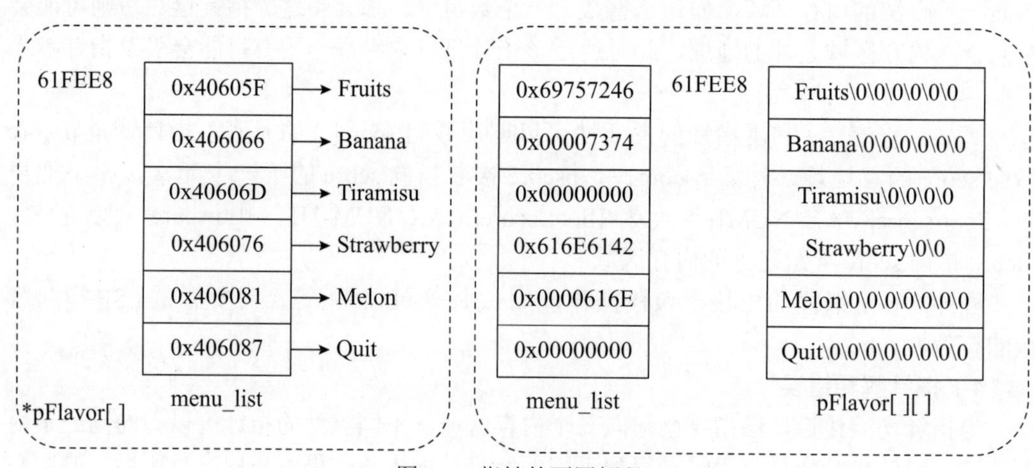

图 7-8　指针的不同解释

7.8.2　动态内存缺陷

程序的数据区分为全局数据区、栈、堆。栈负责局部变量、函数参数的存储；堆负责程序的动态数据存储，其内存区域的申请和释放由程序员自己负责。

程序员使用 malloc( )，calloc( ) 库函数从堆上申请内存，使用 realloc( ) 函数调整申请的内存的长度，使用 free( ) 函数释放已分配的内存空间。如果程序员在申请内存以后，没有释放申请的内存空间，则会导致该内存无法被再次使用，有可能会导致内存资源枯竭。这种行为被称为内存泄漏（memory leak）。

1）内存分配失败

程序 7-9、7-12、7-16 都调用 malloc 为指针变量分配一个动态内存。如果 malloc( ) 调用失败，则返回 NULL。此时对该指针的引用会出现访问非法内存错误。

例如 7-9.c：

```
enres = malloc(sizeof(unsigned char) * len + 1); /* 内存分配可能失败 */
```

一般来说，程序员需要自行处理动态内存分配失败的异常情况，通常需要增加一段异常处理代码。如；

```
1. if (enres == NULL)
2. {
3.     /* ErrMsg 是一个错误日志函数 */
4.     ErrMsg("enres allocation is failure\r\n !");
5. }
6. else
7. {
8.     引用 enres 的语句；
9. }
```

2）内存拒绝服务

程序员没有释放自己申请的内存，可能会使得程序申请的内存越来越多，系统运行速度越来越慢，最终导致系统内存不足，形成一种拒绝服务攻击。

程序员利用指针变量来动态管理内存区域。当程序员在申请内存和释放内存不在同一个函数的时候，很容易会使得内存的分配和释放失衡，所以在动态管理内存时，应该遵循谁申请谁释放的基本原则。

3）内存释放后引用

指针的安全缺陷包括指针越界访问和指针失效访问。前者属于指针的空间问题，指针指向合法的内存区域之外；后者属于指针的时间问题，此时指针指向的内存区域已经被程序员释放，再次使用该区域时就可能出现安全缺陷。

内存释放后引用（Use After Free，UAF）缺陷俗称 UAF。内存区域在释放后里面的内容有可能没有被清零，如果该区域存储用户凭证等敏感信息，且被其他用户申请使用，那么就存在其他用户读取该区域内容的可能，会导致敏感信息泄露。此外，当该区域被程序重新分配并写入新的数据时，如果程序还存在旧的指针指向已经写入新数据的区域，则旧指针会按照自己的类型解释这些新数据，从而引发安全缺陷。

7.9　本章小结

本章首先阐述了指针和地址的基本概念。接着介绍了指针变量的声明、赋值和使用，以及指针的赋值运算、算术运算、比较运算和指针之间的转换。然后详尽阐明了指针与数组，指针与字符串，指针与函数之间的紧密关系，特别是数组名和指针之间的互用。同时，动态内存的分配为指针变量提供了一种动态、灵活的内存空间，程序员需要自己管理该内存空间的释放，以避免内存泄漏。

指针数组、数组指针、函数指针提供了指针的高级类型和应用。函数指针作为实参，可以自定义事件或时间的处理代码。如果该函数指针用作系统函数或库函数的实参，则该函数指针指向的函数称为回调函数。

指针可以灵活指向不同的内存地址，可以按需移动，解释内存地址的内存数据。如果指针运算操作不当，例如，指针未初始化、指针指向数组之外的地址、指针指向有效动态内存之外的地址等，则会引发严重的内存错误，如内存越界读、内存越界写，严重的会导致远程代码执行的漏洞。

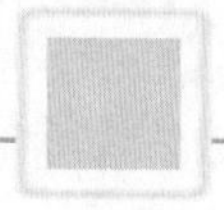

习题

1. 搜索引擎会接收用户输入的关键词，返回与关键词匹配的网址。用户点击网址，就可以获得关联的网页。假设网页为字符串 s，用户输入的关键词为字符串 t。设计从 s 中搜索 t 的程序，输出与 t 匹配的 s 的位置。

2. 给定一个整数 n，结合动态内存分配，设计输出 n*n 的回形数组的程序。

如 n = 3，构建数组：

```
1,2,3,
8,9,4,
7,6,5,
```

3. 队列是一种以先进先出为顺序的线性结构，可以模拟日常排队，如银行服务、食堂服务等。编程实现入队和出队的操作。注意根据输入参数，区分入队、出队、退出。

4. 斗地主是一种两人协作与地主博弈的娱乐活动。54 张牌，预留 3 张给地主，其余分为三等分。引入一个选择因子，该因子越大，每等分牌中的炸弹越多。编程实现洗牌操作。

5. 从控制台输入 10 个学生的 ID 和程序设计的成绩，采用函数指针为参数实现按照 ID 或成绩排序，并分别输出排序后的 ID 和成绩、成绩和 ID。同时，在成绩排序的基础上，输出接近平均分的学生的 ID 及成绩。

第8章 复合数据类型

前面已经学习了数组和字符串等构造类型的数据对象，事实上程序设计过程中通常需要更丰富的数据表达能力，以便更直接、便捷地表述现实世界中各类事务的相关特征。C 语言为程序员提供了 5 种方法定义自己的数据类型，本章将详细介绍这些类型：

- 结构类型（structure）；
- 位段（bit field）；
- 联合类型（union）；
- 枚举类型（enumeration）；
- 定义数据类型别名（typedef）。

8.1 结构类型

C 语言定义的数组存储相同类型数据项，结构是 C 语言中另一种用户自定义的数据类型，其可以存储不同类型的数据项。结构类型把不同数据类型成员组合成一个整体，成员类型可以是基本型或构造型（数组、指针或其他结构类型）。

8.1.1 定义结构类型

为了定义结构，必须使用 struct 语句。struct 语句定义了一个包含多个成员的新的数据类型，struct 语句的格式如下：

```
1. struct      【结构名】
2. {
3.         类型标识符      成员名；
4.         类型标识符      成员名；
5.             ……．
6. };
```

例如：

```
1. struct tag
2. {
3.     member-list;
4.     member-list;
5.     member-list;
```

```
6.      ...
7. } variable-list ;
```

其中，tag 是结构名；member-list 由类型标识符和成员名构成，是标准的变量定义，如“int i；”和“float f；”等，或者其他有效的变量定义；variable-list 是结构变量，定义在结构的末尾，最后一个分号之前，可以声明一个或多个结构变量。

注意：struct 是关键字，不能省略。花括号“{}”内是结构类型定义的作用域，花括号括起来定义的变量称为结构成员。同一结构类型各成员不能同名，不同结构类型成员可以同名。结构类型可以嵌套定义，但是结构类型不能递归定义。

结构类型定义仅描述结构的组织形式，不分配内存。定义结构类型实际的变量后才进行内存分配。

8.1.2 定义结构类型变量

结构类型的变量定义有 3 种定义形式。

定义形式 1：先定义结构类型，再定义结构类型变量。

```
1. struct      结构名
2. {
3.         类型标识符      成员名 ;
4.         类型标识符      成员名 ;
5.             …….
6. };
7. struct 结构名 结构变量名列表 ;
```

例如，要定义二维平面上的点为结构类型 point，其中的两个成员分别是二维平面上的 x 轴和 y 轴坐标。进一步，可以定义两个（或更多的）point 类型的变量 first 和 second，代码如下：

```
1. struct point
2. {
3.     double x;
4.     double y;
5. };
6. struct point first, second;
```

定义形式 2：定义结构类型的同时定义结构类型变量。

```
1. struct      结构名
2. {
3.         类型标识符      成员名 ;
4.         类型标识符      成员名 ;
5.             …….
6. } 结构变量名列表 ;
```

定义形式 1 中的代码可以修改简化为

```
1. struct point
2. {
3.     double x;
4.     double y;
5. } first, second;
```

定义形式 3：对于只需要定义一次的结构类型变量，可以省略结构名。

```
1. struct
2. {
3.        类型标识符      成员名；
4.        类型标识符      成员名；
5.             …….
6. } 结构变量名列表；
```

定义形式 1 中的例子可以进一步简化为

```
1. struct
2. {
3.     double x;
4.     double y;
5. } first, second;
```

与数组的情况类似，结构类型变量采用顺序存储结构，但是，其所占内存空间需要考虑“对齐原则”。对齐原则指的是将对应变量类型存入对应地址值的内存空间，即数据要根据其数据类型存放到以其数据类型为倍数的地址处。例如，在 32 位体系结构中，short 型数据（2 字节）要求从偶数地址开始存放，而 int 型数据（4 字节）则被对齐在 4 字节地址边界。这样就保证了一个 int 型数据总能够通过一次内存操作被访问到，每次内存访问是在 4 字节对齐的地址读取或存入 32 位（4 字节）数据。假如读取存储在没有对齐的地址处的 32 位整数，则需要两次读取操作，然后从分两次读取出的共 64 位整数中，再通过额外操作提取相关的 32 位整数，这样就会导致系统性能下降。

因此，为了提高内存寻址效率，处理器体系结构为特定的数据类型引入了“内存对齐”需求。对于不同的系统和编译器，内存对齐的具体方式有所不同。对于结构类型的对齐过程中，可能对于较小的成员加入补位，从而导致结构体实际所占内存的字节数，会比原基本类型所需的字节数多。例如，char 类型占 1 字节空间，1 的倍数是所有数，因此可以放置在任何允许地址处，而 int 类型占 4 字节空间，以 4 为倍数的地址就有 0，4，8 等。如果没有特别说明，编译器会优先按照自然对齐进行数据地址分配。如果在 32 位系统中运行下面的代码：

【例 8-1】打印结构体变量所占内存字节数。

程序代码 (8-1.c):

```
1.  #include  <stdio.h>
2.  typedef struct test_32
3.  {
4.        char  a;
5.        short int b;
6.        short int c;
7.        char  d;
8.  }test_32;        /* 定义结构体类型 test_32*/
9.  int main()
10. {
11.     test_32 s = {'a', 3, 5, 'b'};       /* 定义结构体变量 s 并初始化 */
12.     printf("bytes = %d\n", sizeof(s));/* 打印结构体变量 s 所占内存字节数 */
13.     return 0;
14. }
```

代码运行结果是：

```
bytes = 8
```

本例中的结构体在自然对齐后，编译器将对自然对齐产生的空隙内存填充无效数据，且填充后结构体占内存空间为结构体内占内存空间最大的数据类型成员变量的整数倍，结构体变量 s 需要 8 字节。如图 8-1 所示。

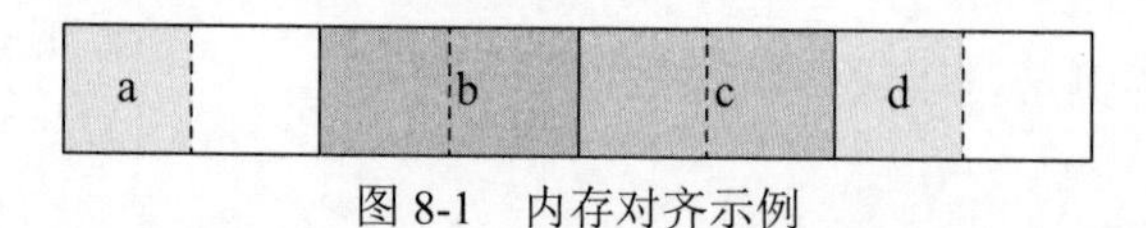

图 8-1　内存对齐示例

考虑到结构类型变量与数组的类似，采用顺序存储结构。下面调整一下成员的顺序，改为例 8-2 的代码。

【例 8-2】调整成员顺序的实验。

程序代码（8-2.c）：

```
1. typedef struct test_32
2. {
3.      char  a;
4.      char  b;
5.      short int c;
6.      short int d;
7. }test_32;     /* 定义结构体类型 test_32*/
8. int main()
9. {
10.     test_32 s = {'a', 'b', 3, 5};       /* 定义结构体变量 s 并初始化 */
11.     printf("bytes = %d\n", sizeof(s));/* 打印结构体变量 s 所占内存字节数 */
12.   return 0;
13. }
```

代码运行结果是：

```
bytes = 6
```

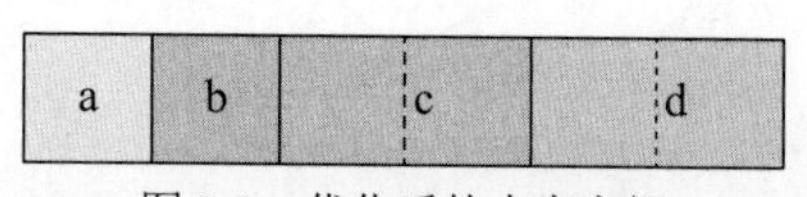

图 8-2　优化后的内存空间

从实现的功能上，虽然上述两段代码相似，但可以看到根据对齐原则，例 8-2 的代码通常存储效率更好，结构体变量 s 仅需要 6 字节，如图 8-2 所示。

总之，结构体变量所需内存空间的长度大于（考虑对齐原则）或等于所有成员长度的总和。

8.1.3　结构类型变量的初始化

结构类型变量的初始化和数组初始化的方法类似，初始值列表使用花括号“{}”括起来，并且按照存储的先后顺序依次给出各成员的初始值。

对应结构类型的变量定义的 3 种形式，结构类型变量的初始化也有 3 种方法。

初始化方法 1：先定义结构类型，再定义结构类型变量并进行初始化。

```
1. struct      结构名
2. {
3.          类型标识符      成员名；
```

```
4.        类型标识符      成员名；
5.            …….
6. };
7.  struct 结构名 结构变量名 = { 初始值列表 };
```

例如，如果已经定义了二维平面上的点为结构类型 point，进一步可定义二维平面上的矩形区域，注意如果假定矩形的 4 条边是严格水平或垂直的，那么只需要左上角 topleft 和右下角 bottomrt 两个顶点就可以确定该矩形。现在就可以定义二维平面上具体的矩形变量并进行初始化了，代码如下：

```
1.  struct point
2.  {
3.        double x;
4.        double y;
5.  };
6.  struct rectangle
7.  {
8.        struct point topleft;
9.        struct point bottomrt;
10. };
11. struct  rectangle  mybox={ {1.8,8.3} , {12.4,1.29} };
```

初始化方法 2：定义结构类型的同时定义变量并进行初始化。

```
1. struct     结构名
2. {
3.        类型标识符      成员名；
4.        类型标识符      成员名；
5.            …….
6. } 结构变量名 = { 初始值列表 };
```

初始化方法 3：只定义结构类型变量，不定义结构类型，同时对变量进行初始化。

```
1. struct
2. {
3.        类型标识符      成员名；
4.        类型标识符      成员名；
5.            …….
6. } 结构变量名 = { 初始值列表 };
```

如果初始值列表中的个数少于结构类型中成员个数，即部分初始化，剩余没有初始值的成员被自动初始化为 0；如果整体没有初始化，动态存储区的结构体变量的成员为随机值。

8.1.4　结构类型变量的引用

结构类型变量引用的基本原则如下。

（1）不能整体引用，只能引用结构类型变量的成员。使用成员引用运算符（.）可以访问结构类型变量的成员，引用的一般形式是

结构类型变量 . 成员名

（2）必须逐级引用结构类型变量的成员，不能越级。

（3）除同类型的结构类型变量可以相互赋值之外，不能整体引用结构类型变量名。

根据前面结构类型的定义和结构类型变量的定义与初始化，可以实现如下计算屏幕

上任意两点之间距离的程序。

【例 8-3】计算平面上任意两点之间的距离。

程序代码（8-3.c）：

```
1.  /* 计算两点之间的距离。*/
2.  #include <stdio.h>
3.  #include <stdlib.h>
4.  #include <math.h>
5.
6.  struct point
7.  {
8.      double x;
9.      double y;
10. };
11.
12. struct point readPoint();
13. double distance(struct point p1, struct point p2);
14.
15. int main(void)
16. {
17.     struct point a, b; /* 平面上的两个点 */
18.     double dis;
19.
20.     printf("\n 计算两点间的距离！ \n\n");
21.
22.     printf(" 请输入第 1 个点的坐标：");
23.     a = readPoint();
24.
25.     printf("\n 请输入第 2 个点的坐标：");
26.     b = readPoint();
27.
28.     dis = distance(a, b);
29.
30.     printf("\n 两点间的距离是：%.2f\n", dis);
31.
32.     return 0;
33. } /*end main*/
34.
35. struct point readPoint()
36. {
37.     struct point p;
38.     scanf("%lf,%lf", &p.x, &p.y);
39.     return p;
40. } /*end readPoint*/
41.
42. double distance(struct point p1, struct point p2)
43. {
44.     double d;
45.     d = sqrt((p1.x - p2.x) * (p1.x - p2.x) + (p1.y - p2.y) * (p1.y - p2.y));
46.     return d;
47. } /*end distance*/
```

8.2 向函数传递结构

本节讨论向函数传递结构和结构成员的方法。

8.2.1 向函数传递结构类型成员

函数调用时，如果实参是结构类型变量的成员，实际上是传递一个结构成员的值给被调用函数，相当于传递的是简单类型变量。例如，对于如下结构类型：

```
1. struct fred
2. {
3.      char x;
4.      int y;
5.      float z;
6.      char s[10];
7. } mike;
```

以下函数调用都是传递结构成员的范例：

```
1. func1(mike.x);    //char 类型实参：传递 x 成员值
2. func2(mike.y);    //int 类型实参：传递 y 成员值
3. func3(mike.z);    //float 类型实参：传递 z 成员值
4. func4(mike.s);    // 字符数组名实参：传递 s 成员值
5. func1(mike.s[3]); //char 类型实参：传递 s 中下标 3 的元素值。
```

如果需要传递结构成员的地址，应该使用取地址运算符（&）。例如：

```
6. func5(&mike.x);
```

注意：取地址运算符（&）应该放在结构类型变量名 mike 之前，而不是成员名 x 的前面。

8.2.2 向函数传递全结构

如果需要将整个结构的所有成员传递给被调用函数，则应该保证结构实参和形参必须为相同的结构类型。这时需要按照标准的值传递方式把全结构（整个结构）传递给被调用函数。注意采用值传递方式时，函数内对形参的成员的修改仍然是不影响实参的成员值，结构类型参数仅起（单向）传入信息的作用。

例如，二维平面上的点为结构类型 point，矩形为结构类型 rectangle，定义点变量 a 和矩形变量 b。

```
1. struct point
2. {
3.     double x;
4.      double y;
5. } a;
6. struct rectangle
7. {
8.      struct point topleft;
9.      struct point bottomrt;
10. } b;
```

编写函数：判断点 p 是否在矩形 r 的内部。

```
1. int ptinrect(struct point p, struct rectangle r)
2. {
3.     return p.x >= r.topleft.x && p.y <= r.bottomrt.x && p.y >= r.topleft.y &&
   p.y <= r.bottomrt.y;
4. }
```

那么，函数调用结果如果为 1，则表示点 a 在矩形 b 的内部；为 0 则表示在矩形外部。

注意：这里要求实参（a, b）和形参（p, r）必须是完全相同的结构类型。例如，如果修改 a 和 b 的定义为

```
1.  struct point
2.  {
3.      double x;
4.      double y;
5.  } a;
6.  struct point2
7.  {
8.      double x;
9.      double y;
10. } b;
11. struct rectangle
12. {
13.     struct point topleft;
14.     struct point bottomrt;
15. } c;
```

那么函数调用 ptintrect(a, c) 正确，但函数调用 ptintrect(b, c) 是错误的。因为实参 b 是 struct point2 类型的，而形参 p 是 struct point 类型的。二者虽然形式相同，但仍然是两个不同的结构类型。

8.3 结构数组

结构类型最常见的用法之一是结构数组，本节介绍结构数组的定义、初始化和使用。

1. 定义结构数组

定义结构数组时，必须首先定义结构类型，再定义结构数组。例如，对于结构类型 data 定义如下：

```
1. struct data
2. {
3.      int no;
4.      int num;
5. };
```

基于上述 struct data 类型定义，可以定义结构数组，定义形式是

```
struct data x[N];
```

这里，x 是拥有 N 个 struct data 类型元素的一维结构数组。访问结构数组时，需要对数组使用下标，并且注明引用数组元素的哪个成员。例如，需要打印 x 中第 i 个元素的 no 成员和 num 成员，代码如下：

```
printf("%5d %10d\n",x[i].no,x[i].num);
```

2. 结构数组的初始化

结构数组同样可以采用分行初始化和顺序初始化两种形式。例如，以下语句是结构

数组按分行初始化的范例：

```
1. struct data
2. {
3.       int no;
4.       int num;
5. } X[]={{1,32},{2,12},{3,2},{4,6},{5,8},{6,88}};
```

如果按照顺序初始化形式，则上述语句可改写为

```
1. struct data
2. {
3.       int no;
4.       int num;
5. } X[]={1,32,2,12,3,2,4,6,5,8,6,88};
```

假设需要编写一个数组排序程序，要求不仅能够输出排序后的数据，还要保留数据原有的序号。

首先定义数据结构：结构数组 X[]

```
1. struct data
2. {
3.       int no;                  //数据的序号
4.       int num;                 //数据的值
5. } X[];
```

然后根据自顶而下逐步细化的原则，进行模块划分，定义子函数如下

（1）排序函数：void sort(struct data x[ ], int n);

（2）输入结构数组函数：void readData(struct data x[ ], int n);

【例 8-4】数组排序：输出排序后的数据和原有的序号。

程序代码（8-4.c）：

```
1.  #include <stdio.h>
2.  #include <stdlib.h>
3.  #define N 6
4.
5.  struct data
6.  {
7.       int no;
8.       int num;
9.  };
10.
11. void sort(struct data x[], int n);
12. void readData(struct data x[], int n);
13.
14. int main(void)
15. {
16.      struct data x[N], temp;
17.      int i, j;
18.
19.      printf("\n数据排序：输出排序后的数据和原有的序号。\n\n");
20.      printf("请输入%i个整数：", N);
21.      readData(x, N);
22.
23.      sort(x, N);
24.
```

```
25.     /* 输出结果 */
26.     printf("\n 原来序号   值 \n");
27.     for (i = 0; i < N; i++)
28.     {
29.         printf("%5d %10d\n", x[i].no, x[i].num);
30.     }
31.
32.     return 0;
33. } /*end main*/
34.
35. void sort(struct data x[], int n)
36. {
37.     int i, j;
38.     struct data temp;
39.     for (i = 0; i < n - 1; i++)
40.     {
41.         for (j = 0; j < n - i - 1; j++)
42.         {
43.             if (x[j].num > x[j + 1].num)
44.             {
45.                 temp = x[j];
46.                 x[j] = x[j + 1];
47.                 x[j + 1] = temp;
48.             }
49.         }
50.     }
51. } /*end sort*/
52. void readData(struct data x[], int n)
53. {
54.     int i;
55.     for (i = 0; i < n; i++)
56.     {
57.         scanf("%d", &x[i].num);
58.         x[i].no = i + 1;
59.     }
60. } /*end readData*/
```

其中，sort() 函数的形参 x 是数组类型，C 编译程序将其转换为指向结构类型的指针。形参 x 用于接收待排序数组的起始地址，它模拟了按引用传递，起着双向传递的作用。也就是说，通过形参数组名 x 访问的数组就是实参数组的相同空间。同理，readData() 函数的第 1 个形参同样是结构数组类型。所以，sort() 函数和 readData() 函数都是通过地址类别形参来模拟按引用传递，从而实现了将结果传递出来的作用。这也是向函数实现双向传递结构数据的基本技巧，后续关于链表的操作也会经常使用类似的方法。

8.4 结构与指针

结构类型的另一个最常见的用法就是将指针和结构类型一起使用，实现诸如链表、树等各种复杂的数据结构。本节以链表为例，介绍结构指针的特殊用法。

8.4.1 结构指针

指向结构的指针简称为**结构指针**。和定义其他指针一样，定义结构指针时需要在变量名前面添加星号（*）。定义结构指针的一般形式是

```
struct 结构类型名 *结构类型指针变量名;
```

例如：

```
1. struct data
2. {
3.     int no;
4.     int num;
5. } a, *p;
6. P = &a;
```

使用结构指针访问结构成员，有两种方式。

第1种方式是使用指针运算符（*）和成员引用运算符（.）。例如：

```
(*p).num = 20;
```

上述语句相当于给a的成员num赋值为20。C语言定义了指向运算符（->），从而提供了第2种访问方式，可以简化上述表达式：

```
p->num = 20;
```

其中，`p->num`和`(*p).num`是等价的，都是表示用`p`指向的变量a的成员num。

8.4.2 结构类型的自引用定义

如果结构类型中存在某个结构成员，该成员是指向自身所属的结构类型的指针，就称为结构类型的自引用定义。例如：

```
1. struct tnode
2. {
3.     char word[20];
4.     int count;
5.     struct tnode* left;
6.     struct tnode* right;
7. };
```

其中，成员`left`和`right`分别是指向`struct tnode`类型的指针。事实上，上述结构类型定义了二叉树结点的类型。结构类型的自引用定义常用于构造各种数据结构，例如队列、堆栈、链表、树、图等。

8.4.3 动态数据结构

程序由算法和数据结构组成，数据结构是指数据的组织方式，数据结构不同，算法也会不同。理解数据结构应该从3方面进行。

（1）数据的逻辑结构。数据的逻辑结构抽象反映数据元素之间的逻辑关系。逻辑结构分为线性结构和非线性结构。

（2）数据的存储结构。数据的逻辑结构在计算机存储器中的实现就是数据的物理结

构，或称为存储结构。存储结构有顺序存储结构和链式存储结构两类。

（3）数据的运算。定义在数据结构上的运算，包括检索、排序、插入、删除、修改等。

从存储数据元素的结点分配方式上看，数据结构又可以分为静态数据结构和动态数据结构。静态数据结构的特点是：数据的存储结构中的结点是在程序执行过程中预先分配好的；数据结构中能够存储的最大结点数是固定的；在程序执行过程中不能调整存储空间的大小。而动态数据结构的特点是：数据存储结构中的结点是在程序执行过程中动态分配的；能够存储的最大结点数是不固定的，可按需分配；动态数据结构在程序执行过程中可以动态调整存储空间的大小。

8.4.4 链表的概念和分类

链接方式存储的线性表简称为**链表**（Linked List）。链表是一种物理存储单元上非连续、非顺序的存储结构，数据元素的逻辑顺序是通过链表中的指针链接顺序实现的。链表由一系列结点（链表中每一个元素称为结点）组成，结点可以在运行时动态生成。每个结点包括两部分：一个是存储数据元素的数据域，另一个是存储后继结点地址的指针域。

链表的第一个结点称为链表的头指针，链表的最后一个结点称为尾结点。头指针是链表的标志，也是访问链表的起点。链表的结点在内存中通常不是连续存储的，但在逻辑上，链表的结点是以连续的形式出现的。

从链表的指针链成员来看，链表分为单链表、循环链表和双向链表。单向链表（即单链表）的元素含有指向下一个数据项的链，如图 8-3（a）所示，单链表中的每个结点只有一个指针域。头指针 head 指向链表中的第一个结点。单向循环链表与单链表的区别是：尾结点的指针不是 NULL，而是指向链表的头结点，如图 8-3（b）所示。双向循环链表中每个结点都包含两个指针链成员：分别指向下一个结点和前一个结点。这两个指针链域构成了双循环链表中两个不同方向的环，如图 8-3（c）所示。

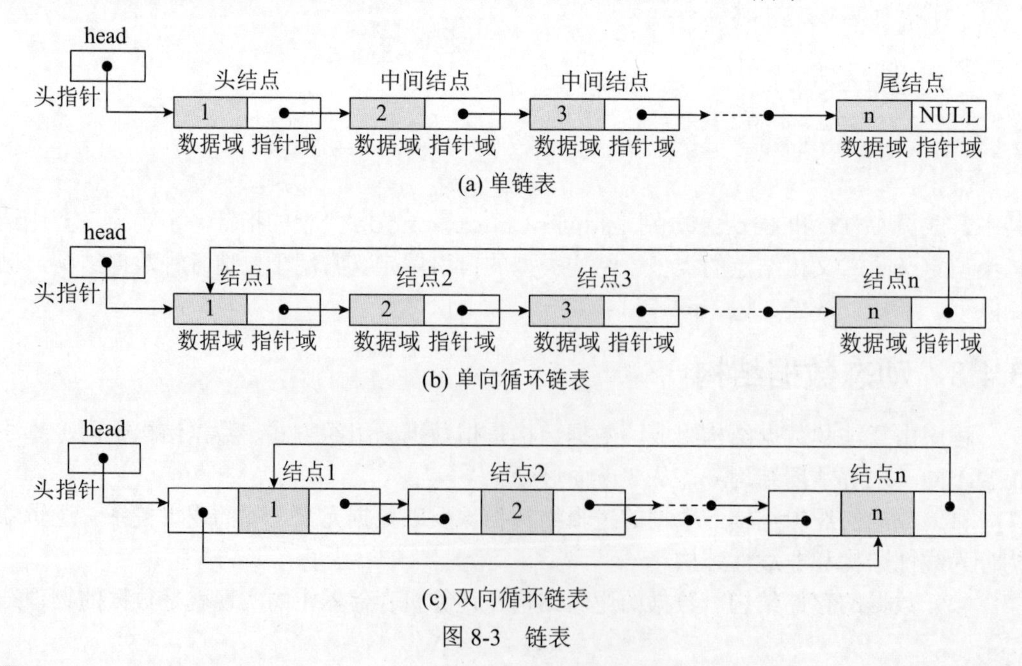

图 8-3　链表

8.4.5　单链表的基本操作

链表是动态数据类型，允许插入和移除任意位置上的结点，但是不允许随机存取。单链表的基本操作包括创建、插入、删除、遍历等。

1）链表的定义

将指针和结构类型相结合，可以定义单链表的结点类型：

```
1. struct link
2. {
3.     int data;                    //数据域
4.     struct link *next;           //指针域
5. }*head;                          //链表的头指针变量
```

以下是对该链表结点的合法引用方式举例：

```
head->data                  //结点 1 的数据域
head->next                  //结点 1 的指针域，第 2 个结点的地址
head->next->data            //结点 2 的数据域
```

2）单链表的创建

创建一个新的链表，可以采用头插法或尾插法等策略，向链表中添加结点。例如对于尾插法，如果原链表为空，则将新结点置为头结点；否则，原链表非空，则将新建结点添加到链表尾部，因此称该策略为尾插法。

为了向链表中添加一个新的结点，具体代码实现中，首先使用 malloc 为新建结点动态申请内存，让指针变量 p 指向这个新建结点，然后才能进行后续添加结点操作。

向链表添加结点的过程中，通过 head == NULL 进行判断：如果原链表为空表，则通过 head = p，直接将新建结点置为头结点，如图 8-4 所示；如果原链表非空，则将新建结点添加到链表的尾部，如图 8-5 所示。

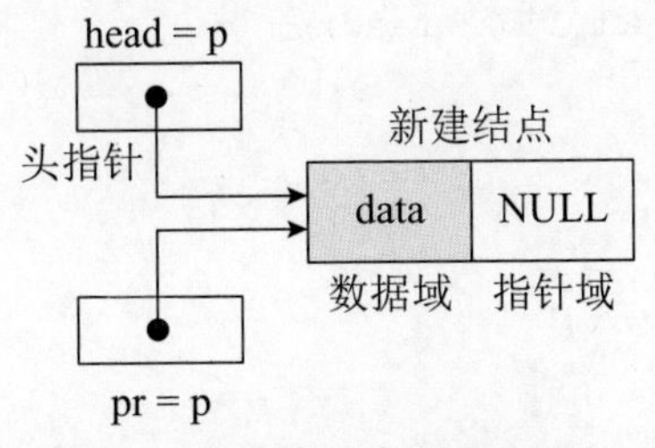

图 8-4　将新建结点置为头结点

注意：如果原链表非空时，尾插法的过程相当于向“风筝线”的尾部添加一段，因此需要首先通过循环语句，找到原链表中的尾部结点 pr，如图 8-5（a）所示，尾部结点 pr 的指针域 pr->next 原值为 NULL。然后通过 pr->next = p 将尾部结点的指针域指向新建结点，此时对于原尾结点的改造已经完成。

如图 8-5（b）所示，pr = p 使得 pr 改为指向新建结点。后续对于新建结点的改造工作，与空链表加入新建结点的过程相同，pr->data = data 将新建结点的数据域赋值为用户输入的结点数据；pr->next = NULL 将新建结点置为表尾。

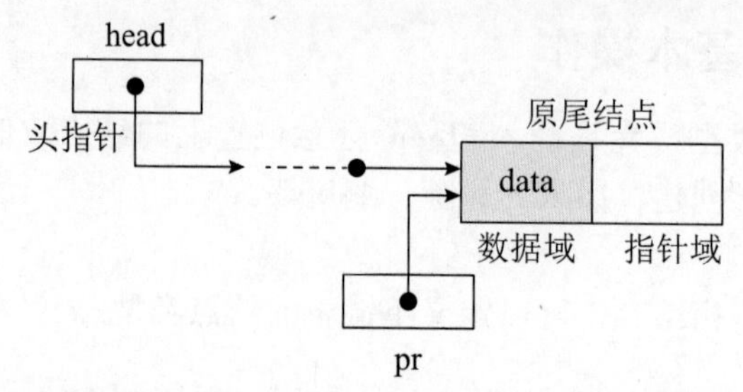

（a）原尾结点的指针域 pr->next 原值为 NULL，新值为 p

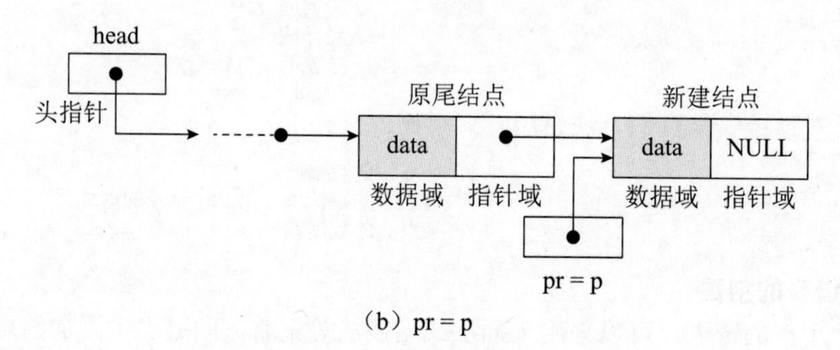

（b）pr = p

图 8-5　对于空链表使用尾插法加入新建结点

最后，在程序结束前不要忘记释放所有动态分配的内存。

下面是采用尾插法进行创建链表的例子。

【例 8-5】采用尾插法进行链表的创建。

程序代码（8-5.c）：

```
1.  #include <stdio.h>
2.  #include <stdlib.h>
3.  struct link *AppendNode(struct link *head);
4.  void DisplyNode(struct link *head);
5.  void DeleteMemory(struct link *head);
6.  struct link
7.  {
8.      int data;
9.      struct link *next;
10. };
11. int main(void)
12. {
13.     int i = 0;
14.     char c;
15.     struct link *head = NULL; /* 链表头指针 */
16.     printf("Do you want to append a new node(Y/N)?");
17.     scanf(" %c", &c); /* %c 前面有一个空格 */
18.     while (c == 'Y' || c == 'y')
19.     {
20.         head = AppendNode(head);
21.         DisplyNode(head); /* 显示当前链表中的各结点信息 */
22.         printf("Do you want to append a new node(Y/N)?");
23.         scanf(" %c", &c); /* %c 前面有一个空格 */
24.         i++;
25.     }
26.     printf("%d new nodes have been apended!\n", i);
```

```
27.     DeleteMemory(head); /* 释放所有动态分配的内存 */
28. }
29. /* 函数功能：新建一个结点并添加到链表末尾，返回添加结点后的链表的头指针 */
30. struct link *AppendNode(struct link *head)
31. {
32.     struct link *p = NULL, *pr = head;
33.     int data;
34.     p = (struct link *)malloc(sizeof(struct link)); /* 让p指向新建结点 */
35.     if (p == NULL)
36.     {
37.         printf("No enough memory to allocate!\n");
38.         exit(0);
39.     }
40.     if (head == NULL) /* 若原链表为空，则将新建结点置为首结点 */
41.     {
42.         head = p;
43.     }
44.     else /* 若原链表为非空，则将新建结点添加到表尾 */
45.     {
46.         while (pr->next != NULL) /* 若未到表尾，则移动pr直到pr指向表尾 */
47.         {
48.             pr = pr->next; /* 让pr指向下一个结点 */
49.         }
50.         pr->next = p; /* 将新建结点添加到链表的末尾 */
51.     }
52.     pr = p; /* 让pr指向新建结点 */
53.     printf("Input node data: ");
54.     scanf("%d", &data); /* 输入结点数据 */
55.     pr->data = data;
56.     pr->next = NULL; /* 将新建结点置为表尾 */
57.     return head;     /* 返回添加结点后的链表的头结点指针 */
58. }
59. /*  函数的功能：显示链表中所有结点的结点号和该结点中数据项内容 */
60. void DisplyNode(struct link *head)
61. {
62.     struct link *p = head;
63.     int j = 1;
64.     while (p != NULL) /* 若不是表尾，则循环打印 */
65.     {
66.         printf("%5d%10d\n", j, p->data); /* 打印第j个结点的数据 */
67.         p = p->next;                     /* 让p指向下一个结点 */
68.         j++;
69.     }
70. }
71. /*  函数功能：释放head指向的链表中所有结点占用的内存 */
72. void DeleteMemory(struct link *head)
73. {
74.     struct link *p = head, *pr = NULL;
75.     while (p != NULL) /* 若不是表尾，则释放结点占用的内存 */
76.     {
77.         pr = p;       /* 在pr中保存当前结点的指针 */
78.         p = p->next; /* 让p指向下一个结点 */
79.         free(pr);     /* 释放pr指向的当前结点占用的内存 */
80.     }
81. }
```

3）单链表删除结点

链表的删除操作是将一个待删除结点从链表中断开，不再与链表的其他结点有任何联系。就像对于一段正在工作的“风筝线”进行局部剪除一样，需要按照一定操作顺序小心处理。链表的删除具体考虑如下 4 种情况。

（1）如果原链表为空或待删除结点不存在，则无须删除任何结点。

（2）如果待删除结点是头结点，则将 head 指向当前结点的下一个结点，然后删除当前结点，如图 8-6（a）。

（3）如果待删除结点不是头结点，则 pr->next = p->next 将前一结点的指针域指向当前（待删除）结点的下一个结点，然后删除当前结点 p，如图 8-6（b）。

（4）如果待删除结点是尾结点，则执行 pr->next = p->next 使得 pr->next 的值也变成 NULL，从而使得 pr 指向的结点由原来的倒数第 2 个结点变成了尾结点。

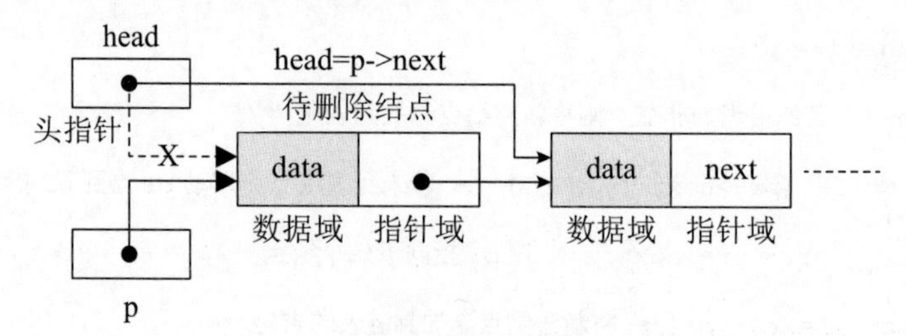

（a）待删除结点是头结点

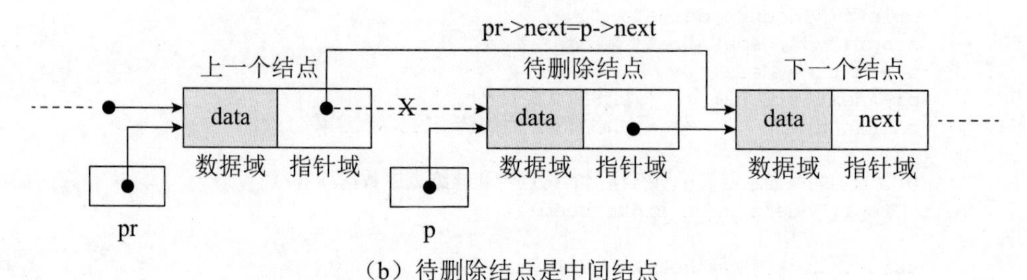

（b）待删除结点是中间结点

图 8-6　从单链表中删除结点

为了删除结点，需要使用循环在链表中找到要删除的结点 p，注意在执行循环体的过程中还保留了结点 p 的上一个结点 pr。这样才能将 p 的上一个结点 pr，链接到 p 的下一个结点上。这个过程就像如果我们想要剪短一节正在工作中的风筝线，需要先通过 pr->next = p->next 连接好风筝线（上一个结点与下一个结点之间）的新接头，再通过 free（p）剪去多余的线（待删除结点）。

注意：删除结点时，一定要使用 free( ) 函数释放对应的内存。

【例 8-6】从链表中删除结点。

程序代码（8-6.c）：

```
82. /*  从head指向的链表中删除一个结点，返回删除结点后的链表的头指针 */
83. struct link *DeleteNode(struct link *head, int nodeData)
84. {
85.     struct link *p = head, *pr = head;
86.     if (head == NULL) /* 若链表为空表，则退出程序 */
87.     {
88.         printf("Linked Table is empty!\n");
```

```
89.         return (head);
90.     }
91.     while (nodeData != p->data && p->next != NULL) /* 未找到且未到表尾 */
92.     {
93.         pr = p;
94.         p = p->next;
95.     }
96.     if (nodeData == p->data) /* 若找到结点 nodeData，则删除该结点 */
97.     {
98.         if (p == head) /* 若待删除结点为首结点，则 head 指向第 2 个结点 */
99.         {
100.            head = p->next;
101.        }
102.        else /* 若不是首结点，则将上一个结点的指针指向当前结点的下一个结点 */
103.        {
104.            pr->next = p->next;
105.        }
106.        free(p); /* 释放为已删除结点分配的内存 */
107.    }
108.    else /* 没有找到待删除结点 */
109.    {
110.        printf("This Node has not been found!\n");
111.    }
112.    return head; /* 返回删除结点后的链表的头结点指针 */
113. }
```

4）单链表插入结点

对于链表插入新结点时，首先要新建一个结点，将其指针域赋值为空指针 NULL，然后在链表中寻找适当的位置执行结点插入。就像对于一段正在工作的“风筝线”进行局部增加长度一样，需要按照一定操作顺序小心处理。我们以结点值按升序排序的链表为例，插入过程具体考虑如下 4 种情况。

（1）如果原链表为空，则 head=p，即将头结点 head 直接指向新结点 p。

（2）如果原链表非空，则根据结点值的大小确定插入新结点的位置。如果是在头结点之前，则将新结点的指针域指向原链表的头结点（p->next=head），然后让头指针 head 指向新结点（head=p）。

（3）如果在链表中间的 pr 结点后插入新结点，则将新结点的指针域指向当前结点 pr 的下一个结点（p->next = pr->next），并且将当前结点 pr 的指针域指向新结点 p（pr->next=p）。

（4）如果在链表末尾插入结点，则原尾结点的指针域指向新结点（pr->next=p）。

同删除结点过程类似，如果想要对正在工作中的风筝线增加一段长度，需要先把新增线段连接好风筝线的接头，通过 p->next = pr->next 将新结点的指针域指向下一个结点，再通过 pr->next = p 断开原有的连接。图 8-7 演示了向链表中间插入新结点的过程，而向头 / 尾结点插入新节点的过程则与采用头 / 尾插法进行链表创建的过程类似。

【例 8-7】向链表插入结点。

程序代码（8-7.c）:

```
114. /* 在已按升序排序的链表中插入一个结点，返回插入结点后的链表头指针 */
115. struct link *InsertNode(struct link *head, int nodeData)
```

```
116. {
117.     struct link *pr = head, *p = head, *temp = NULL;
118.     p = (struct link *)malloc(sizeof(struct link));/* 让p指向待插入结点 */
119.     if (p == NULL)                  /* 若为新建结点申请内存失败，则退出程序 */
120.     {
121.         printf("No enough memory!\n");
122.         exit(0);
123.     }
124.     p->next = NULL;                 /* 为待插入结点的指针域赋值为空指针 */
125.     p->data = nodeData;             /* 为待插入结点数据域赋值为nodeData */
126.     if (head == NULL)               /* 若原链表为空表 */
127.     {
128.         head = p;                   /* 待插入结点作为头结点 */
129.     }
130.     else
131.     {       /* 若未找到待插入结点的位置且未到表尾，则继续找 */
132.         while (pr->data < nodeData && pr->next != NULL)
133.         {
134.             temp = pr;              /* 在temp中保存当前结点的指针 */
135.             pr = pr->next;/* pr指向当前结点的下一个结点 */
136.         }
137.         if (pr->data >= nodeData)
138.         {
139.             if (pr == head)         /* 若在头结点前插入新结点 */
140.             {
141.             p->next = head;/* 将新结点的指针域指向原链表的头结点 */
142.             head = p;               /* 让head指向新结点 */
143.             }
144.             else                    /* 若在链表中间插入新结点 */
145.             {
146.                 pr = temp;
147.                 p->next = pr->next;/* 将新结点的指针域指向下一个结点 */
148.                 pr->next = p;       /* 让上一个结点的指针域指向新结点 */
149.             }
150.         }
151.         else                        /* 若在表尾插入新结点 */
152.         {
153.             pr->next = p;           /* 让末结点的指针域指向新结点 */
154.         }
155.     }
156.     return head;                    /* 返回插入新结点后的链表头指针head的值 */
157. }
```

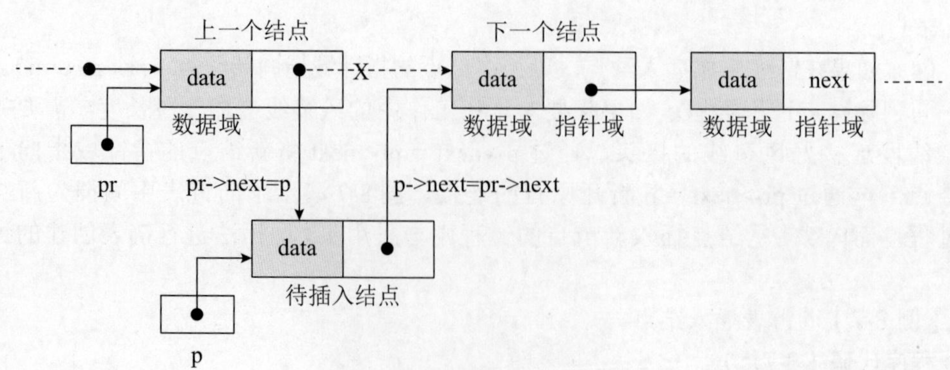

图 8-7　向单链表插入新结点

8.5 位段

位段是C语言特有的内设机制，具有访问字节中位的能力。位段仅限于结构类型的成员使用，位段成员的数据类型必须是下述之一：int、signed int、unsigned int。通常位段在下述场景中需要使用：

（1）内存紧张时，可以考虑使用位段；

（2）某些设备需要把编码信息传输到各个二进制位，例如网络协议；

（3）某些加密算法需要访问字节中的位。

位段定义的一般形式是

```
1. struct      【结构名】
2. {
3.          类型标识符      成员名   :   成员长度；
4.          类型标识符      成员名   :   成员长度；
5.              …….
6. };
```

位段成员名必须是结构类型或联合类型的成员。这里的成员长度决定了成员的取值范围，成员长度的单位是二进制位。

位段最常见用于硬件设备或通信中信号的表示。例如，串行通信适配器的状态如表8-1所示，这些信息可以通过位段在1字节（8个二进制位）中表示，从而节约存储和通信开销。

表 8-1　串行通信适配器的状态表

位	含　义
0	清除后发送线路改变
1	数据就绪改变
2	检测到尾边界
3	接收线路改变
4	清除后改变
5	数据就绪
6	电话振铃
7	已接收信号

具体代码如下：

```
1.  struct status_type
2.  {
3.      unsigned delta_cts:            1;
4.      unsigned delta_dsr:            1;
5.      unsigned tr_edge:              1;
6.      unsigned delta_rec:            1;
7.      unsigned cts:                  1;
8.      unsigned dsr:                  1;
9.      unsigned ring:                 1;
10.     unsigned rec_line:             1;
11. };
```

如果使用长度为0的无名位段，可使其后续位段从下1字节开始存储。例如：

```
1.  struct status
2.  {
3.      unsigned sign:          1;          /* 符号标志 */
4.      unsigned zero:          1;          /* 零标志 */
5.      unsigned carry:         1;          /* 进位标志 */
6.      unsigned :              0;          /* 长度为0的无名位段 */
7.      unsigned parity:        1;          /* 奇偶 / 溢出标志 */
8.      unsigned half_carry:    1;          /* 半进位标志 */
9.      unsigned negative:      1;          /* 减标志 */
10.  } flags;
```

本例中，对于无名位段随后的位段后续成员 flags.parity 等，将从下1字节开始分配新的内存空间。

8.6 联合类型

联合类型又称为共用体，和结构类型一样，是一种派生数据类型。但是与结构类型不同的是：结构类型中各成员有各自的内存空间，一个结构体变量的总长度取决于各个成员长度之和；而联合类型中多个成员（变量）共用同一段内存，它是C语言对同一段内存的多模式解读，一个共用体变量的长度等于其成员中最长的长度。

8.6.1 定义联合类型变量

联合类型使用关键字 union，具体定义形式如下：

```
1. union    联合名
2. {
3.         类型标识符      成员名；
4.         类型标识符      成员名；
5.            …….
6. };
```

例如：

```
1. union data
2. {
3.     int i;
4.     char ch;
5.     float f;
6. };
```

定义联合类型变量的方法和结构类型类似，也有3种形式。

形式1：先定义类型，再定义变量。

例如：

```
1. union data
2. {
3.     int i;
```

```
4.     char ch;
5.     float f;
6. };
7. union data a,b;
```

形式 2：定义类型的同时定义变量。

```
1. union data
2. {
3.     int i;
4.     char ch;
5.     float f;
6. }a, b;
```

形式 3：只定义一次变量。

```
1. union
2. {
3.     int i;
4.     char ch;
5.     float f;
6. } a, b;
```

在上面示例代码的变量 a 或 b 中，整型成员 i、字符型成员 ch 和浮点型成员 f 共享同一片内存。事实上联合变量任何时刻只有一个成员存在。联合变量定义分配内存，长度等于最长成员（本例中即 float 类型的成员 f）所占字节数。

【例 8-8】打印联合类型变量所占内存字节数。

程序代码（8-8.c）：

```
1.  #include  <stdio.h>
2.  union data
3.  {
4.      int i;
5.      char ch;
6.      float f;
7.  }; /* 定义联合类型 union data */
8.  typedef union data test; /* 定义 union data 的别名为 test */
9.  int main()
10. {
11.     printf("bytes = %d\n", sizeof(test));     /* 打印联合类型所占内存字节数 */
12.     return 0;
13. }
```

代码运行结果是：bytes = 4

如图 8-8 所示，进一步声明具体的联合变量 a 或 b 之后，在程序执行过程中，a 或 b 分别只占用 4 字节空间。

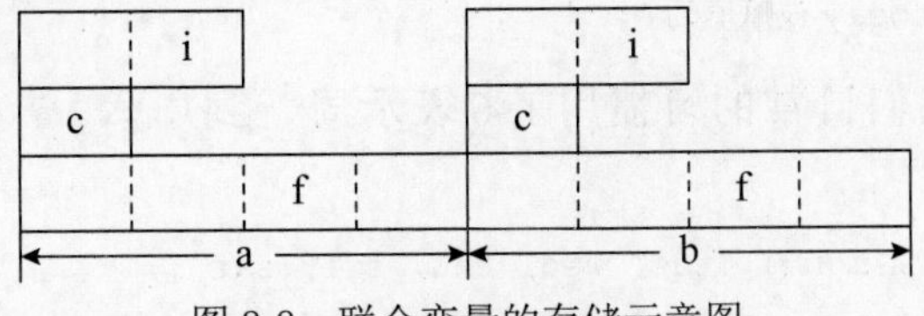

图 8-8　联合变量的存储示意图

总之，联合变量所需内存空间等于最长成员所占字节数。

8.6.2 联合类型变量的引用

同结构类型相似，联合类型变量的访问也是使用成员引用运算符（.）和指向运算符（->）。以下 3 种形式均可访问联合类型变量的成员：

```
1.    联合类型指针 -> 成员名
2.    (* 联合类型指针 ). 成员名
3.    联合类型变量名 . 成员名
```

联合类型变量在一段时间内只能存放其中一个成员变量的值，联合类型变量的引用需要具体遵守如下规则。

（1）不能引用联合变量，只能引用其成员。

（2）联合变量中起作用的成员是最后一次存放的成员。

（3）不能在定义联合变量时初始化。

（4）可以用一个联合变量为另一个变量赋值。

8.7 枚举类型

当一个变量只有几种可能的取值时，可以采用枚举类型。所谓枚举类型就是将可能的取值一一列举出来，该枚举类型的变量取值不能超过定义的范围，这样可以有效防止用户使用无效值。

8.7.1 定义枚举类型变量

枚举类型的定义使用关键字 enum，格式如下：

```
enum 枚举名 { 枚举常量值表 };
```

其中，枚举常量是命名的整数常量。例如

```
1. enum week{ sun, mon, tue, wed, thu, fri, sat };
```

该枚举名为 week，枚举值共有 7 个，即一周中的 7 天。例如，代码

```
2. enum week today;
```

定义了变量 today，它的取值只能是 7 天中的某一天。

编译程序把第 1 个枚举常量 sun 赋值为 0，以后 mon、tue 等依次赋值为 1，2，…，6。例如代码：

```
3. today = sun;// today 被赋值为 0。
```

如果想要按照人们日常的习惯用 1~6 表示周一到周六，7 表示周日，可以修改 enum week 的定义为：

```
4. enum week{ sun=7, mon=1, tue, wed, thu, fri, sat };
```

这里 sun 被置为 7，mon 被置为 1，后续的枚举常量就从 2 开始依次递增。

8.7.2 枚举类型变量的引用

枚举元素（枚举常量）是整常量，不是变量。因为枚举元素的数值是整型，所以枚举元素可以参与数值运算。当变量取值范围限定在规定的整常数范围内时，可采用枚举类型。枚举类型变量不能直接使用 printf、scanf 等标准库函数输出、输入。

例如：

```
5. today = sun;
6. printf("%s", today);
```

此处的代码是错误的，这里 sun 是被命名的整数常量，而不是字符串。试图将其作为字符串输出是无效的。

8.8 typedef 定义类型别名

在实际编程开发中，除了可以直接使用 int、float 等标准类型名，以及用户自己声明的结构类型、枚举类型、联合类型，还可以使用 typedef 指定新的类型名来代替原有的类型名。

typedef 可以用一个新的类型名代替原有的类型名，也可以用简单的类型名代替复杂的类型名。其基本形式是

```
typedef    type   name;
```

这里，type 是原有数据类型名，name 是类型别名。注意 typedef 仅是定义了类型别名，并没有定义新的数据类型。例如：

```
1. typedef int INTEGER;
2. typedef float REAL;
3. INTEGER a, b, c;
4. REAL f1, f2;
```

相当于下面的代码：

```
1. int a, b, c;
2. float f1, f2;
```

注意： typedef 仅是定义了追加的别名，原来的类型名同时有效。

8.9 安全缺陷分析

在编程实践中，复合数据类型和链表等容易出现语法、语义错误，进而引起各类安全缺陷问题。下面列举一些常见的错误和注意事项。

1. 语法类错误注意事项

（1）定义结构类型或者联合类型时，需要在最后的“}”后面加分号。

（2）不能将一种类型的结构体变量对另一种类型的结构体变量进行赋值。

（3）除同类型的结构类型变量可以相互赋值之外，不能整体引用结构类型变量名。如不能对两个结构体或者联合变量进行比较操作。

（4）结构类型变量引用不能整体引用，必须逐级引用结构类型变量的成员，不能越级。不能直接用结构体的成员变量名访问结构体变量的成员。

（5）不能使用指向运算符“->”访问结构体变量的成员。

（6）不能使用成员引用运算符“.”访问结构体指针指向的结构体的成员。

2. 语义类错误注意事项

（1）对于结构类型、联合类型等复合数据类型，struct 语句仅完成了类型的定义，只描述了结构的组织形式。这时并没有分配内存，定义类型实际的变量后才进行内存分配。

（2）结构类型变量采用顺序存储结构，但是由于对齐原则，变量的内存空间的长度大于或等于所有成员长度的总和。

（3）链表中的指针操作，实际上都是对于指针变量存储的所指对象内存进行操作。在进行新建、插入等操作时，需要为新结点进行动态内存分配，例如 malloc。

（4）在链表的删除、修改等操作时，操作完成后需要对删除后结点进行内存释放。

（5）对于链表的各种操作，注意具体的操作执行顺序。

（6）链表 head 作为函数返回值时，注意头指针的更新。

3. 链表的正确性测试

对于链表相关的程序，调试验证过程需要测试如下边界条件。

（1）如果链表为空时，代码是否能正常工作？

（2）如果链表只包含一个结点时，代码是否能正常工作？

（3）如果链表只包含两个结点时，代码是否能正常工作？

（4）代码逻辑在处理头结点和尾结点的时候，是否能正常工作？

（5）链表结点位置在头部、中部、尾部的相关操作，是否能正常工作？

8.10 本章小结

本章应重点掌握的知识点包括：

- 结构类型的定义。正确理解结构类型的现实含义。
- 结构类型变量的定义、初始化和使用。
- 结构数组的定义、初始化和使用。
- 结构指针的定义和使用。
- 结构类型、结构指针类型的形参的使用。
- 链表的概念、基本操作以及实现方法。
- 位段的定义和使用。
- 联合类型变量的定义、初始化和使用。

- 枚举类型变量的定义、初始化和使用。
- typedef 的使用，用户自定义类型。

习题

1. 什么是结构类型？它的用法是怎样的？

2. 估计一个结构类型变量占多大的内存空间？编程验证你的结论。

3. C 语言中的结构类型、枚举类型、联合类型，在程序中的作用是什么？

4. 比较结构类型和联合类型的相同点与不同点。

5. 试说出 typedef 的使用过程。

6. 基于结构类型，编写程序实现一个简单的学生成绩管理系统。

7. 基于结构类型，编写程序实现链表的基本操作。

8. 基于枚举类型，编写程序实现星期的基本操作。

9. 请编程实现两个复数的加法、减法和乘法运算。

10. 定义一个结构类型表示日期，要求程序输入年月日信息，输出:（1）该日期对应的是星期几;（2）该日期是当年的第几天。

11. 使用结构体编程实现简单成绩管理系统。用户需要输入 50 个以内学生的姓名、学号，以及语文、数学、外语三门功课成绩。要求:（1）计算每个学生的平均分;（2）打印输出平均成绩在 85 分以上的人数。

12. 使用枚举类型编程计算用户输入星期 X 之后第 d 天（X、d 都由用户输入）是星期几。

13. 编写程序，要求输出 int 类型的整数的每字节的十六进制编码。要求程序能够在 2 字节或 4 字节整型的系统平台中运行。

14. 请编写一个程序，要求（1）创建一个包含 10 个字符串的单链表;（2）然后将该链表逆序，即原来的尾结点变成第一个结点，原来的第一个结点变成尾结点。

15. 假设有 13 个人围成一圈，从第一个人开始顺序报数 1、2、3，凡是报到 3 的人退出圈子。使用循环链表编程计算最后一个留在圈子中的人原来的序号。

第9章 多文件项目

目前为止，我们写的C语言代码的绝大部分都只包含了一个源文件，这一般只适于实现一些简单功能的小程序。但是在实际工程项目中，需要实现的功能非常复杂，如果还是只用一个源文件来编写程序，那么程序的维护和分工将无法正常完成，另外程序员通常还需要和多个团队成员一起合作来完成项目，所以我们需要在实际工程项目中将源代码分割成多个文件，对程序进行模块化设计，使得程序结构更加清晰，方便多人协作，提高工作效率。

本章将从一个多文件程序实例入手，介绍多文件工程的实际操作、多文件中的模块划分、多文件中需注意的作用域问题和预处理器的作用。另外还会介绍如何利用make工具来进行程序代码的编译和链接，并在最后介绍一些编程中的安全思维。

9.1 程序设计实例

本节给出一个程序设计实例：大整数运算库。大整数运算库是很多密码算法（如RSA、ECDSA等）实现过程中的基础部件。

鉴于篇幅原因，本示例中大整数运算仅包含部分逻辑运算以及模加、模减等算术运算。

9.1.1 程序设计样例概述

密码算法中的大整数经常会使用1024、2048位长度的二进制数，而C语言提供的基本数值数据类型表示的数值范围有限，不能满足较大规模的高精度数值计算，因此需要利用其他方法实现高精度数值的计算。在本示例中，用32位无符号整型数组为例来表示大整数，实现部分逻辑运算以及算术运算。

例：32位无符号整型数组$A=\{a_0, a_1, a_2, \cdots, a_{t-1}\}$，表示的大整数为

$a=2^{(t-1)w}a_{t-1}+\cdots+2^{2w}a_2+2^{w}a_1+a_0$（$w=32$）

本实例代码组织结构如表9-1所示。

表 9-1 大整数运算库代码组织结构

文件类型	文 件	功能模块
头文件	inc\types.h	类型定义
	inc\common.h	公共工具
	inc\rand.h	随机数生成
	inc\bn.h	大整数运算
	inc\bn_test.h	运算测试
源文件	src\common.c	公共工具
	src\bn_rand.c	随机数生成
	src\bn_mem.c	赋值、复制
	src\bn_shift.c	移位
	src\bn_cmp.c	比较运算
	src\bn_basic.c	基本逻辑、算术运算
	src\bn_mod.c	模加、模减、模逆运算
	src\bn_test.c	运算测试

9.1.2 程序清单（部分）

鉴于篇幅原因，本书给出部分程序清单。完整代码可于教材配套教学资料中找到。

1. 头文件

types.h

```
1.  #ifndef _TYPES_H_
2.  #define _TYPES_H_
3.
4.  #include <stdint.h>
5.  #include <memory.h>
6.
7.  /*=================================================================*/
8.  /* Constant definitions                                            */
9.  /*=================================================================*/
10. /* Bits of a word (or digit) */
11. #define WBITS   32
12.
13. /* Bytes of a word (or digit) */
14. #define WBYTS  (WBITS/8)
15.
16. /*=================================================================*/
17. /* Type definitions                                                */
18. /*=================================================================*/
19.
20. typedef uint32_t  dig_t; /* The digit of multiple precision integer */
21. typedef uint32_t  usi_t; /* Unsigned Single-precision Integer */
22. typedef int32_t   ssi_t; /* Signed Single-precision Integer */
23. typedef uint64_t  udi_t; /* Unsigned Double-precision Integer */
24. typedef int64_t   sdi_t; /* Signed Double-precision Integer */
25.
26. #define WMASK   0xFFFFFFFF
27. #endif
```

common.h

```
1.  #ifndef _COMMON_H_
2.  #define _COMMON_H_
3.
4.  #include "types.h"
5.
6.  /*=====================================================================*/
7.  /* Function definitions                                                */
8.  /*=====================================================================*/
9.
10. /*字符串转换为字节数组*/
11. /*输入：字符串，字符串长度；输出：字节数组，字节长度*/
12. int CharToByte(char *pCharBuf, int charlen, unsigned char *pByteBuf, int *
    bytelen);
13.
14.  /*字节数组转换为大整数*/
15.  /*输入：字节数组，字节长度，大整数长度；输出：转换得到的大整数*/
16. int ByteToBN(unsigned char *pByteBuf, int bytelen, dig_t *pwBN, int
    iBNWordLen);
17.
18. /*大整数转换为字节数组*/
19.  /*输入：大整数，大整数长度；输出：字节数组，字节长度*/
20. int BNToByte(dig_t *pwBN,int iBNWordLen,unsigned char *pByteBuf,int *bytelen
    );
21.
22. #endif
```

rand.h

```
1. #ifndef _RAND_H_
2. #define _RAND_H_
3.
4. #include "types.h"
5.  /*=====================================================================*/
6.  /* Function definitions                                                */
7.  /*=====================================================================*/
8.  /*随机数生成器初始化*/
9.  /*输入：初始状态，字节长度*/
10. void rand_seed(uint8_t* buf, int size);
11.
12. /*大整数随机赋值*/
13. /*输入：待赋值的大整数，大整数长度；输出：随机赋值后的大整数*/
14. void bn_rand(dig_t* a, int digs);
15.
16. #endif /* !_RAND_H_ */
```

bn.h

```
1.  #ifndef _BN_H_
2.  #define _BN_H_
3.
4.  #include "types.h"
5.
6.  /*=====================================================================*/
7.  /* Constant definitions                                                */
8.  /*=====================================================================*/
9.
10. #define MAX_BN_BITS      1024
11. #define MAX_BN_BYTES      (MAX_BN_BITS/8)
12. #define MAX_BN_DIGS      (MAX_BN_BITS / WBITS)
13.
```

```
14. /*==================================================================*/
15. /* Function definitions                                             */
16. /*==================================================================*/
17.
18. /* 大整数置零 */
19. /* 输入：待置零的大整数，大整数长度；输出：置零后的大整数 */
20. void bn_zero(dig_t *a, int digs);
21.
22. /* 大整数复制 */
23. /* 输入：两个大整数，大整数长度；输出：复制完成的大整数 */
24. void bn_copy(dig_t *c, const dig_t *a, int digs);
25.
26. /* 大整数加法 */
27. /* 输入：两个加数，大整数长度；输出：求和结果；返回值：进位 */
28. dig_t bn_add_basic(dig_t *c, const dig_t *a, const dig_t *b, int digs);
29.
30. /* 大整数减法 */
31. /* 输入：被减数，减数，大整数长度；输出：求差结果；返回值：借位 */
32. dig_t bn_sub_basic(dig_t *c, const dig_t *a, const dig_t *b, int digs);
33.
34. /* 大整数比较 */
35. /* 输入：两个大整数，大整数长；返回值：比较结果 (a>b 返回 1,a=b 返回 0,a<b 返回 -1) */
36. int bn_cmp(const dig_t *a, const dig_t *b, int digs);
37.
38. /* 大整数比较 */
39. /* 输入：两个大整数，大整数长；返回值：比较结果 (a=b 返回 1,a!=b 返回 0) */
40. int bn_eq_basic(const dig_t* a, const dig_t* b, int digs);
41.
42. /* 大整数模加 */
43. /* 输入：两个加数，模数，大整数长度；输出：模加结果 */
44. void bn_mod_add(dig_t *r, const dig_t *a, const dig_t *b, const dig_
    t *m, int digs);
45.
46. /* 大整数模减 */
47. /* 输入：被减数，减数，模数，大整数长度；输出：模减结果 */
48. void bn_mod_sub(dig_t *r, const dig_t *a, const dig_t *b, const dig_
    t *m, int digs);
49. #endif
```

bn_test.h

```
1.  #ifndef _TEST_BN_H_
2.  #define _TEST_BN_H_
3.
4.  /*==============================================================*/
5.  /* Macro definitions  */
6.  /*==============================================================*/
7.
8.  #define TEST_START(_DESCRIPTION, _TESTS) \
9.      printf("Testing if " _DESCRIPTION "...%*c", (int)(64 - strlen(_
        DESCRIPTION)), ' '); \
10.     for (int _i = 0; _i < _TESTS; _i++)\
11.     {
12. #define TEST_ITEM(_CONDITION, _LABEL) \
13.     if (!(_CONDITION))                \
14.     {                                 \
15.         printf("[FAIL]!!!!!!!!\n");       \
16.         goto _LABEL;                  \
17.     }
18. #define TEST_FINAL \
```

```
19.     }                    \
20.     printf("[PASS]\n");
21.
22. /*==============================================================*/
23. /* Function definitions                                                    */
24. /*==============================================================*/
25.
26. void test_bn();
27.
28. #endif
```

2. 源文件

bn_mem.c

```
1.  #include "../inc/bn.h"
2.
3.  void bn_zero(dig_t *a, int digs)
4.  {
5.      int i;
6.      for (i = 0; i < digs; i++)
7.          a[i] = 0;
8.  }
9.
10. void bn_copy(dig_t *c, const dig_t *a, int digs)
11. {
12.     int i;
13.     if (c == a)
14.         return;
15.     for (i = 0; i < digs; i++)
16.         c[i] = a[i];
17. }
18.
19. void bn_set_dig(dig_t *a, dig_t d, int digs)
20. {
21.     int i;
22.     a[0] = d;
23.     for (i = 1; i < digs; i++)
24.         a[i] = 0;
25. }
```

bn_cmp.c

```
1.  #include "../inc/bn.h"
2.
3.  int bn_cmp(const dig_t *a, const dig_t *b, int digs)
4.  {
5.      int i;
6.      for (i = digs - 1; i >= 0; i--)
7.      {
8.          if (a[i] != b[i])
9.          {
10.             return ((a[i] > b[i]) ? 1 : -1);
11.         }
12.     }
13.     return 0;
14. }
15.
16. int bn_eq_basic(const dig_t* a, const dig_t* b, int digs)
17. {
18.     int i;
```

```
19.     for (i = digs - 1; i >= 0; i--)
20.     {
21.         if (a[i] != b[i])
22.         {
23.             return 0;
24.         }
25.     }
26.     return 1;
27. }
28.
29. int bn_is_zero(const dig_t *a, int digs)
30. {
31.     int i;
32.     for (i = 0; i < digs; i++)
33.     {
34.         if (a[i]) return 0;
35.     }
36.     return 1;
37. }
```

bn_basic.c

```
1.  #include "../inc/bn.h"
2.
3.  dig_t bn_add_basic(dig_t *c, const dig_t *a, const dig_t *b, int digs)
4.  {
5.      int i;
6.      register udi_t carry;
7.      carry = 0;
8.      for (i = 0; i < digs; i++)
9.      {
10.         carry += (udi_t)(*a++) + (*b++);
11.         (*c++) = (dig_t)carry;
12.         carry = carry >> WBITS;
13.     }
14.
15.     return (dig_t)carry;
16. }
17.
18. dig_t bn_sub_basic(dig_t *c, const dig_t *a, const dig_t *b, int digs)
19. {
20.     int i;
21.     register udi_t carry;
22.     carry = 0;
23.     for (i = 0; i < digs; i++)
24.     {
25.         carry += (udi_t)(*a++) - (*b++);
26.         (*c++) = (dig_t)carry;
27.         carry = (udi_t)((sdi_t)carry >> WBITS);
28.     }
29.
30.     return (dig_t)carry;
31. }
32.
```

bn_mod.c

```
1.  #include "../inc/bn.h"
2.
3.  void bn_mod_add(dig_t *r, const dig_t *a, const dig_t *b, const dig_
    t *m, int digs)
4.  {
```

```
5.     int i = 256; //Prevent infinite circulation
6.     dig_t carry = 0;
7.     carry = bn_add_basic(r, a, b, digs);
8.     if (carry)
9.     {
10.        while (i--)
11.        {
12.            if (bn_sub_basic(r, r, m, digs))
13.                break;
14.        }
15.    }
16.    while (bn_cmp(r, m, digs) >= 0) {
17.        bn_sub_basic(r, r, m, digs);
18.    }
19. }
20.
21. void bn_mod_sub(dig_t *r, const dig_t *a, const dig_t *b, const dig_
    t *m, int digs)
22. {
23.    int i = 256; //Prevent infinite circulation
24.    if (bn_sub_basic(r, a, b, digs))
25.    {
26.        while (i--)
27.        {
28.            if (bn_add_basic(r, r, m, digs))
29.                break;
30.        }
31.    }
32.    while (bn_cmp(r, m, digs) >= 0) {
33.        bn_sub_basic(r, r, m, digs);
34.    }
35. }
36.                                         ......
37.
38. void bn_mod_inv(dig_t* r, dig_t* x, dig_t* m, int digs)
39. {
40.     dig_t U[MAX_BN_DIGS];
41.     dig_t V[MAX_BN_DIGS];
42.     dig_t B[MAX_BN_DIGS];
43.     dig_t D[MAX_BN_DIGS];
44.
45.   //Step_1. U=p, V=a, A=1, B=0, C=0, D=1, while( A*p-B*a=U, -C*p+D*a=V )
46.     bn_copy(U, m, digs);
47.     bn_copy(V, x, digs);
48.     bn_zero(B, digs);
49.     bn_set_dig(D, 1, digs);
50.
51.     //Step_2. While V is nonzero, do
52.     while (!bn_is_zero(V, digs))
53.     {
54.             // 2.1 If U is even, do { U = U / 2, B = B / 2 mod m }
55.             while (BN_LSB(U, digs) == 0)
56.             {
57.                     bn_rsh_low(U, U, 1, digs);
58.                     bn_mod_hlv(B, B, m, digs);
59.             }
60.             // 2.2 If v is even, do { V = V / 2, D = D / 2 mod m }
61.             while (BN_LSB(V, digs) == 0)
62.             {
63.                     bn_rsh_low(V, V, 1, digs);
```

```
64.                 bn_mod_hlv(D, D, m, digs);
65.             }
66.             // 2.3 If U > V, do { U = U - V,  B = B + D mod m }
67.             if (bn_cmp(U, V, digs) > 0)
68.             {
69.                 bn_sub_basic(U, U, V, digs);
70.                 bn_mod_add(B, B, D, m, digs);
71.             }
72.             // 2.4 If U <= V, do { V = V - U, D = D + B mod m }
73.             else
74.             {
75.                 bn_sub_basic(V, V, U, digs);
76.                 bn_mod_add(D, D, B, m, digs);
77.             }
78.         }
79.
80.         //Step_3. Inverse is -B mod m
81.         bn_mod_neg(r, B, m, digs);
82. }
```

bn_test.c

```
1.  #include "stdio.h"
2.  #include "string.h"
3.  #include "../inc/bn_test.h"
4.  #include "../inc/bn.h"
5.  #include "../inc/rand.h"
6.  #include "../inc/common.h"
7.
8.  #define WORDLEN 8
9.
10. void test_bn()
11. {
12.   //m=8542D69E4C044F18E8B92435BF6FF7DD297720630485628D5AE74EE7C32E79B7
13.     unsigned char byte_m[] = { 0x85, 0x42, 0xD6, 0x9E, 0x4C, 0x04, 0x4F, 0x1
    8, 0xE8, 0xB9, 0x24, 0x35, 0xBF, 0x6F, 0xF7, 0xDD, 0x29, 0x77, 0x20, 0x63, 0
    x04, 0x85, 0x62, 0x8D, 0x5A, 0xE7, 0x4E, 0xE7, 0xC3, 0x2E, 0x79, 0xB7 };
14.     dig_t mc = 0;
15.  //R=10000000000000000000000000000000000000000000000000000000000000000
16.     //RR_m = R^2 mod m
17.     unsigned char byte_RR_m[] = { 0x62, 0x3C, 0xD3, 0x3A, 0xF6, 0x48, 0xF5,
    0x7F, 0xBC, 0xC0, 0x0B, 0xDB, 0xE3, 0xD0, 0xDC, 0xC3, 0xD5, 0x45, 0xF5, 0x2A,
    0x3A, 0xDC, 0x0B, 0x84, 0xCE, 0x21, 0x2B, 0x94, 0x11, 0x27, 0xD0, 0x53 };
18.
19.     dig_t a[WORDLEN];
20.     dig_t b[WORDLEN];
21.     dig_t c[WORDLEN];
22.     dig_t d[WORDLEN];
23.     dig_t e[WORDLEN];
24.     dig_t bn_one[WORDLEN];
25.     dig_t bn_zero[WORDLEN];
26.     dig_t m[WORDLEN];
27.     dig_t rr_m[WORDLEN];
28.
29.     int tests = 1000; //test times
30.
31.     for (int i = 0; i < WORDLEN; i++) {
32.         bn_one[i] = 0;
33.         bn_zero[i] = 0;
34.     }
35.     bn_one[0] = 0x00000001;
```

```
36.
37.     ByteToBN(byte_m, 32, m, WORDLEN);
38.     ByteToBN(byte_RR_m, 32, rr_m, WORDLEN);
39.
40.     printf("+---------------------------------------------+\n");
41.     printf("+---    Test    --->  bn\n");
42.
43.     rand_seed(0, 0);
44.
45.     TEST_START("copy and comparison is correct", tests)
46.     {
47.         bn_rand(a, WORDLEN);
48.         bn_rand(b, WORDLEN);
49.         bn_rand(c, WORDLEN);
50.
51.         bn_copy(c, a, WORDLEN);
52.         TEST_ITEM(bn_eq_basic(a, c, WORDLEN) == 1, END);
53.         bn_copy(b, a, WORDLEN);
54.         TEST_ITEM(bn_eq_basic(a, b, WORDLEN) == 1, END);
55.     }
56.     TEST_FINAL;
57.
58.     TEST_START("mod_subtraction is correct", tests)
59.     {
60.         bn_rand(a, WORDLEN);
61.         bn_rand(b, WORDLEN);
62.
63.         bn_mod_sub(c, a, b, m, WORDLEN);
64.         bn_mod_sub(d, b, a, m, WORDLEN);
65.         bn_mod_sub(e, bn_zero, c, m, WORDLEN);
66.
67.         TEST_ITEM(bn_eq_basic(e, d, WORDLEN) == 1, END);
68.     }
69.     TEST_FINAL;
70.
71. }
```

main.c

```
1. #include <stdint.h>
2. #include <stdio.h>
3. #include "../inc/bn_test.h"
4.
5. int main()
6. {
7.     test_bn();
8.     return 0;
9. }
```

9.2 多文件工程

9.1 节中可以看到大整数库项目的多文件结构，多文件的划分也是模块化程序设计概念的体现。对于程序员来说，一般会承担项目工程中的一部分模块的代码编写任务，这时候，程序员可以把自己承担的模块内容放在一个或者多个文件中单独进行开发和测试，最后再汇总成项目工程。

通常，在一个 C 程序项目中，只包含两类文件—— .c 文件和 .h 文件。其中，.c 文件称为 C 源文件，里面放的都是 C 的源代码；而 .h 文件则称为 C 头文件，里面放的也是 C 的源代码。

C 语言支持“分别编译”（separate compilation）。也就是说，一个程序所有的内容，可以分成不同的部分分别放在不同的 .c 文件里。.c 文件里的东西都是相对独立的，在编译（compile）时不需要与其他文件互通，只须在编译成目标文件后再与其他目标文件做一次链接（link）就可以了。例如，在文件 a.c 中定义了一个全局函数 `void a(){}`，而在文件 b.c 中需要调用这个函数。即使这样，文件 a.c 和文件 b.c 并不需要相互知道对方的存在，而是可以分别对它们进行编译，编译成目标文件之后再链接，整个程序就可以运行了。

这是怎么实现的呢？从写程序的角度来讲很简单。在文件 b.c 中，在调用 `void a()` 函数之前，先声明一下这个函数就可以了。这是因为编译器在编译 b.c 的时候会生成一个符号表（symbol table），像 `void a(){}` 这样看不到定义的符号，就会被存放在这个表中。再进行链接的时候，编译器就会在别的目标文件中去寻找这个符号的定义。一旦找到了，程序也就可以顺利地生成了。

注意这里提到了两个概念，一个是“定义”，一个是“声明”。简单地说，“定义”就是把一个符号完完整整地描述出来：它是变量还是函数，返回什么类型，需要什么参数等。而“声明”则只是声明这个符号的存在，即告诉编译器，这个符号是在其他文件中定义的，我这里先用着，你链接的时候再到别的地方去找找看它到底是什么吧。定义的时候要按 C 语法完整地定义一个符号（变量或者函数），而声明的时候就只须写出这个符号的原型。需要注意的是，一个符号，在整个程序中可以被声明多次，但需要且只能被定义一次。试想，如果一个符号出现了两种不同的定义，编译器该听谁的？

这种机制给 C 程序员们带来了很多好处，同时也引出了一种编写程序的方法。考虑一下，如果有一个很常用的函数 `void f(){}`，在整个程序中的许多 .c 文件中都会被调用，那么，就只须在一个文件中定义这个函数，而在其他文件中声明这个函数就可以了。一个函数还好对付，声明起来也就一句话。但是，如果函数多了，如一大堆的数学函数，有好几百个，这个时候就很难保证每个程序员都可以完完全全地把所有函数的形式都准确地记下来并写出来。因此 C 语言中引入了头文件（ .h 文件）来解决这个问题。

所谓头文件，其实它的内容和 .c 文件中的内容是一样的，都是 C 的源代码。但头文件中通常只用来存放那些不会被编译为二进制代码的内容，例如函数声明、变量声明、结构体定义等。可以将需要的函数声明放进一个头文件中，当某一个 .c 源文件需要它们时，它们就可以通过一个宏命令 `#include` 包含进这个 .c 文件中，从而把它们的内容合并到 .c 文件中去。当 .c 文件被编译时，这些被包含进去的 .h 文件的作用便开始发挥了。它们本身并不参与编译，但实际上，它们的内容在多个 .c 文件中得到了编译。通过“定义只能有一次”的规则，很容易可以得出，头文件中应该只放变量和函数的声明，而不能放它们的定义。因为一个头文件的内容实际上是会被引入到多个不同的

.c 文件中的，并且它们都会被编译。放声明当然没事，如果放了定义，那么也就相当于在多个文件中出现了对于一个符号（变量或函数）的定义，纵然这些定义都是相同的，但对于编译器来说，这样做不合法。

所以，一般来说在 .h 头文件中，建议只放变量或者函数的声明，而不要放定义。也就是在头文件中写形如“`extern int a;`”和“`void f();`”的语句，这些才是声明。如果写上“`int a;`”或者“`void f() {}`”这样的句子，那么一旦这个头文件被两个或两个以上的 .c 文件包含的话，编译器会立马报错（关于 extern，前面有讨论过，这里不再讨论定义和声明的区别了）。

9.2.1 模块划分

在表 9-1 中的例子中，多个 .c 文件和 .h 文件的结合便是模块化编程的一个体现。每个 .c 文件都实现了一些具体功能的模块。当其他功能需要某个功能模块时，不需要关心模块内部是如何实现的，只要根据 .h 文件提供的接口直接调用相应的函数，就能实现模块之间的相互调用。

模块化编程有许多优点。首先，它使得一个大型程序能分配给多人开发，便于分工。其次，它还有利于程序的调试。在程序将所有模块组装之后，如果需要对其中的某个模块进行修改，并不需要将整个程序重新编译一遍，只须将单独的模块重新编译，再链接到新模块便完成了修改。最后，模块化编程还使得程序的可读性以及可移植性大大提高。

在开发程序时，模块的划分通常是在项目最开始决定的。通常，一个大项目会根据功能分成一个个模块（可能会有一个大模块包含多个小模块的情况）。然后，根据划分好的模块，先将各模块之间的接口确定，这些接口一般写在头文件（.h 文件）中，通常包含：函数的原型声明、宏的定义、类型的定义，以及 extern 声明的全局变量等。

以大整数运算为例，其模块划分如表 9-2 所示。

表 9-2 大整数运算模块划分

<table>
<tr><td rowspan="8">大整数运算</td><td rowspan="4">大整数基础模块（bn.h）</td><td>基础运算模块（bn_basic.c）</td></tr>
<tr><td>逻辑运算模块（bn _cmp.c）</td></tr>
<tr><td>内存模块（bn _mem.c）</td></tr>
<tr><td>求模运算模块（bn _mod.c）</td></tr>
<tr><td>随机数生成模块（rand.h）</td><td>随机数模块（bn_rand.c）</td></tr>
<tr><td>工具类模块（common.h）</td><td>工具类模块（common.c）</td></tr>
<tr><td>测试模块（bn_test.h）</td><td>测试模块（bn_test.c）</td></tr>
<tr><td>入口函数模块</td><td>入口函数（main.c）</td></tr>
</table>

从表 9-2 可以看到大整数运算项目被分成了 5 个模块（大整数基础模块、随机数生成模块、工具类模块、测试模块、入口函数模块），其中，大整数基础模块因为内容较

多被分成了4个小模块，而每个模块对应了一个 .c 文件。一个头文件对应一个或者多个源文件。

9.2.2 作用域

在多文件编程中，对于模块中允许他人调用的函数，可将这些函数接口放在头文件中；对于不希望他人调用的函数，可将它们限制在模块内进行调用。有了 extern 与 static 关键字，在不同的文件里定义不同的模块时，就能方便地控制变量或函数的访问范围，即作用域。作用域描述程序中可访问标识符的区域，一个C变量的作用域可以是块作用域、函数作用域、函数原型作用域或文件作用域。

在C语言中，修饰符 extern 用在变量或者函数的声明前，用来说明该变量或函数是在别处定义的，要在此处引用。在多文件编程中，对于其他模块中函数的引用，最常用的方法是 #include 这些函数声明的头文件，但 extern 的引用方式更加直接，在想要引用的函数前加上 extern，通过这样的方式可以加速程序编译的预处理过程，节省时间。

在函数返回类型前加上 static 关键字，函数即被定义为静态函数，静态函数与普通函数的区别在于作用域不同，静态函数的作用域仅在本源文件中使用。

接下来，以大整数编程为例，介绍 extern 和 static 关键字的用法与区别。

例如，rand.c 中的 rand_bytes() 函数：

```
1. static void rand_bytes(uint8_t* buf, int size)
2. {
3.     int i;
4.
5.     for (i = 0; i < size; i++)
6.     {
7.         buf[i] = rand() & 0xFF;
8.     }
9. }
```

这个函数的作用是随机生成字节，该函数仅被 bn_rand() 函数调用，而不需要被其他模块调用，所以用 static 关键字来修饰 rand_bytes()，表示 rand_bytes() 的作用域仅局限于本文件。这样就限制了程序中其他文件的函数调用 rand_ bytes() 函数，因为以 static 关键字修饰的函数属于特定模块私有。

另外，static 关键字可以避免名称冲突的问题，由于 rand_bytes() 受限于它所在的文件，所以在其他文件中可以使用同名的函数。当多人协作多文件编程时，使用 static 关键字，不用担心自己定义的函数是否会与其他文件的函数同名。

注意：除非使用 static 关键字，否则一般函数声明都默认为 extern；而变量如果没有链接属性的修饰符，则默认为 static。

【例 9-1】extern 用法示例。

思路分析：extern 修饰 bn_add_basic() 函数声明，在 main.c 中调用 bn_add_basic()

程序代码（9-1.c）：

```
1.  #include <stdio.h>
2.  #include "../inc/types.h"
3.
4.  extern dig_t bn_add_basic(dig_t *c, const dig_t *a, const dig_
    t *b, int digs);
5.
6.  int main(void)
7.  {
8.      dig_t a[4] = {0xfffe, 0xfffe, 0xfffe, 0xfffe};
9.      dig_t b[4] = {0x1, 0x1, 0x1, 0x1};
10.     dig_t c[4];
11.     int i;
12.
13.     bn_add_basic(c, a, b, 4);
14.
15.     for(i = 3; i >= 0; i--)
16.     {
17.         printf("%08x ", c[i]);
18.     }
19.
20.     return 0;
21. }
```

编译并运行：

```
gcc bn_basic.c test.c -o test.o
test.o
```

程序运行结果为

```
0000ffff 0000ffff 0000ffff 0000ffff
```

如果将程序9-1中第4行代码中的extern修饰符去掉，编译运行将得到相同的结果。而如果在bn.h中已经将bn_add_basic()函数定义为static，编译将出错：

```
undefined reference to 'bn_add_basic'
collect2.exe: error: ld returned 1 exit status
```

这是因为当static 修饰函数的时候，说明此函数只能被自己内部的文件使用，即具有内部链接。即使在main.c中用extern修饰，仍不能修改bn_add_basic()函数的属性为extern。

复杂的C程序通常由多个单独的源代码文件组成，有时这些文件可能要共享一个外部变量，通过使用extern和static关键字，可以在不同的文件里定义不同的模块时，方便地控制变量或者函数的访问范围。

9.2.3 预处理器

C预处理器不是编译器的组成部分，但它是编译过程中一个单独的步骤，它在编译之前对源代码进行一系列的处理操作，包括宏替换、文件包含、条件编译等，最终生成经过预处理的代码，然后再进行编译。简言之，C预处理器只不过是一个文本替换工具而已，它们会指示编译器在实际编译之前完成所需的预处理。程序员可以使用gcc -E命令对源文件进行预处理：

```
1. gcc -E bn_basic.c test.c -o test.i
2. test.i  # 预处理生成的是 xx.i 文本文件，可以直接通过 cat 命令进行查看
3. cat test.i  # 查看 test.i 的文本内容
```

C 语言所有的预处理器命令都是以井号（#）开头。它必须是第 1 个非空字符，为了增强可读性，预处理器指令应从第 1 列开始。合理利用预处理指令可以让程序更加简洁而高效，为程序的模块化设计提供帮助。

C 语言预处理的主要功能如下。

1. 宏定义

通过使用 #define 定义宏，可以将一段代码或表达式抽象成一个标识符，在编译时将标识符替换成对应的代码或表达式。一种最简单的宏定义的形式为

```
#define    标识符（宏名）   [字符串]（宏体）
```

每个 #define 行（即逻辑行）由 3 部分组成：第 1 部分是指令 #define 自身，“#”表示这是一条预处理命令，“define”为宏命令。第 2 部分为宏名（macro），一般为缩略语。第 3 部分为宏体。宏体可以是常数、表达式、格式化字符串等。在预处理工作过程中，代码中所有出现的宏名，都会被宏体替换。这个替换的过程被称为“宏替换”或“宏展开”（macro expansion）。“宏替换”是由预处理程序自动完成的。

在宏定义中有几个需要注意的地方。

（1）宏不是语句，结尾不需要加“；”，否则会被一起替换进程序源代码中。

（2）宏名一般使用大写，而且不能有空格，遵循 C 变量命令规则。

（3）如果要写宏不止一行，则在结尾加反斜线符号使得多行能连接上，注意第 2 行要对齐，否则行与行之间的空格也会被作为替换文本的一部分

（4）宏名如果出现在源程序中的英文双引号（""）内，则不会被当作宏来进行宏替换。

（5）宏进行简单的文本替换，无论替换文本中是常数、表达式或者字符串等，预处理程序都不进行任何检查，如果出现错误，只能是被宏代换之后的程序在编译阶段发现。因此宏体为表达式的时候应该添加括号以防止替换后出现优先级错误。

（6）宏定义必须写在函数之外，其作用域是 #define 开始，到本源文件结束。如果要提前结束，它的作用域则用 #undef 命令。

在 C 语言中，“宏”分为两种：无参数和有参数。无参宏是指宏名之后不带参数，上面最简单的宏就是无参宏。

例如，下面的代码中，使用宏对大整数的最大比特长度、最大字节长度和最大位长进行了定义，在预处理后，代码中出现 MAX_BN_BITS、MAX_BN_BYTES、MAX_BN_DIGS 的部分会分别替换为字符串 1024、（1024/8）、（1024/32）。如果需要修改其中某一项时，只须修改对应的宏定义即可。

```
1. #define MAX_BN_BITS      1024
2. #define MAX_BN_BYTES     (MAX_BN_BITS/8)
3. #define MAX_BN_DIGS      (MAX_BN_BITS/WBITS)
```

对于带参数的宏定义的形式如下：

```
#define  宏名（形参列表）  [ 字符串 ]（宏体）
```

与函数类似，在宏定义中的参数成为形式参数，在宏调用中的参数成为实际参数。与无参宏不同的一点是，有参宏在调用中，不仅要进行宏展开，而且还要用实参去替换形参。

注意：在带参数的宏定义中宏名与形参表之间不能有空格，而形参表中形参之间可以出现空格。

有参宏的用法看上去与函数调用类似，但实际上是有差别的。有参宏可以避免使用函数调用所带来的额外系统开销。我们知道C程序通过栈帧结构实现函数的调用，函数形参在函数调用时会在栈区分配内存单元，所以要作类型定义，而且实参与形参之间是“值传递”。而有参宏定义中的形参不分配内存单元，所以不作类型定义，仅仅只是符号代换，不存在值传递。因此对于简单的函数运算，使用宏定义实现可以避免栈帧结构的复杂调用。

【例 9-2】宏定义的使用。

思路分析：通过宏定义实现整数比较大小函数。

程序代码（9-2.c）：

```
1. #include <stdio.h>
2. #define  MAX(a, b)  ((a) > (b) ? (a) : (b))
3. int main()
4. {
5.     int a = 5, b = 7;
6.     printf("%d", MAX(a, b))
7. }
```

编译运行后结果返回 7。

带参宏被调用多少次就会被替换多少次，执行代码的时候没有函数调用过程，实际上是以空间换时间的原理。带参宏定义是初学者最容易犯错误的地方。在上面的例子中，可以看到，除了宏体表达式在括号中，宏体表达式的每个参数也都在括号中，这与函数的写法不同，原因在于优先级可能带来的问题。

【例 9-3】宏的使用中优先级问题。

思路分析：宏定义在使用过程中，可能因为括号使用带来优先级问题。

程序代码（9-3.c）：

```
1. #include <stdio.h>
2. #define  ABS(a)  a > 0 ? a : -a
3. int main()
4. {
5.     int a = 5, b = 7;
6.     printf("%d", ABS(a-b));
7. }
```

结果返回 -12，而不是 2，打开预处理后的文件：

```
1. ...
2. int main()
```

```
3. {
4.     int a = 5, b = 7;
5.     printf("%d", a-b > 0 ? a-b : -a-b);
6. }
```

可以看到，预处理后打印的其实是 -a-b，而不是我们想要的 -(a-b)，所以需要理解宏的本质只是提供一种对组成C程序的符号的变换方式，这样就不容易犯以上错误。

2. 文件包含

文件包含是C预处理程序的另一个重要的功能，通过使用 #include 指令，可以将其他文件的内容包含到当前文件中，方便代码的组织和复用。使用预处理指令 #include 包含的文件名必须使用双引号（""），或者尖括号（<>）包起来。如下所示：

```
1. #include "bn.h"
2. #include "../inc/bn.h"
3. #include "c: /c/inc/bn.h"
4. #include <stdio.h>
```

上述第1~3行代码的双引号形式一般用于引用用户自定义的头文件，编译器首先会根据双引号的内容确定在哪里查找引用的头文件，然后再到C的安装目录（Linux中可以通过环境变量来设定）中查找，最后在系统文件目录中查找。其中第1行代码双引号中指定一个不含路径的文件名“bn.h”，代表编译器会首先在可执行程序的当前目录下查找 bn.h 文件；第2行代码双引号中指定一个带相对路径的文件名“../inc/bn.h”，代表编译器会首先在可执行程序的当前目录的上一级目录下的 inc 目录中查找 bn.h 文件；第3行代码双引号中指定一个带绝对路径的文件名“c: /c/inc/bn.h”，代表编译器会首先在 c: /c/inc/ 目录中查找 bn.h 文件。

第4行代码的尖括号形式一般用于系统自带的头文件。编译器会在系统文件目录下查找 stdio.h 这个头文件。

C语言中通常会将不同的模块划分为不同的源文件来实现，而头文件为该模块的使用提供接口说明。所谓接口就是指一个功能模块暴露给其他模块用以访问其实现功能的方法。在多文件编程的时候，使用源文件实现模块的功能，使用头文件暴露单元的接口，实现各个模块的耦合。调用某个模块功能时只须包含相应的头文件就可使用该头文件中暴露的接口。通过头文件包含的方法将程序中的各功能模块联系起来有利于模块化程序设计。

（1）通过头文件调用第三方（或标准）库功能。当源代码不便公布时，只要向用户提供头文件和二进制库，用户即可按照头文件中的接口声明来调用库函数，而不必关心如何实现。

（2）头文件能加强类型安全检查。若某个接口的实现或使用方式与头文件中的声明不一致，编译器就会指出错误。这一简单的规则能大大减轻程序员调试、纠错的负担。

3. 条件编译

条件编译是指预处理器根据相关的条件编译指令，选择性地将源代码中的部分代码送到编译器进行编译。在预处理阶段，预处理器将源文件包含的头文件内容复制到包含语句（#include）处。在源文件编译时，连同被包含进来的头文件内容一起编译，生成目标文件（.obj）。如果所包含的头文件非常庞大，则会严重降低编译速度。而条件编译的出现，就可以按照条件选择性省略掉一部分无用的代码，生成不同的目标文件，从而提高了程序的可移植性和灵活性。

同时，条件编译还有一个最大的作用，避免头文件重复引用的问题。头文件之间可能会存在互相包含的关系，如果不预先处理，是会让编译器产生报错的。

通过使用 #ifdef、#ifndef、#endif、#if、#elif、#else 等指令，可以根据条件编译开关的设置决定是否编译某段代码，从而实现不同平台或配置下的代码选择。

例如，在本章大整数运算项目中，bn_rand.c 源文件中包含了头文件 bn.h 和 rand.h，而在文件 bn.h 和 rand.h 中都包含了文件 types.h。如果不做额外处理，预处理器将设置两次 types.h 中的定义。解决这个问题的一种方法是检查 types.h，看它是否已经被包含，并且不要定义已定义过的任何符号。如果符号未定义，指令 #ifndef 符号就是真，例如，在头文件 types.h 中，有如下代码：

```
1. //types.h
2. #ifndef _TYPES_H_
3. #define _TYPES_H_
4.
5. #endif
```

当预处理器首次发现 types.h 文件被包含时，_TYPES_H_ 是未定义的，所以定义了 _TYPES_H_，并接着处理该文件的其他部分。当预处理器第 2 次发现该文件被包含时，_TYPES_H_ 是已定义的，此时指令 #ifndef _TYPES_H_ 为假，所以预处理器跳过了该文件的其他部分，从而避免了头文件重复引用的问题。

4. 编译器指令

通过使用 #pragma 指令，可以向编译器发出一些特殊的命令，控制编译过程的行为，从而设定编译器的状态或者指示编译器完成一些特定的动作。例如：

```
#pragma message(" 消息文本 ")
```

当编译器遇到这条指令时就在编译输出窗口中将消息文本打印出来。

```
#pragma once
```

在头文件的最开始加入这条指令能够保证头文件被编译一次，也可以避免头文件重复引用。条件编译可以针对一个文件中的部分代码，而 #pragma once 只能针对整个文件。相对而言，条件编译更加灵活，兼容性好，#pragma once 操作简单，效率高。

```
#pragma warning(command: 错误代码 )
```

设置警告信息状态

```
#pragma comment(comment-type, "commentString")
```

comment-type 是一个预定义的标识符，指定注释的类型，一般用来加载静态库，commentString 是一个提供为 comment-type 提供附加信息的字符串。

```
#pragma pack(n)
```

指定对齐长度，其中，n 为指定的对齐长度。例如：

```
1. #pragma pack(4)
2. #include <stdio.h>
3.
4. struct st
5. {
6.     char a;
7.     int b;
8. };
9.
10. int main()
11. {
12.     // 输出为 8，因为指定最小对齐长度为 4
13.     printf("%d", sizeof(struct st));
14.     return 0;
15. }
```

9.2.4　多文件工程编译和链接

在 9.1 节，我们以大整数运算库为例，介绍了如何在一个项目当中划分模块。在本节中，我们假设所有模块功能已经实现好，并且已经准备了对模块进行测试的测试文件（bn_test.c）以及 main 文件（main.c）。并假设其中一个文件（bn_cmp.c：包含逻辑运算等操作）有 bug 需要修改。

首先，我们将所有模块各自编译成二进制文件。

```
1. gcc -c bn_rand.c
2. gcc -c common.c
3. gcc -c bn_basic.c
4. gcc -c bn_cmp.c
5. gcc -c bn_mem.c
6. gcc -c bn_mod.c
7. gcc -c bn_shift.c
8. gcc -c main.c
9. gcc -c bn_test.c
```

然后链接，生成可执行程序：

```
gcc *.o -o main
```

最后执行生成的可执行文件：

```
./main
```

运行结果：

```
+---------------------------------------------------------------------+
+---   Test   --->  bn
Testing if copy and comparison is correct...                   [FAIL]!!
+---------------------------------------------------------------------+
```

测试结果说明有一些 bug 需要修复。

找到留下 bug 的那个文件（bn_cmp.c），修改其中的 bug 并重新编译。

```
gcc -c bn_cmp.c
```

重新链接，生成可执行程序，并执行：

```
gcc *.o -o main
./main
```

运行结果：

```
+------------------------------------------------------------------------+
+---    Test    --->  bn
Testing if copy and comparison is correct...                      [PASS]
Testing if mod_addition is commutative...                         [PASS]
Testing if mod_addition is associative...                         [PASS]
Testing if mod_subtraction is correct...                          [PASS]
Testing if mod_inv is correct...                                  [PASS]
+------------------------------------------------------------------------+
```

所有测试用例通过，说明重新编译并链接生成的可执行文件已经解决了之前的 bug 并可以成功运行了。

通过这个例子，可以看到模块化编程不仅方便了分工合作，还有助于程序的调试。即使有少数几个模块有问题需要修改，也只须修改并重新编译那几个模块，之后再链接生成可执行文件，不需要对所有的模块再进行编译。

9.3 make 和 makefile

在 9.2.4 节中，可以看到多文件工程编译和链接时需要对每个源文件进行编译和链接，对于包含几百个甚至更多源文件的大型工程项目，如果每次都要程序员键入 GCC 命令进行编译和链接的话，对程序员来说简直就是一场灾难。

make 工具可以用来帮助程序员对包含多个源文件的 C 语言工程项目进行编译和链接的管理。无论是在 Linux 还是在 Windows 环境中，make 都是一个非常重要的编译命令，使用 make 工具和 Makefile 就可以简洁明快地处理各个源文件之间纷繁复杂的相互关系。make 工具可以根据 Makefile 文件里的规则自动完成编译工作，并且可以自动地只对程序员在上次编译以后修改过的源文件进行编译。因此，有效利用 make 和 Makefile 工具可以大大提高项目开发的效率。

9.3.1 make 简介

make 工具可以看成一个智能的批处理工具，它本身并没有编译和链接的功能，而是用类似于批处理的方式，通过调用 Makefile 文件中用户指定的命令进行编译和链接的。Makefile 文件描述了整个工程的编译和链接规则，它定义了一系列的规则指定项目中哪些文件需要先编译，哪些文件需要后编译，哪些文件需要重新编译，甚至进行更复杂的功能操作，如可以执行操作系统的命令。Makefile 带来的好处就是“自动化编译”，一旦写好，只需要一个 make 命令，整个工程就会根据 Makefile 的定义好的规则完全自动编译和链接，极大地提高了软件开发的效率。

当 make 命令被执行时，它会扫描当前目录下 Makefile 文件找到目标以及其依赖。

如果这些依赖自身也是目标，继续为这些依赖扫描 Makefile 建立其依赖关系，然后编译它们。一旦主依赖编译之后，就会编译主目标并链接生成可执行文件。如果某个源文件修改以后，再次执行 make 命令，它将只编译与该源文件相关的目标文件。

9.3.2　makefile 文件的编写

Makefile 有自己的书写格式、关键字和函数，在 Makefile 中也可以使用系统 shell 所提供的任何命令来完成想要的工作。Makefile 的基本规则为

```
TARGET...: DEPENDENCIES...
   COMMAND
   ...
```

（1）TARGET（目标）是目标程序产生的文件，如可执行文件和目标文件，目标也可以是要执行的动作，如 clean，也称为伪目标。

（2）DEPENDENCIES（依赖）是用来产生目标的输入文件列表，一个目标通常依赖一个或多个文件。

（3）COMMAND（命令）是 make 执行的动作（命令是 shell 命令或是可在 shell 下执行的程序），注意每个命令行的起始字符必须为 TAB 字符。

（4）如果 DEPENDENCIES 中有一个或多个文件更新的话，COMMAND 就要执行，这就是 Makefile 最核心的内容。

编写 makefile 的主要工作就是明确目标、明确目标所依赖的内容、明确依赖条件满足时应该执行对应的处理动作。例如，最终要实现 a 这个目标，但是需要依赖 b，而 b 依赖 c 的存在，则可以描述为

```
1. a: b
2.     cmd_for_b2a
3. b: c
4.     cmd_for_c2b
```

上述 4 行的意思是：a 目标的实现依赖 b，从 b 到 a 的处理动作是 cmd_for_b2a；b 目标的实现依赖 c，从 c 到 b 的处理动作是 cmd_for_c2b。

下面以本章的大整数运算库项目为例，来编写一个完整的 Makefile。大整数库的文件列表如下，函数的调用关系为：main.c 调用 test_bn.c 里面的测试函数，test_bn.c 调用其他源文件里面的具体大整数实现。

```
D: \BN
 │  Makefile
 │
 ├─inc
 │      bn.h
 │      bn_test.h
 │      common.h
 │      rand.h
 │      types.h
 │
 └─src
        bn_basic.c
        bn_cmp.c
        bn_mem.c
```

```
bn_mod.c
bn_rand.c
bn_test.c
common.c
main.c
```

对于该项目的编译首先需要将各源文件编译为目标文件，然后将多个目标文件链接成可执行文件。因此在编写 Makefile 文件时，第 1 步是要将所有源文件编译对应的目标文件。

```
3. main.o: ./src/main.c ./inc/test_bn.h
4.     gcc -c ./src/main.c
5. test_bn.o: ./src/test_bn.c ./inc/test_bn.h ./inc/bn.h ./inc/common.h ./inc/
   rand.h
6.     gcc -c ./src/test_bn.c
7. bn_rand.o: ./src/bn_rand.c ./inc/bn.h ./inc/rand.h
8.     gcc -c ./src/bn_rand.c
9. common.o: ./src/common.c ./inc/common.h
10.    gcc -c ./src/common.c
11. dig_basic.o: ./src/dig_basic.c ./inc/bn.h
12.    gcc -c ./src/dig_add.c
13. dig_cmp.o: ./src/dig_cmp.c ./inc/bn.h
14.    gcc -c ./src/dig_cmp.c
15. dig_mem.o: ./src/dig_mem.c ./inc/bn.h
16.    gcc -c ./src/dig_mem.c
17. dig_mod.o: ./src/dig_mod.c ./inc/bn.h
18.    gcc -c ./src/dig_mod.c
```

其中，第 3~4 行的内容表明目标是 main.o，所依赖的文件有 main.c 和 test_bn.h，处理动作为 gcc -c ./src/main.c。其余 5~18 行内容均指定的目标、依赖以及处理动作。

编写 Makefile 文件的第 2 步则需要将目标文件链接为可执行文件。

```
1. compile: main.o test_bn.o bn_rand.o common.o dig_basic.o dig_cmp.o dig_mem.
   o dig_mod.o
2.     gcc *.o -o main
```

其中，第 1~2 行的内容表明的目标是 compile，它依赖所有的目标文件，它的处理动作为 gcc *.o -o main。

最后为 Makefile 文件加上注释以及清除选项，大整数库项目的完整 Makefile 文件如下：

```
1.  #####################################################################
2.  #    - all (defalut)         - 编译并运行测试程序
3.  #    - compile               - 编译源代码
4.  #    - run                   - 运行测试程序
5.  #    - clean                 - 清除编译生成的文件
6.  #####################################################################
7.  all: compile run
8.  compile: main.o test_bn.o bn_rand.o common.o dig_basic.o dig_cmp.o dig_mem.
    o dig_mod.o
9.      gcc *.o -o main
10. main.o: ./src/main.c ./inc/test_bn.h
11.     gcc -c ./src/main.c
12. test_bn.o: ./src/test_bn.c ./inc/test_bn.h ./inc/bn.h ./inc/common.h ./inc/
    rand.h
13.     gcc -c ./src/test_bn.c
```

```
14. bn_rand.o: ./src/bn_rand.c ./inc/bn.h ./inc/rand.h
15.     gcc -c ./src/bn_rand.c
16. common.o: ./src/common.c ./inc/common.h
17.     gcc -c ./src/common.c
18. dig_basic.o: ./src/dig_basic.c ./inc/bn.h
19.     gcc -c ./src/dig_basic.c
20. dig_cmp.o: ./src/dig_cmp.c ./inc/bn.h
21.     gcc -c ./src/dig_cmp.c
22. dig_mem.o: ./src/dig_mem.c ./inc/bn.h
23.     gcc -c ./src/dig_mem.c
24. dig_mod.o: ./src/dig_mod.c ./inc/bn.h
25.     gcc -c ./src/dig_mod.c
26. run:
27.     ./main.exe
28. clean:
29.     del *.o *.exe main
```

执行 make 命令，如果项目程序没有错误，则得到的结果如下：

```
1.  PS D:\BN> make
2.  gcc -c ./src/main.c
3.  gcc -c ./src/test_bn.c
4.  gcc -c ./src/bn_rand.c
5.  gcc -c ./src/common.c
6.  gcc -c ./src/dig_basic.c
7.  gcc -c ./src/dig_cmp.c
8.  gcc -c ./src/dig_mem.c
9.  gcc -c ./src/dig_mod.c
10. gcc *.o -o main
11. ./main.exe
12. +------------------------------------------------------------------+
13. +---     Test    --->  bn
14. Testing if copy and comparison is correct... [PASS]
15. Testing if mod_addition is commutative...  [PASS]
16. Testing if mod_addition is associative...  [PASS]
17. Testing if mod_subtraction is correct...  [PASS]
18. Testing if mont_multiply is correct... [PASS]
19. +------------------------------------------------------------------+
```

注意：Makefile 中还可使用变量（宏）、自动变量、VPATH 等规则来让脚本更加灵活和减少冗余。这里因篇幅所限不再详细叙述，有兴趣的读者可以自行查看相关内容。

9.4 软件测试

软件测试是使用人工或自动的方法来评估和验证软件产品或应用程序是否按预期运行的过程。良好的软件测试可以防止软件出现错误、降低开发成本和提高性能。

不同规模的程序所需的测试方法和规模也不同，作为面向初学者的教材，本节只介绍单元测试。单元测试（unit testing），是指对软件中的最小可测试单元进行检查和验证。至于“单元”的大小或范围，并没有一个明确的标准，“单元”可以是一个函数、方法、功能模块或者子系统。单元测试一般由开发人员编写，目的在于验证代码的准确性与可靠性。其旨在尽可能覆盖代码中的每个功能单元，并透过测试框架与断言来检验这些功能单元的正确性。通常自动化完成的单元测试可以快速执行。

作为软件开发工作流的一个组成部分，单元测试对代码质量的影响最大。只要开发人员编写了一个函数或其他应用程序代码块，就可以创建单元测试用于验证对应于输入数据的标准、边界和异常情况的代码的行为，而且用于检查代码所做的任何显式或隐式假设。

9.4.1 测试重点

单元测试过程中，着重对以下方面进行测试。

1. 输入输出

确定单元的输入输出准确无误，是保证程序其他功能正确的前提。主要检查：参数的数量、次序、属性，全局变量在各模块的一致性等。

2. 重要的执行通路

穷尽测试往往需要花费比较大的代价，而且会随着程序复杂度的增加而几乎不可能达成。因此，在单元测试期间应该选择最有代表性、最可能发现错误的执行路径，例如，设计测试方案用来发现由于错误的计算、不正确的比较和不适当的控制流而造成的错误。

3. 边界条件

边界测试往往是单元测试中最容易发现 bug 的地方，这是因为开发者常会在程序的边界处理存在疏忽。例如，处理 n 元数组的第 n 个元素时，或做到 i 次循环中的第 i 次重复时，往往会发生错误。使用刚好小于、刚好等于和刚好大于最大值或最小值的数据结构、控制量和数据值的测试方案，发现错误的概率也比较大。

9.4.2 测试用例

模块不是一个独立的程序，因此需要对测试单元开发“驱动程序”或测试程序，也就是一个“主程序”，它接收编写好的测试数据，并把这些数据传送给被测试的模块，并打印测试结果。良好的测试方案应包括正确性测试和异常处理测试。

例如，在大整数库的实现中，有模加、模乘和大整数复制等函数，其功能相对较独立（模乘需要使用模加函数），可以作为单元进行测试，bn_test.h 和 bn_test.c 对这些函数模块进行了测试，下面是其中一部分测试代码：

```
1. ……
2. TEST_START("mod_addition is commutative", tests)
3.    {
4.        /*Test a + b (mod m) = b + a (mod m)*/
5.        bn_rand(a, WORDLEN);
6.        bn_rand(b, WORDLEN);
7.        bn_mod_add(c, a, b, m, WORDLEN);
8.        bn_mod_add(d, b, a, m, WORDLEN);
9.        TEST_ITEM(bn_eq_basic(c, d, WORDLEN) == 1, END);
10.   }
11.   TEST_FINAL;
```

```
12.
13.   TEST_START("mod_addition is associative", tests)
14.   {
15.      bn_rand(a, WORDLEN);
16.      bn_rand(b, WORDLEN);
17.      bn_rand(c, WORDLEN);
18.      bn_mod_add(d, a, b, m, WORDLEN);
19.      bn_mod_add(d, d, c, m, WORDLEN);
20.
21.      bn_mod_add(e, b, c, m, WORDLEN);
22.      bn_mod_add(e, a, e, m, WORDLEN);
23.
24.      TEST_ITEM(bn_eq_basic(d, e, WORDLEN) == 1, END);
25.   }
26.   TEST_FINAL;
27. ……
```

可以看到，上面的测试对模加的交换律和结合律进行了验证，TEST_ITEM 会根据结果是否正确打印响应的结果（bn_rand( ) 函数的正确性已验证）。在 bn_test.h 中定义了测试程序的书写规范，读者可以在阅读两个文件的代码后，自己模仿已有的测试添加新的测试用例，测试已有函数或新增函数的正确性。

注意，为了进行单元测试，必须开发测试程序，但是通常情况下，测试程序不是最终软件系统的一部分。同时，读者以后会了解到，对于耦合程度低的程序可以减少测试工作量，若每个模块只完成一个功能，需要的测试方案将明显减少。

在程序测试中，对于边界的处理往往被忽视或处理不当，导致程序存在潜在的不安全因素。因此，针对单元的异常测试也是非常重要的。例如，在模逆函数中，模数和模必须满足互逆的条件，因此在函数的实现中，必须包含对其是否满足互逆性的检测，所以，在测试过程中，需要特别构造两个不满足互逆的大整数来测试异常的处理是否正确。如下所示：

```
1. ……
2. TEST_START("mod_inv is correct", tests)
3.    {
4.       bn_rand(a, WORDLEN);
5.       bn_mod_sub(a, bn_zero, a, m, WORDLEN);
6.
7.       bn_mod_inv(c, a, m, WORDLEN);
8.       bn_mod_inv(d, c, m, WORDLEN);
9.
10.      TEST_ITEM(bn_eq_basic(d, a, WORDLEN) == 1, END);
11.   }
12.   TEST_FINAL;
```

9.5 代码规范

9.5.1 变量、函数、文件命名规范

变量、函数、文件的命名应尽量满足以下规则。

（1）为了便于书写及记忆，对变量类型作如下定义：

```
typedef unsigned char uint8_t;
typedef unsigned short uint16_t;
typedef unsigned long int uint32_t;
typedef signed char int8_t;
typedef signed short int16_t;
typedef signed long int int32_t;
```

（2）命名规范在同一个项目中自始至终必须保持一致，常见的命名方法有骆驼（Camel）命名法、帕斯卡（Pascal）命名法、匈牙利命名法等。

（3）对于变量，尽量不使用单个字符（如 i、j、k 等），建议变量的命名要有具体含义、表明变量类型、数据类型等，但是单个字符可以被命名作为局部循环变量。本文采用下画线分割小写字母的方式进行命名，例如：

```
int32_t length;
uint32_t test_pk;
```

（4）对于函数，其命名要求与变量命名类似，也是采用下画线分割小写字母的方式进行命名，例如：

```
void bn_copy(void);
uint32_t bn_isprime(uint32* r);
```

（5）对于文件，其命名要求与变量命名类似也是采用下画线分割小写字母的方式进行命名，例如：

```
bn.h
bn_test.h
bn_basic.c
```

（6）对于常量和宏，这里采用下画线分割大写字母的方式进行命名，例如：

```
#define WBITS   32
#define BN_IS_EVEN(a, w) (((a)[0] & 1) ^ 1)
```

9.5.2 编码风格规范

编码的风格应尽量满足以下规则。

（1）一个软件包或一个逻辑组件包含的头文件和源文件应尽量放在一个单独的目录下，这样有利于查找并使用相关的文件，简化一些编译工具的设置。

（2）对于整个项目需要的公共头文件，应存放在一个单独的目录下（如：bn_project/include）下，可防止其他人引用时目录太过分散。

（3）对于源文件中的段落安排，建议按如下的顺序进行排列：

```
1.  文件头注释
2.  防止重复引用头文件的设置
3.  #include 部分
4.  #define 部分
5.  enum 常量声明
6.  类型声明和定义，如 struct、union、typedef
7.  全局变量声明
8.  文件级变量声明
```

```
9.  全局或文件级函数声明
10. 函数实现（按函数声明的顺序排列）
11. 文件尾注释
```

（4）在引用头文件时，使用相对路径。这有利于在移动项目路径后仍然可以保持正常运行。

（5）在引用头文件时，使用 < > 来引用预定义或者特定目录的头文件，使用“”来引用当前目录或者路径相对于当前目录的头文件。

（6）使用 ifndef/define/endif 结构产生预处理块来防止头文件的重复引用，例如：

```
1. #ifndef _BN_H_
2. #define _BN_H_
3. ...
4. ...
5. #endif
```

（7）头文件中只存放“声明”而不存放“定义”，以此来避免重复定义。

（8）程序块采用缩进风格编写，缩进的空格数通常为 4 或 2。

（9）程序中不允许把多个短语句写在同一行中，即一行只写一条语句。

（10）程序块的分界符（如大括号）应各独占一行并且位于同一列，同时与引用它们的语句左对齐。在函数体的开始、类的定义、结构的定义、枚举的定义以及 if、for 等语句中的程序都要采用如上的缩进方式，例如：

```
1. for (...)
2. {
3.      ...
4. }
```

（11）对于函数，在函数实现之前，应该给出和函数相关的足够且精练的注释信息。内容包括函数的功能介绍，调用的变量、常量说明，特别是全局、全程或静态变量（慎用静态变量），要求对其初值和调用后的预期值作详细的阐述。

（12）除非必要，不使用数字或较奇怪的字符对变量等标识符进行定义。

（13）所设计的函数中的参数要尽量少，不使用的参数要从函数接口中去掉，复杂的参数可以使用结构体添加到函数的接口中，以此来减少函数间接口的复杂度。

9.6 编码中的安全思维

本章最后介绍一些在编码过程中需要注意的地方，希望读者编码时能够提高安全思维，为编写的代码减少攻击面。

9.6.1 整数运算

在前面的编程学习中已经接触了 C 语言中的算术表达式，需要注意的是在表达式运算过程中很容易出现的溢出问题。

【例 9-4】表达式的安全问题。

程序代码（9-4.c）：

```
1.  #include <stdio.h>
2.  #include <stdint.h>
3.
4.  int main(){
5.      int32_t a;
6.      int64_t b, m, n, t, z;
7.      a = 123456;
8.      b = 123456;
9.      m = 123456 * 123456;
10.     n = a * a;
11.     t = b * b;
12.     z = (int64_t)123456 * (int64_t)123456;
13.      printf(" m = %lld\n n = %lld\n t = %lld\n z = %lld\n",m, n, t, z);
14.      return 0;
15. }
```

编译运行得到结果如下：

```
m = -1938485248
n = -1938485248
t = 15241383936
z = 15241383936
```

可以看到，尽管给变量 m 定义的类型为 int64_t，但经过给 m 赋值的表达式的运算过后，得到的 m 的值还是发生了溢出，这是因为在表达式 123456 * 123456 的运算过程中 123456 被默认作为 int 类型进行了处理，这样得到的表达式的中间值同样是作为 int 类型保存，然后将该值作为结果赋值给变量 m。同样地，变量 n 的值也出现了溢出。如果要确保运算过程中不会出现类似的情况，应该对于参与表达式运算的每个变量与常量的类型大小有准确的判断，尤其应注意将较小的数据类型赋值给较大的数据类型的表达式。在程序 9-4 中，使用了足够大的数据类型，以及对较小数据类型进行了强制转换，变量 t 与 z 的赋值表达式便得到了正确的结果。

读者在实现大整数运算库的过程中应该也深有体会，如 bn_basic.c 中的大整数加法运算函数：

```
1.  dig_t bn_add_basic(dig_t *c, const dig_t *a, const dig_t *b, int digs)
2.  {
3.      int i;
4.      register udi_t carry;
5.      carry = 0;
6.      for (i = 0; i < digs; i++)
7.      {
8.          carry += (udi_t)(*a++) + (*b++);
9.          (*c++) = (dig_t)carry;
10.         carry = carry >> WBITS;
11.     }
12.
13.     return (dig_t)carry;
14. }
```

因为 carry 的数据类型是比 dig_t 要大的，因此在表达式中需要将其中一个变量转换为相同的类型再参与运算。

9.6.2 分支与循环

在前面的编程学习中，相信大家已经了解了如何使用不同的分支和循环来对程序进行流程控制，对于初学者而言，其实也容易遇到一些问题。

在使用 switch 语句时，如非必要，对于每个 case 语句，都不应忘记与之对应的 break 语句，如下面的代码段：

```
1. switch(number)
2. {
3.     case 1: printf("number 1 select.\n");
4.     case 2: printf("number 2 select.\n");
5.     case 3: printf("number 3 select.\n");
6. }
```

其中每个 case 语句都缺少 break，即使选择了数字 1，剩下的两个 case 的内容也会被打印，因此为了代码逻辑的正常执行，一定不要忘了使用 break 来结束 case 语句，如果确实不需要 break，也应进行明确的标注。

另外对于循环而言，越界也是大家很容易出现的错误。

【例 9-5】循环的越界。

程序代码（9-5.c）：

```
1.  #include <stdlib.h>
2.  #include <stdio.h>
3.
4.  int main()
5.  {
6.      int i, a[10] = {0};
7.      for(i = 0; i <= 10; i++)
8.      {
9.          printf("%d ", a[i]);
10.     }
11.     return 0;
12. }
```

编译运行程序 9-5，可能会得到下面的结果：

```
13. 0 0 0 0 0 0 0 0 0 0 16
```

因为采用循环来取值时超出了数组 a 的边界，从 i >=0 到 i <= 10 中间其实有 11 个数，而数组 a 的容量为 10，因此出现了越界操作，正确的做法是将程序中的 i <=10 修改为 i <10，这也是初学者常犯的错误。

9.6.3 数组

在 C 语言中，数组的越界读写一直是编写程序过程中需要严加防范的，稍有不慎便会造成安全漏洞。在程序 9-5 中已经看到了在对数组元素进行循环操作时很容易出现越界读写的情况，例子中只是越界读的情况，如果出现了越界写，则可能会出现更多难以预料的后果，因此在编程时应时刻注意数组的容量以及访问所用的下标，避免出现越界的操作。

例如，在 bn_mem.c 中的 bn_copy 函数：

```
14. void bn_copy(dig_t *c, const dig_t *a, int digs)
15. {
16.     int i;
17.     if (c == a)
18.         return;
19.     for (i = 0; i < digs; i++)
20.         c[i] = a[i];
```

该函数的基本假设是输入的大整数 a 与 c 的长度相同，但是如果在使用时没有注意，输入了长度不等的 a 与 c，就会出现数组越界，造成无法预料的后果。因此对于这种涉及内存复制的函数就需要谨慎使用用户输入数据中的长度字段，在进行相关操作前作额外的检查。

9.6.4 指针

指针是 C 语言中最强大的工具之一，但正因为指针提供对内存自由访问的能力，如果不对指针的使用进行严格控制，就会造成严重的内存安全隐患。例如前面提到的数组的越界读写，实际上也是通过指针完成的。除了越界问题，还有很多在编程时需要注意的指针使用情况。

【例 9-6】复制指针。

程序代码（9-6.c）：

```
1.  #include <stdlib.h>
2.  #include <stdio.h>
3.
4.  int main(){
5.      char *x, *y;
6.      x = (char *)malloc(sizeof(char));
7.      y = (char *)malloc(sizeof(char));
8.      if(!x || !y){
9.          exit(1);
10.     }
11.     *x = 'a';
12.     y = x;
13.     printf("%c\n", *y);
14.     *x = 'b';
15.     printf("%c\n", *y);
16.
17.     free(x);
18.     free(y);
19.     x = NULL;
20.     y = NULL;
21.     return 0;
22. }
```

编译运行程序 9-6，将得到下面的结果：

```
a
b
```

因为直接使用了指针 x 来对指针 y 赋值，这导致 x 与 y 指向了同一地址，在后面使用指针 x 修改数据时也会修改指针 y 指向的数据，因此要记住复制指针并不会同时复制指针指向的数据。在程序 9-6 中可以使用 *y = *x 修改赋值语句，如果是字符串，则可以使用 strcpy 函数复制数据。另外就像程序 9-6 所展示的，调用 malloc 后应该判断内存是否分配成功，同时分配的内存使用完毕后要及时释放并将对应的指针置为 NULL，这也是编写安全且健壮的代码必不可少的。

另外在使用指针时还需要注意的一点便是函数指针的误用。

【例 9-7】参数不匹配的函数指针。

程序代码（9-7.c）：

```
1.  #include <stdlib.h>
2.  #include <stdio.h>
3.
4.  int test(int a, int b)
5.  {
6.      return a * b;
7.  }
8.
9.  int main()
10. {
11.     int (*FuncPtr)(int);
12.     FuncPtr = test;
13.     printf("%d\n",FuncPtr(1));
14. }
```

编译运行程序 9-7，发现每次执行的结果都不相同。在该程序中定义的函数指针形参仅有一个，但却尝试使用它来调用形参有两个的 test 函数，而编译器却并不会报错。虽然该程序可以运行，但其输出是不确定的。因此在使用函数指针时必须要确保参数的对应关系是准确的。

9.6.5 复合数据类型

在使用包含指针成员的结构体时，如果需要使用一个结构体变量对另一个结构体进行赋值或初始化，那么就需要格外注意。使用这种赋值方式会直接复制指针变量的值，如果这两个指针指向的内存被其中一个指针释放，则另一个指针继续使用时便可能出现问题，有内存泄漏的风险。因此在操作包含指针成员的结构体变量时需要格外慎重。

9.6.6 函数调用

函数是编程时代码复用的重要工具，以下列出一些函数使用时需要注意的地方。

（1）在函数定义中的形参不能直接赋值，因为它们实际上并没有分配内存空间。

（2）尽量确保 return 语句的返回值类型与函数定义的返回类型一致。

（3）如果 return 的返回值类型与函数定义中不同，将以函数定义类型为准进行自动转换，但若无法自动转换则会出错。

（4）如果函数定义中包含返回值，则 return 语句需包含返回值，若函数定义为 void，即没有返回值，可以在函数中直接使用 return 中断执行。

在编码时要保持安全思维，养成安全编码的习惯。安全的思想可以帮助我们看到事物的另一面，让代码更加健壮，从而应对各种各样的问题。

9.7 本章小结

多文件编程对于程序的模块化设计提供了很大的帮助，不仅提高了代码的易读性，也极大降低了维护的难度。在多文件编程时需要更加注意 C 语言中变量及函数的作用域问题，为它们选择合适的可见性，仅暴露需要的接口以供用户调用，从而避免一些变量的非预期修改。

在划分好模块后需要利用头文件来实现各模块之间一些数据和接口的共享，实现模块之间的相互调用。同时对于头文件的引入也需要小心应对，避免重复包含的问题。

灵活运用 make 工具能够更方便地对多文件工程进行管理，使得工程的构建更为方便快捷。Makefile 文件包含工程中各模块的构建规则，make 工具将依据这些规则执行对应的编译命令，提升开发效率。

在多文件编程时尤为需要注意保持安全思维，大规模的程序往往伴随着更广阔的攻击面，复杂的逻辑背后常常隐藏着未知的弱点，如何编写安全高效的代码是每个程序员的必修课。

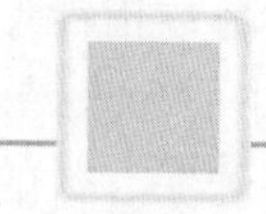

习题

1. 请自行编写一套学生成绩管理项目，要求对项目进行模块划分，要实现的功能包括学生成绩信息的输入、输出、查找、排序。

2. 对于两个大整数 a 和 b，以及一个模数 m，其模乘运算结果为 $a \cdot b \bmod m$，请在本章提供的模块基础上编写实现大整数模乘运算模块。

3. 对于大整数 a，模指数 e 和模数 m，其模幂运算结果为 $a^e \bmod m$，请在本章提供的模块基础上编写实现大整数模幂运算模块。

4. 请探究第 2 题中模幂运算的安全实现方法（可以从底数、指数、模数、运算过程等方面展开）。

附录A　转义字符

转义序列	含　义
\\	\ 字符
\'	' 字符
\"	" 字符
\?	? 字符
\a	警报铃声
\b	退格键
\f	换页符
\n	换行符
\r	回车
\t	水平制表符
\v	垂直制表符
\ooo	1~3 位的八进制数
\xhh . . .	一个或多个数字的十六进制数

附录B　ASCII 码表

十进制	十六进制	符号	中文解释	十进制	十六进制	符号	中文解释
DEC	HEX	Symbol	Description	DEC	HEX	Symbol	Description
0	0	NUL	空字符 终止符	17	11	DC1	设备控制 1
1	1	SOH	标题开始	18	12	DC2	设备控制 2
2	2	STX	正文开始	19	13	DC3	设备控制 3
3	3	ETX	正文结束	20	14	DC4	设备控制 4
4	4	EOT	传输结束	21	15	NAK	拒绝接收
5	5	ENQ	询问	22	16	SYN	同步空闲
6	6	ACK	收到通知	23	17	ETB	传输块结束
7	7	BEL	铃	24	18	CAN	取消
8	8	BS	退格	25	19	EM	介质中断
9	9	HT	水平制表符	26	1A	SUB	替换
10	0A	LF	换行符 \n	27	1B	ESC	换码符
11	0B	VT	垂直制表符	28	1C	FS	文件分隔符
12	0C	FF	换页符	29	1D	GS	组分隔符
13	0D	CR	回车符 \r	30	1E	RS	记录分离符
14	0E	SO	移出	31	1F	US	单元分隔符
15	0F	SI	移入	32	20		空格
16	10	DLE	数据链路转义	33	21	!	感叹号

续表

十进制	十六进制	符号	中文解释	十进制	十六进制	符号	中文解释
34	22	"	双引号	69	45	E	大写字母 E
35	23	#	井号	70	46	F	大写字母 F
36	24	$	美元符	71	47	G	大写字母 G
37	25	%	百分号	72	48	H	大写字母 H
38	26	&	与	73	49	I	大写字母 I
39	27	'	单引号	74	4A	J	大写字母 J
40	28	（	左括号	75	4B	K	大写字母 K
41	29	）	右括号	76	4C	L	大写字母 L
42	2A	*	星号	77	4D	M	大写字母 M
43	2B	+	加号	78	4E	N	大写字母 N
44	2C	，	逗号	79	4F	O	大写字母 O
45	2D	-	连字号或减号	80	50	P	大写字母 P
46	2E	.	句点或小数点	81	51	Q	大写字母 Q
47	2F	/	斜杠	82	52	R	大写字母 R
48	30	0	0	83	53	S	大写字母 S
49	31	1	1	84	54	T	大写字母 T
50	32	2	2	85	55	U	大写字母 U
51	33	3	3	86	56	V	大写字母 V
52	34	4	4	87	57	W	大写字母 W
53	35	5	5	88	58	X	大写字母 X
54	36	6	6	89	59	Y	大写字母 Y
55	37	7	7	90	5A	Z	大写字母 Z
56	38	8	8	91	5B	[	左中括号
57	39	9	9	92	5C	\	反斜杠
58	3A	：	冒号	93	5D	]	右中括号
59	3B	；	分号	94	5E	^	音调符号
60	3C	<	小于	95	5F	_	下画线
61	3D	=	等号	96	60	`	重音符
62	3E	>	大于	97	61	a	小写字母 a
63	3F	?	问号	98	62	b	小写字母 b
64	40	@	电子邮件符号	99	63	c	小写字母 c
65	41	A	大写字母 A	100	64	d	小写字母 d
66	42	B	大写字母 B	101	65	e	小写字母 e
67	43	C	大写字母 C	102	66	f	小写字母 f
68	44	D	大写字母 D	103	67	g	小写字母 g

续表

十进制	十六进制	符号	中文解释	十进制	十六进制	符号	中文解释
104	68	h	小写字母 h	116	74	t	小写字母 t
105	69	i	小写字母 i	117	75	u	小写字母 u
106	6A	j	小写字母 j	118	76	v	小写字母 v
107	6B	k	小写字母 k	119	77	w	小写字母 w
108	6C	l	小写字母 l	120	78	x	小写字母 x
109	6D	m	小写字母 m	121	79	y	小写字母 y
110	6E	n	小写字母 n	122	7A	z	小写字母 z
111	6F	o	小写字母 o	123	7B	{	左大括号
112	70	p	小写字母 p	124	7C	|	垂直线
113	71	q	小写字母 q	125	7D	}	右大括号
114	72	r	小写字母 r	126	7E	~	波浪号
115	73	s	小写字母 s	127	7F		删除

附录 C　字符串函数

调用字符串函数时，要在源文件中使用以下命令包含头文件 string.h：

#include <string.h>

函数名	函数原型	功　能	说　明
strcat	char *strcat（char *str1，char *str2）	把字符串 str2 接到 str1 后面	返回 str1
strchr	char *strchr（char *str，int ch）	找出 str 指向的字符串中第一次出现字符 ch 的位置	返回指向该位置的指针；如果找不到，则返回 NULL
strcmp	int strcmp（char *str1，char *str2）	按字典顺序比较字符串 str1 和 str2 的大小	str1<str2，返回负数；str1=str2，返回 0；str1>str2，返回正数
strcpy	char * strcpy（char *str1，char *str2）	把 str2 指向的字符串复制到字符串 str1 中	返回 str1
strlen	unsigned int strlen（char *str）	统计字符串 str 中字符的个数（不包括 '\0'）	
strstr	char * strstr（char *str1，char *str2）	找出 str2 字符串中第一次出现字符串 str1 的位置	返回指向该位置的指针；如果找不到，则返回 NULL

附录D　时间函数

调用时间函数时，要在源文件中使用以下命令包含头文件 time.h：

#include <time.h>

函数名	函数原型	功　能	说　明
ctime	char* ctime（const time_t *timer）	将以 time_t 格式存放的时间转换为相应的字符串	返回时间的字符串形式
difftime	double difftime（time_t* time1，time_t* time2）	求从 time2 到 time1 之间以秒为单位的时间间隔	
time	time_t time（time_t* timer）	取当前系统时间。类型 time_t 相当于 long int，存放自 1970 年 1 月 1 日午夜起流逝的秒数	

附录E　随机数产生器函数

调用随机数产生器函数时，要在源文件中使用以下命令包含头文件 stdlib.h：

#include <stdlib.h>

函数名	函数原型	功　能	说　明
rand	int rand( )	产生一个伪随机数，该数在 0~RAND_MAX（0x7fff）	返回产生的随机整数
srand	void srand（unsigned int seed）	根据给定的值初始化随机数产生器	

参考文献

[1] 谭浩强 . C 程序设计 [M]. 5 版 . 北京：清华大学出版社，2017.

[2] 苏小红，等 . C 语言程序设计 [M]. 4 版 . 北京：高等教育出版社，2019.

[3] 菜鸟教程 . C 语言教程 . https：//www.runoob.com/cprogramming/c-tutorial.html.